U0010778

窒 息

空氣污染如何影響你？我們又該怎麼辦？
Breathless: Why Air Pollution Matters – and How it Affects You

克里斯·伍德福特　著
（Chris Woodford）

江鈺婷　譯

晨星出版

目　錄

前言

　　你應該有看過香菸包裝上的比對照片吧？左邊放著不抽菸的人那健康、粉紅色的肺，右邊的是無可救藥的老菸槍那殘破且黑掉的一坨東西。但你或許還不知道，空氣污染——就是你現在可能正在吸的那種——也有機會達到令人吃驚的類似效果。在德里這世界上數一數二髒亂的地方，胸腔外科醫師估計，霧霾中那些細小的有毒顆粒（技術上來說，它們叫「PM2.5 懸浮微粒」）對你的傷害相當於一天抽 50 根菸（它們就跟抽菸一樣，可能會導致肺炎、氣喘或肺癌）。即便你只待在巴黎、米蘭、倫敦或羅馬幾天的時間，都堪比別人抽了兩、三支菸時你穿梭其中吸入的程度（不管是哪種情況，你都會暴露在差不多的 PM2.5 數量當中）。[1]

　　根據一份近期研究，世界上有 15 座城市的空氣已經毒到你在那裡做主動運動（active exercise）甚至會弊大於益。不過，其實你也不用住在污穢的大都會，就可以感受到空污所帶來的殘酷影響。即使你住的地方是個小鎮，在潮濕的 12 月天，當街道這個大鍋爐冒出滯留廢氣，滲出的悶熱空氣在低空形成惡性雲霧，然後那股帶著金屬味的奇怪酸味撞上你的舌頭時，你的身子仍有機會

縮瑟那麼一下的。或許你也曾擔心在老舊的公車裡循環吸入那烏煙瘴氣的排氣？或是在塞車車陣中，一邊敲了半小時的手指、一邊猛吸前車排氣管放出的廢氣？有沒有遇過一輛吐著黑煙的卡車從你身旁呼嘯而過，然後很後悔自己剛才深吸了太大一口氣？那你有沒有曾經對著手帕咳嗽或打噴嚏，再不小心偷瞄了自己噴出來的那坨骯髒、烏黑、帶有傑克遜‧波洛克（Jackson Pollock）畫風的東西，嚇得自己毛髮直豎？[2]

這或許會使你感覺自己在做一些值得讚揚的公共服務，每吸吐一次、就淨化一口空氣？畢竟，你從那些骯髒的油煙中吸入的髒污會佇留在你的肺裡，所以你呼出的空氣品質會好上許多。你可能是一種人體胡佛牌（Hoover）吸塵器，但不要被騙了，別以為自己正在讓世界變得更乾淨。即使在孟買這種巨型城市裡，所有人像海綿一樣把他們吸入的污染全部吸飽，他們所淨化的空氣量大概也只等同於環繞於其四周的所有氣體的 0.01%。

而另一個問題是——當然啦——你的肺部可是花著自己的本錢在淨化空氣。如果你現在正在一個普通的世界級都市裡閱讀這些文字，那麼空氣污染也正在縮短「你的」壽命，短至幾個月、長至好幾年。我們大家視之如珍寶的空氣——讓我們得以活著的生命之息——無庸置疑地具有毒性。因為它而夭折的人數，幾乎比這個星球上的其他事物都來得更多，相當於每年 700 萬至 1,000 萬人口，比道路意外高上 5 倍、比抽菸草多 3 倍、比所有戰爭和暴力事件加起來多上 15 倍，也比因為瘧疾和愛滋病喪生的總數還要多。如果跟 911 恐怖攻擊事件身亡的人數相比，就是「每年」都達 2,500 倍之多。至於在 2020 年橫掃全球的新型冠狀病毒（COVID-19），人們原先預測它可能會奪走大概 2,000 萬人的

性命，不過，我們在那些喧擾和恐慌之中，忘了其實空氣污染每十年就會殺死那數目的 5 倍人口。如今，世界十大死因當中有六項嚴重暗示著受污空氣的影響；不光是明顯的肺病和呼吸問題，還有心臟疾病、癌症、中風及失智症。這些毫無修飾的統計數字之下隱藏著龐大的人類成本。全球有上百萬起空污死亡事件很可能都是在歷經數年的慢性折磨之後才發生的——因為醫學研究顯示，如果髒空氣想要害死你，那它會先讓你慢慢燜燒個十年，最後再將你的燭芯永遠吹熄。[3]

不管你看往哪裡、不論你怎麼測量，都能看見空氣污染的影響。在德里，參加板球對抗賽的選手在樓閣區安穩地等待時，會優雅地吸著氧氣筒喘息。在中國某些地區，髒污空氣會讓你減短五年壽命。在香港，霧霾有時候會可怕到觀光客只能站在那座城市還陽光普照時拍攝的巨型相片看板前自拍。在蒙古，冬季空氣污染跟高流產率強烈相關。在歐洲，國家政府每年允許人們進行一定數量的過度污染行為；但在倫敦，英國人在一月第一週就會把整年的額度燒完。根據世界衛生組織，世界總人口當中有 92％居住於空氣品質未達標準的地方，你可能就是其中之一。[4]

污染的影響有時很容易察覺——想想看那些被煤煙燻黑的城市街道，或是那些祈禱天使被空氣中的酸性物質侵蝕成石像鬼。從羅馬競技場到泰姬瑪哈陵，力量強大的有毒空氣都正在世界最古老的建築上留下裂縫與污漬，將無價的遺產——我們的集體文明記憶——化為塵土。但眼不見為淨的情況也同樣常見——雖然我們當下製造的污染可能不會馬上為我們造成困擾，卻可能會在未來 50 年後導致半個世界外的某處產生問題。舉例來說，農業研究員近年發現，北美洲的近地面層臭氧污染，是造成**歐洲**每年損

失 120 萬噸小麥的元兇。其他研究也發現，數十年來的鉛污染（來自油漆及有毒的車輛燃料）在至少七個互不為鄰的國家裡，跟犯罪與反社會行為的模式之間具有神秘的連結。[5]

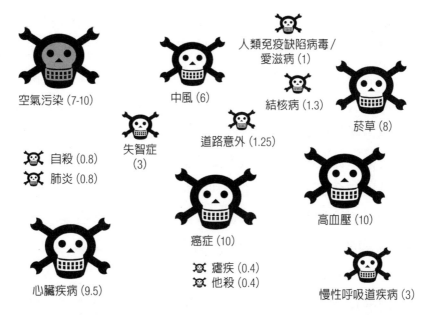

圖 1 空氣污染是世界上具備數一數二殺傷力的殺手。當我們完全瞭解它引起的健康問題之後，它甚至稱得上是所有致命因素裡最可怕的兇手。括號中的數值為每年死亡人數，單位為百萬人。

來源：世界衛生組織。[1]

　　雖然這些論點聽起來很吸晴，但並不是每個人都能被說服。大自然不也是最大的污染源之一嗎？那花粉熱怎麼說？受它影響的孩童數量（約 40％）不是比交通更多嗎？那像是冰島火山在

1　若要將空氣污染等不同公共衛生問題對於大量人口所造成的傷害相互比較，其複雜度有博士等級，我不打算在這裡深入討論。為簡單起見，我在整本書裡使用「早逝、早死」一詞，但那只是整體脈絡中的冰山一角——並不是所有受到污染傷害的人都會死。將整體健康影響量化的方式有許多種，包括死亡人數或壽命減短年數（依此算法，孩童死亡的表示數值較高）等簡易紀錄，以及失能調整後生命年（計算去世前所承受的病痛）與標準年齡死亡率（某些國家人口年齡高於他國）等。欲知詳情，請見全球空氣品質（State of Global Air）計畫網站及年報（www.stateofglobalair.org）。

2010 年突然無預警或只有些微徵兆噴煙，就害歐洲 10 萬個航班停飛的事件呢？那叢林大火呢？農場污染？沙漠的沙塵？是的，以上都是事實，但如果你去好好算一下，仍會發現因人為污染致死的人數，還是比天然污染致死人數多出 10 倍。[6]

或許你覺得污染已經不是什麼新聞了，所以也不用擔心——這只是一種關於工業革命的惱人回顧？這麼想的話，至少對一半啦。空氣污染跟人類歷史一樣古老，可以回溯至大約 100 萬年前人類第一次用火；不過，自從蒸汽機——可說是古往今來人類所開發過最髒的機器——被發明出來的往後 300 年裡，空氣污染就一直是公眾健康所面臨的最大環境威脅。雖然無可辯駁，世界上有些地區如今已經變得比維多利亞時期更為乾淨，但污染的問題卻從未真正消失過。我們有這麼多人待在如此小的星球上，一項無法避免的事實就是，我們不斷循環利用同樣的空氣，並且一直發明新方法來讓它變髒。

空氣污染的歷史包含許多否認——人們拒絕承認它真的是一項問題。回顧 1880 年代，芝加哥煤炭巨頭蘭德上校（W. P. Rend）曾自豪地誇耀道：「煙霧是在工業神壇上燃燒的薰香，對我來說很美……，你無法阻止它。」過了一個世紀之後，美國總統雷根（Ronald Reagan）以經濟進步之名大力捍衛製造污染的權利，說道：「我們的空氣污染約略有 80％源自於植被所釋放的碳氫化合物，所以，我們就不要給人造來源訂定、強加過於嚴苛的排放標準了吧。」這段話充其量就是一個不合邏輯的推論。雷根說樹會造成污染是正確的，但他錯在授權我們也製造污染的結論；樹沒辦法控制自己，但我們可以。假如你是用錢來衡量，覺得污染是為了進步而付出的合理代價——這其實就是雷根真正的

論點——那你必須參考一下世界銀行的研究發現，那就是，髒空氣每年耗掉全球 5 兆美元，其中光是損失工作日就會花費 2,250 億美元；換句話說，「每年」的成本相當於 2008 年金融危機「總成本」的三分之一。在英國，污染每年耗資 60 至 500 億英鎊；在美國，粗估範圍落於 450 至 1,200 億之間。以全球而論，污染砍掉了國內生產毛額的 6%；如果把它放入更大的脈絡來看，全世界在國防上花了國內生產毛額的 2.2%，在教育上為 4.8%。[7]

雷根最後死於失智症，那是一種跟污染愈來愈相關的進行性病症（近期一項頗具規模的研究納入 25 萬名加拿大人，年紀介於 55 至 85 歲之間，發現失智症的發病率與空氣污染程度之間呈現明顯關聯）。如果雷根早就知道這件事的話，那他還會捍衛從汽車和發電廠咳出的有毒雲霧嗎？假設——只是假設啦——他的失智症跟污染有任何一點相關，那污染是不是讓他的腦子鈍掉了、無法想出原本或許可以救他一命的論述？現在我們大家是不是都坐在同一艘進水的船上？我們遲鈍的腦袋慢慢地變成糨糊、手指在塞車車陣中敲著儀表板，完全不管過去或未來、前車或後車，同時在這個永無止盡的窒息現狀中迷失、無法前進？假如空氣污染真的在讓我們變笨，以致無法認清其所造成的問題，那是多麼駭人啊！[8]

如果你覺得這一切聽起來很悲淒，那倒也不必；我們有很多解決方法。雖然科技造成了我們現在所遇到的問題，但它也可以提供許多修正方式。我們有無鉛燃料和觸媒轉化器；有 HEPA 濾網的吸塵器可以幫氣喘患者擋下前所未有的灰塵量；火箭爐（rocket cooker）和太陽能炊具讓發展中國家的人不再需要揮霍生命蒐集燃材，然後被它的濃煙嗆死（就是字面上的意思）；用

吸水混凝土蓋的橋可以吸收交通烏煙或施工粉塵；甚至還有公車在車頂內建空氣過濾機，可以直接吸入空中的霧霾。此外，我們也有法律——從世界各地足以拯救上百萬條性命的限制被動吸煙（passive smoking，即二手煙）到特定的國家的解方，例如美國《空氣清潔法案》已經在健康和其他益處上賺到超過 30 倍的價值了。[9]

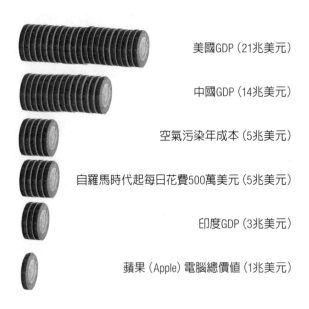

美國GDP（21兆美元）

中國GDP（14兆美元）

空氣污染年成本（5兆美元）

自羅馬時代起每日花費500萬美元（5兆美元）

印度GDP（3兆美元）

蘋果（Apple）電腦總價值（1兆美元）

圖 2 空氣污染每年消耗世界 5 兆美元——高過大多數國家的國內生產毛額（GDP），相當於從羅馬時代開始每天花費 500 萬美元。

　　人民力量也正在帶來改變。幾年前，80 萬名來自北方邦（Uttar Pradesh；該地人民壽命被髒空氣縮短 8.6 年）鼓舞人心的印度人，在僅僅 24 小時內，集體種下 5,000 萬株樹苗，為氣候變遷及污染盡其心力，並在過程中創下相當值得的金氏世界紀錄。當環保團體「地球之友」（Friends of the Earth）英國分部讓會員有機會參

與測量當地污染時，有 4,000 多人及團體踴躍響應。美國有超過 100 萬名家長成為積極打擊污染的團體「老媽的乾淨空軍」（Moms Clean Air Force）成員，另外，每年有 10 萬人參與加州的空氣清潔日（Clean Air Day）。在中國，一部調查該國有毒空污的影片（在被政府禁播之前）共累積 2 億次觀看。就連在網路空間裡——你在那裡可能會以為現實世界中的問題只是快樂的學術討論——都有超過 300 萬名臉書（Facebook）用戶幫空氣污染「按讚」（列為感興趣的事）。[10]

這些數字證實了空氣污染確實是個備受大眾關注的議題，那它怎麼還會是個問題呢？其中一個原因是，空氣污染很複雜、具有多重面向——這個議題就像帶刺扎人的灌木叢，混雜了物理與醫學、化學與流行病學及公共衛生、地理與許多不同內涵的國際法，以及政治與經濟。正如我們前面所看到的，空污的因與果可能會被各大陸板塊或數十年時間隔開（例如接觸石綿後要時隔 50 年之久才為轉為癌症），使得關心這項議題的難度高上許多。而一如往常地，環境議題與經濟之間向來存在錯誤而偷懶的優先權衡關係——環保主義屬於中產階級、一知半解者天真的想法，而不是真心關懷世界上那些最貧困、必須燃燒固態燃料才得以存活的 30 億人口，或是每年那些死於室內烏煙污染的 400 萬人口。至於另一個理由——可能聽起來很荒唐，但卻一點也不假——圍繞於世界各地的空氣量可能比你想像中的多上許多；一旦它髒掉了，基本上就難以改變。[11]

最重要的是，關於空氣污染有太多需要瞭解的事，光是它的規模就足以讓你感到無力。這本書因此誕生，想盡一份小小的努力讓大家搞懂我們這個被污染的世界。我們一開始會概述空氣污

染及其歷史，並以簡單易懂、平易近人的詞彙探討它的成因、影響及解決方式。你不見得要是科學家、醫生、經濟學家或政治人物，只要是個關心世界、對乾淨空氣很感興趣的公民，又或許你是個陪小孩走路上學的家長，或塞在車陣中的計程車司機，擔心著你正吸入的空氣裡含有什麼，這都沒問題，你就能從書中得到一些收穫。

那麼，現在就坐好、放輕鬆，然後讀下去。

是時候再次好好呼吸了。

第 1 章

你在吸什麼毒？
What's your poison ?

瞭解你正在吸的空氣

世界上最毒的物質——肉毒桿菌毒素——其致命程度高到只需要千萬分之一公克就足以奪取你的性命。那這樣看來，稱空氣污染為毒藥算誇大嗎？確實，把髒空氣講成那些會出現在狄更斯小說裡的霧面小棕瓶、鎖在藥房密室、標有紅色骷髏頭和交叉骨圖示，聽起來像在搞怪，甚至有故意誤導嫌疑，但其實一點都不然。毒藥指的是只要你體內有足量便能致命或對你造成傷害的物質。空氣污然就具有同樣效果，儘管較為緩慢，但更加兇殘、更不著痕跡。如果中了污染的毒，你不會在幾秒或幾分鐘內就死亡，而會花上數年或甚至數十年的時間，而你很可能根本不會發現自己中毒了。然而，多虧了長期呼吸有毒的污染空氣，今年與可預見之未來裡的每一年當中，都將有上百萬人因此提早離世。[1]

在這個將近有 80 億人口的世界之中，700 萬～1000 萬人早逝或許聽起來沒有很多，那差不多是每 1000 人中有一人——聽起來更不怎麼樣——可是毒藥的效力不光只有奪走性命；如果我們說的量是最終因為髒空氣的慢性影響而喪命的人，那因此飽受痛苦、健康受礙的人數則更多。不論是死是活，有很多人都是一些看似無關疾病的受害者，像是心臟疾病、中風、失智症、糖尿病

與精神疾患，而事實上，這些健康問題都跟污染愈來愈相關。根據世界衛生組織指出，空氣污染造成的死因佔死於心臟疾病的總人數四分之一、中風總人數四分之一、慢性呼吸道疾病（COPD'）總人數 40％ 以上，與肺癌總人數近三分之一。我們當中有百分之九十幾的人，也就是 69 億人口，不管在室內、戶外都呼吸著受到污染的空氣，壽命因此被砍掉短自幾個月、長至數年的時間。假如你現在 23 歲，不管你會活到 85 或 87 歲，可能都看似很遙遠，有如空談；如果你已經 75 歲了，生活在令人窒息的都市裡的傷害也已造成，那你或許會稍微停下來想一想。相較於 1752 年那個發生在英國的家喻戶曉的故事——人們在改用格列高里曆、取代儒略曆之際，以為生命會少掉那概念上的 11 天而引起暴動——但過了兩、三百年之後，卻沒人為了真的會被污染偷走的那幾個月、幾年的壽命，而如此大舉抗議。[2]

即便深知上述所言，要把髒空氣想成毒藥依然難以接受。針對空氣污染的蒐證感覺不甚明確而間接，幾乎不可能指出特定的被害者，或是像科學家很喜歡說的，沒有人的死亡證明上會把「空氣污染」註為死因。那或許是因為「空氣污染」本身就很矛盾——我們腦中懷有的想法在直覺上認為，在一個比較理想的世界裡，大家應該都呼吸著自然形成的乾淨空氣。我們在接下來的章節裡會看到，這個想法就三個相差甚遠的觀點來看，都大錯特錯。首先，光是「自然」空氣這一點就可能會違反污染的簡易定義。從滾沸的火山煙流到散發香氣的松樹，以及被閃電擊中而引起的（叢林）野火，有太多跟人類毫無關聯的自然空污案例。第二，要想

---

1 肺氣腫、支氣管炎及氣喘等數種「窒息」疾患的總稱，常見於吸菸者身上。

像出一個完全沒有任何空氣污染的世界很困難，而且短期內要達成這件事也不太可能。實際上，人類文明走到今天，從用火到（稍後會看到）電動車的寧靜風暴，每一步都跟製造大量污染脫不了關係。人類「本質上」就是污染者，並非偶然，而且大概永遠皆然。第三，我們常在基於好意的情況下製造污染。不管你喜不喜歡，你在蓋學校、行駛救護車、滅火，或是為女兒烤生日蛋糕時，都在製造空氣污染——要把這些無害的事視作「毒害人類」真的很難。

根據一個權威性的定義，「毒藥能被吞食、透過肌膚吸收、注射、吸入，或濺入眼中」；正如同毒藥，空氣污染也能透過肌膚吸收、對眼睛造成危害，也能藉由呼吸進入體內²。就其他方面而論，污染跟毒藥呈現不同犯罪手法。毒藥會讓我們感到驚駭，是因為它們很戲劇化、很罕見；對比之下，空氣污染看似乏善可陳、無處不在。雖然把焦點放在最慘受害者（每年都有好幾百萬人因此喪生）的作法很誘人，但重要的是別忘了那些人只是冰山一角。在我們視線之外有是價值 2,250 億美元的工作天損失、靠著氣喘吸入器無數次的喘息、數不清的往返醫院或拜訪醫生次數，以及更多其他被醫護人員形容為「亞臨床病徵」（健康上不值得叨擾醫生的惱人小事）的幽微問題。不過，儘管空氣污染的影響遍及全人類，但它對某些群體的影響尤甚——窮人、少數民族、年長者、於繁忙道路旁的學校就學的孩童、居住於開發中國家的人們、慢性疾病患者，甚至包括未出生的胎兒，這些都處於最嚴重受災戶之列（我們會在第 8 章進一步探討空氣污染的醫療

2　在開發中國家，爐灶令人窒息的濃煙是導致白內障與失明的一大主因。[3]

層面）。[4]

空氣究竟為何重要？

　　如果你的日常屬於忙碌的現代都會生活型態，為了接送孩子上下學或通勤來回奔波而備感壓力，那你或許已經試過冥想和正念這類能夠達到鎮靜效果、遠離塵囂的練習。關於冥想，有一點違反直覺且特別迷人，那就是它強迫你把注意力放在一件你通常會忽略的事——你的呼吸。專注於呼吸的一種常見技巧，是嘗試去想像空氣在鼻子流入、流出的動向，直到你的心思掙脫枷鎖、意識狀態改變，並乘上那張魔毯飄至他方。在那種狀態過渡之際，有如搭上短程班機、從壓力倏地飛抵平靜，其中最重要的元素正是空氣。但從更廣泛的格局來看，空氣「到底」為何重要呢？甚至究竟為什麼我們的星球上存在空氣？

　　地球上的萬物都是被地心引力所拉住的，就連我們稱之為大氣的那層氣體也是一樣，但要想像並理解這件事的含義確實困難。地球的所有大氣厚度約 600 公里或 370 英里（約比帝國大廈高上 1,500 倍），但真正引起我們興趣的——對流層——指的是距離地面最近的那 18 公里（11 英里）左右的一小部分（帝國大廈高度的 50 倍）。這一層是天氣的家，亦即一般所說的「空氣」，因此也是空氣污染的家。如果你有在游泳、浮潛或水肺潛水，或即便只是在家裡附近的游泳池稍微潛入水裡，都能深刻感受到水壓——你潛得愈深，在你上方的水體就愈多，壓在你身上的力也會愈大；同樣的邏輯恰能夠套用到圍繞在地球四周的氣體上。不過，雖然我們都很有默契地熟知氣象預報所說的「氣壓」這種抽

16

象概念，但不知怎麼地，我們好像不太懂住在 600 公里厚的空氣「壓縮分子」湯之下，如同住在大海裡、被迫聚集在海床上的魚，這般實際情況究竟為何。

　　事實上，空氣是一種看不見、也感覺不到的東西（除非它很快速地窜過我們），但它所包含的氣體卻幾乎一視同仁地驅動著一切生命。植物的能量來自太陽光的光合作用，掃除二氧化碳並「呼出」氧氣；動物一口口吃著那些植物或彼此，在生物學家稱之為「呼吸」的過程中做（廣義上來說）相反的事。假如你是某方面的科學家、或純粹只是好奇，這件事應該可以激發一些有趣的問題。如果說──像我們在學校學到的──空氣是 80% 的氮氣與 20% 的氧氣所組成，那為什麼我們的身體用的是「氧氣」而不是氮氣呢？而且如果污染真的是這麼嚴重的問題，已經存在至少 100 萬年了，為什麼我們的身體還沒有演化到能夠避免它？

　　這些問題的答案也很有趣。首先，氧氣是大氣中最有用的化學物質，比氮氣更容易產生反應、也更適合釋放能量，而演化正是從這項特性獲益。我們的身體能輕易利用那些跟氧氣產生化學反應的食物來產生能量，但若要使用氮氣（或其他氣體，如氫氣），事情就會變得比較複雜了，有時候甚至需要消耗大量能量（試想植物，它們需要仰賴閃電把空中那些鍵結緊密的氮氣轉換成它們可以從土壤吸收的「食物」）。即便如此，少數一些生物確實不像我們那麼依賴氧氣，包括長得像蛇的巨型管蟲──約 2.4 公尺長（幾近 8 英尺），活躍於冒泡的海底熱泉按摩浴缸之中，呼吸著硫化氫（其化學氣味就是我們認識的臭雞蛋）。然後還有一種微型的小點叫做兜甲動物（loriciferan），居住於地中海底部，可以在完全無氧的情況下生存。這類生物會棲息在海床上並

非偶然；不過即使有這些選項，旱鴨子仍然會選擇氧氣吧！人類在演化上的改變需時幾百萬年，而由火所造成的真正問題，尤其是高風險且集中的「都會」污染，只能回溯到幾千年以前。接下來，我們在本書中也會看到，污染本身其實也不斷地在演化——21世紀這種肉眼通常看不見的污染，跟人們在過去幾世紀之間吸入的那些「直接洗臉」的污穢相比，可說是大相逕庭。[5]

完美世界裡的完美空氣

假如我們可以把人類從整個畫面中抽掉——理論上就會很完美——那麼，未受污染的空氣究竟長怎樣？

正如我們在學校學到的，乾空氣幾乎完全由兩種氣體組成，即氮氣（78%）與氧氣（21%），其餘的成分大多為氬氣（不太做事的神秘惰性氣體之一），還有一小撮二氧化碳。另外也有非常少量的其他氣體（的蹤跡），像是地球大氣中的氖氣（較二氧化碳較少60倍）和可燃的氫氣（同樣少了10倍）。

假設現在你拿了一間正常大小的房間（約25立方公尺或33立方碼）的空氣量，除了氧氣所佔去的50公分（20英吋）左右厚度的範圍之外，氮氣會填滿整個空間。氬氣大概是積在底部約2.5公分（1英吋）的量，而二氧化碳差不多可以填入放在角落的五罐牛奶瓶。注意，這個畫面稍有誤導之嫌，因為我們的星球上有70%的面積被水覆蓋，而且事實上空氣根本不是乾的。但就算把水蒸氣加入也不會有太大改變，其他氣體就只是有禮貌地上移讓出空間——如果把3%左右的水蒸氣（一般量）加到空氣裡，氮氣的含量就會降低（至約75%）、氧氣含量稍微減少（至

20％），然後其他氣體再變得更少。[6]

有一種方法可以欣賞「完美」地球大氣的這個概念，就是去設想其他星球的大氣。那些有關外星人駕著飛碟突然降臨地球的假設，全都忽略了一項關於星際旅遊的根本性問題——來自外太空、滿懷好奇心的生物，要在像地球這般如此迥異的氣候下生存，想必會經歷一番掙扎。舉例來說，火星的大氣狀況完全顛倒——它的「空氣」幾乎全都是二氧化碳（95％），而地球上常見的氣體（氮氣、氧氣及氬氣）在那裡僅非常少量；至於水，過去可能很多，但現在已經非常難找到。另一方面，主宰木星的是一團團的氫氣雲（約90％）及氦氣（約10％），加上微量的氨氣、甲烷和水蒸氣蹤跡。[7]

不完美世界裡的不完美空氣

回到我們這顆不完美的地球——你此時此刻正在吸的空氣，會因為你所在的位置、手邊在做的事及周遭的環境，而包含許多不同的空污氣體和塵埃微粒。進入 21 世紀之際，世界衛生組織的污染科學家大約追蹤了 3、40 種已知會對人體和地球帶來潛在危害的化學物質，其中他們特別關注的有 5、6 種左右：[8]

■ 二氧化硫

儘管利用太陽能板和風力等乾淨綠色能源發電已經愈來愈重要，但目前全世界所使用的能源約有 80％左右（以及三分之二的電力）依然來自化石燃料，以煤、天然氣與石油為主。煤或許看起來只是純粹的黑色碳塊，但它其實也含有少量的硫成分。

當煤燃燒時，其中的硫會跟空氣中的氧氣混合，產生二氧化硫（SO_2），這種污染物會導致呼吸問題，也是罹患心臟疾病的因素之一。二氧化硫就是推動我們工業化發展的蒸汽機和燃煤發電廠所噏出來的臭氣——就是你去舊鐵道搭乘蒸汽火車時會聞到的那股懷舊氣味（我自己也會藉著科學的名義去坐，本書之後會聊到）。二氧化硫遇上空氣中的水就會變成硫酸，並以酸雨的形式落回地球表面。

有趣的是，一模一樣的二氧化硫也參與了一種比較不重要的空污事件，但其惱人程度並沒有比較低，那就是切洋蔥會讓你流淚這件事。當工廠和發電廠排出的二氧化硫以酸雨形式回到地面時，它會讓土壤多了硫的成分。洋蔥吸收那些硫，用它來製造一種有如催淚瓦斯般的複雜化學物質〔亦即順式－丙硫醛－S－氧化物（syn-Propanethial-S-oxide）〕，而當你在廚房裡切洋蔥時，洋蔥就會釋放出這種化學物質，導致你流眼淚。[9]

■ 臭氧

我們鼻子所吸入的氧氣包含了兩兩結合的分子，即 O_2。但這個東西還有一種多出第三者的突變形式，也就是 O_3——這種「三人行」的化學物質正是臭氧，是貪婪而具掠奪性的氣體。臭氧在外的名聲優劣不一。過去，人們曾誤以為它是我們站在海邊時所聞到的那股令人心曠神怡、百嗅不厭的新鮮空氣。當它位於大氣之中較高位置時——即惡名昭彰的臭氧層——可以有效地阻擋陽光，讓我們遠離太陽紫外線可能帶來的皮膚癌；在地面的時候，它是一種具有侵略性與毒性的污染物，為霧霾的重要成分，使人們的呼吸問題惡化，並足以摧毀作物及樹木。臭氧在室內通常不

構成問題；當 O_3 撞上窗戶或牆壁之類的東西時，會自己迅速變成 O_2。

臭氧如果濃度非常高會有毒（濃度超過 50ppm），能夠在幾分鐘內致死。雖說如此，另類療法醫師長久以來一直在販售一種叫做「臭氧療法」的療程，把臭氧這種東西打入患者的體內，宣稱可以治癒許多不同病症，包括愛滋病、關節炎，到心臟疾病跟癌症都行。美國食品藥物管理局（Food and Drug Administration）指出，目前臭氧「並無任何已知有效的醫學應用」，並於 2016 年禁止所有此類運用。[10]

■ 氮氧化物

火焰看起來具有肆意摧毀的效果，但將火點燃的其實是一種有條不紊的化學反應（化學家稱之為燃燒），是以碳為基礎的燃料跟空氣中的氧氣反應後，釋放（理想而言）二氧化碳、水和一陣熱氣。麻煩的是，燃料和空氣裡都含有一些氮，也就是說，像是在野火、發電廠和汽車引擎當中產生的燃燒反應，同時也會產生副產品氮氧化物（一氧化氮及二氧化氮，常簡寫為 NOx）。如我們前面看到的，氮氣一般來說不太起化學反應，但在熊熊烈火那股令人暈眩的熱氣之下，本來應該去燒燃料的氧氣會有一部分跑來跟氮氣反應，產生 NOx 污染。

一氧化氮、二氧化氮（會加劇呼吸困難等健康問題）與臭氧會在不同的情況下以多種方式相互反應，產生酸雨和霧霾這類東西。不過，霧霾也並非永遠都是最糟糕的危害；我們之後會看到，使用瓦斯爐在你家廚房裡產生氮氧化物的程度，可能比你在籠罩霧霾的都市街上吸入的還要高上好幾倍。[11]

■ 一氧化碳

　　多虧了日益進步的公衛教育，現在有愈來愈多人知道一氧化碳（CO）中毒的風險；燃料和氧氣燃燒所產生的二氧化碳（CO_2）通常無害，但當氧氣過少時，就可能會發生一氧化碳中毒事件。居住在已開發國家的人很習慣在煤氣壁爐和瓦斯熱水器旁裝設實用的一氧化碳電子警報器，但生活在開發中國家的人，仍然處於高度室內一氧化碳污染風險之中。在戶外，我們多數人其實也不能對那些從汽車排氣管、煉鋼爐、煉油廠、花園篝火（garden bonfire）或森林大火中鑽出來的一氧化碳做些什麼。奇怪的是，1790 年代時，有一個叫湯瑪士·貝多斯（Thomas Beddoes）的人，針對一氧化碳進行試驗，看是否能作為多種病痛的治療方式。貝多斯所隸屬的機構有個怪異的名字，叫做「吸入氣體療法氣態研究所」（Pneumatic Institution for Inhalation Gás Therapy），位於英國的布里斯托市（Bristol）。他相信，一氧化碳會讓人的雙頰呈現粉紅色，至少可算是健康狀況較佳的外顯模樣。[12]

■ 揮發性有機化合物

　　每次當你撬開亮光漆的桶子、擠出一些黏膠、為相框塗上金屬拋光膏，或甚至在刷鞋子時，你都會釋放一些讓你頭暈目眩的化學物質。你可能不覺得它們是有毒物質，但這些叫揮發性有機化合物（VOCs）的東西是空氣污染很重要的來源（光是「揮發性」一詞，便代表它們在日常溫度下就會蒸發，所以它們幾乎從定義上來說就會產生污染）。現在，在歐盟等特定地區，油漆等家居用品都一定要清楚標示含有揮發性化學物質，人們才能盡量主動避開揮發性有機化合物。在戶外，大部分的揮發性有機化合

物來自化學品外洩（還記得在加油站的加油島聞到的燃料味嗎？）與車輛廢氣。不過，它們也會從自然來源產生——你很愛的松樹香味？它來自一種叫做萜烯（terpene）的揮發性有機化合物，也會被拿來做成一些很臭的家用化學品，像是松節油。[13]

■ 粒狀物（*Particulates*）

如果你以為空氣污染就只是一些邪惡、骯髒的氣體混合在一起，那就錯了；它也含有微型固體成分，以及堪比針尖般細小的液體。如果你近看，會發現裡面有重金屬沉澱物、工業廢料、源自野火和燒柴爐的煤煙、從汽車煞車和輪胎剝落的漂浮碎屑、來自市內焚化爐的飛灰、營建和拆除工程的塵土，以及其他污染物撞在一起時會神祕形成的化學物質。你現在周遭空氣裡究竟含有什麼取決於你所在的位置——假如你在埃及，你會吸到從沙漠吹來的大量沙子，還有跟土相似的有機物質。

這些混在污染空氣裡的塵埃顆粒和微小液滴，叫做粒狀物質（particulate matter，PM），也可以就叫它們粒狀物（particulate）（按：又稱懸浮微粒，本書的懸浮微粒一詞主要指涉較小的PM2.5）。它們有很多不同形狀和尺寸，通常人們在指稱它們時，會在後面加上數字0.1、1、2.5及10。本書提到的大多為粗糙的PM10（直徑小於10微米，大概比偏粗的人類毛髮細10倍）和細緻的PM2.5（小於2.5微米，比毛髮細40倍）。較小的粒狀物會對我們的健康帶來較大的傷害，因為它們可以穿透到肺部更深的位置（較大者比較不具危害，因為它們比較重，落至地表的速度較快，另外一個原因是它們被卡在鼻子或喉嚨裡的機率也比較高）。

細小的PM2.5懸浮微粒是最危險的空污類型，而且整體來

說，它們為世界帶來的健康風險比酒精、缺乏運動和過鹹飲食來得更高。目前，PM2.5 每年大約造成 400 萬人死於心臟疾病、中風、肺癌、肺部疾病與呼吸道感染。相較之下，對我們多數人而言，改善飲食或增加運動量頗為簡單，但空氣污染通常超出我們可以控制的範圍。[14]

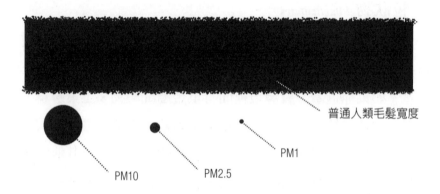

普通人類毛髮寬度

PM1

PM10   PM2.5

圖 3. 粒狀物指的是煤煙顆粒、塵埃，以及其他比人類毛髮細上好幾倍的物質。PM10 大約比毛髮細 10 倍，PM2.5 比毛髮細 40 倍，而 PM1 約為 100 倍。我們在本書中不太會遇到 PM0.1，但它們又再細上 10 倍。你可以在大頭針尖上，放進 750 顆 PM10、3000 顆 PM2.5、7500 顆 PM1 或 75000 顆 PM0.1。

而這只是開場白。在此細項裡，我們還可以加入各種在車輛廢氣、成千上百種不同工廠製程產生的工業氣體，以及家用化學品與噴霧等更多東西裡找到的額外小角色。我們常忽略其中一些的嚴重性，因此付出很大的代價。光是菸草的燃煙就含有超過 7,000 種化學物質，其中有 70 種會導致癌症。有毒的鉛曾運用廣泛——從古老的製酒過程到現代的油漆裡都有——現在大多在人們的控制之中，雖然它對後代的潛在影響仍會繼續毒害我們好幾十年。由農業和養殖業產生的氨是人們尤其容易忽略的污染物，它會透過複雜的大氣化學貢獻大量的 PM2.5 污染。（一項近期研

究估計，若減少50%的氨排放量，那在被研究者列入考量的59個國家中，每年能挽救超過20萬條性命。）美國國家環境保護局列出一整張有害空氣污染清單，從乙醛（acetaldehyde）到二甲苯（xylenes），涵蓋我們空氣中182種之多的化學物質，會「對人類及其他哺乳動物……造成有形危害」。[15]

生活於實驗室之中

　　空氣污染議題之所以如此複雜、難搞，主要原因在於它其實是很多問題滾成一團。這項議題包含許多部分，而每個部分——也就是在空氣中旋繞的每一種污染氣體和顆粒——都各自以稍微相異的化學和物理方式混雜，再想辦法混進你的呼吸中。把它們統稱為「污染」其實稍嫌草率、誤導，因為我們在談的東西，事實上是成千上萬種不同的化學物質全部糾纏在一起。不同類型的污染之間可能少有相似處，唯獨有一項最重要的共同點——它們都對人類或我們的世界造成某種傷害。

　　雖說如此，我們應該擔心的污染種類大多由人類活動產生。就戶外而論，主要的罪魁禍首是道路交通及其他運輸型態（船隻和飛機）、農業、化石燃料發電廠、工業及營造。至於室內，在開發中國家裡，為了烹調及供暖而燃燒固態燃料仍是目前最大的問題；而多虧了冬天窩在燒柴爐邊取暖的舒適流行，這個問題在已開發國家裡又再度崛起。此外在已開發國家裡，也因為我們執著於乾淨、整齊的居家環境，我們必須擔心油漆、家用清潔劑、潤滑劑、拋光劑、空氣清淨機等東西帶來的揮發性有機物。

　　關於污染有一件很有趣的事，那就是它並非靜止不變——它

有自己的心智。幾年前，我聽了一場讓我大開眼界的講座，演講人是一位化學教授，專門研究高速公路附近地區產生的水污染。他先將所有從道路「跑到」樹籬、路肩和沿途森林及河流的有毒物質一一點名出來，接著他揭開一項驚人事實——車輛污染也會產生除草劑。這怎麼可能呢？車子裡又沒有除草劑。結果是因為從汽車廢氣、輪胎、煞車和燃料外洩中甩出來的各種化學物質，配上從道路表面刮下來的東西，全部混雜、相互反應後，自發產生一種二代污染，以除草劑的形式出現，可說是更加糟糕。

同樣的情況在空氣中也會發生。污染會引發污染——可能在大氣中誕生，也可能直接釋放。經典的例子就是霧霾，也就是那些使已被交通噎著的都市更加窒息的厚重濛霧。事實上，汽車並不會從排氣管釋出霧霾，但它們會排放氮氧化物和揮發性有機化合物（包括汽油蒸氣）。這些東西受到日照會產生化學活化、製造具備活性的化學物質，稱為自由基，而這些自由基會製造出地表臭氧和有機微粒，因此讓霧霾看起來霧茫茫的。此外，它們也會製造一種對肺部和眼睛造成刺激的物質，稱為過氧乙醯基硝酸酯（PAN），這種物質有助於將霧霾傳播至遠方。值得注意的是，雖然我們常覺得霧霾的本質是人造的產物，但它其實也會在自然世界中自發生成。由樹木散發而出的揮發性有機化合物（萜烯）可以跟氮氧化物及臭氧發生反應，產生一種天然的藍色霧霾；美國阿帕拉契的藍嶺山脈（Blue Ridge Mountains）和澳洲的藍山（Blue Mountains）便是因此得名。[16]

所以說，我們不只是住在一個充滿被動化學物質的世界裡，並在其中呼吸，更是生活在一個主動且高度活躍的實驗室之中，而那些被我們拋入大氣裡的東西，全都以危險、出乎意料的方式

相互反應著。

劃清界線

　　我們該擔心的不只是空氣污染的「質」（它所含的成分），還有「量」。如果要把污染稱作毒的話，那氣體或有害微粒的量便是重要的討論點。一個臭氧分子算是污染嗎？或柴油廢氣裡的一顆煤煙粒？那十億個分子或一兆顆煤煙粒呢？我們該擔憂的究竟是汽車噴出來的污染量，還是我們的孩子「吸」到的毒物？我們該如何界定？如果你的鄰居在她的花園裡燒垃圾，因此每年都有一天會讓你家煙霧瀰漫，那樣的污染行為能夠受到懲處嗎？那假如她每個月或每星期都會燒一次呢？重點是她所燒的垃圾量，還是她每次燒多久？

　　常被人們忽略的一點是汙染物所製造（「排放」）的量及我們在某段時間裡所吸入（「暴露」）的量之間的關鍵差異。新聞把很大一部分的焦點放在排放量上，但從公衛角度來看，「暴露量」才是真正的重點。讚賞自己成功減少排放量確實很鼓舞人心啦，但這跟故事的完整面貌還差得非常遠，就好像在恭喜自己成功減重，但忽略了自己其實仍處於病態肥胖狀態的事實。誠如美國國家環境保護局科學家蘭斯・華勒斯（Lance Wallace）於 1980 年代曾指出的真相，減少排放量並不一定代表暴露程度降低。當時華勒斯特別提到，在我們周遭環境中的苯（一種有毒、致癌的揮發性有機化合物）「排放」總量裡，其中約有 82％ 來自汽油車所產生的廢氣；相較之下，來自香菸的只佔了 0.1％。所以，現在是要叫我們把車都清掉嗎？先別這麼急！因為我們會花很多時間

待在室內，如果要把化學物質送到身體裡，吸菸是一種尤其有效的方式。華勒斯發現，在我們所「暴露」於苯的總量當中，45％源自於香菸，而汽車所貢獻的量只佔據18％。也正是基於這個原因，最近全球取締公共場所吸菸的作法對人們的健康可說是一項大好消息。[17]

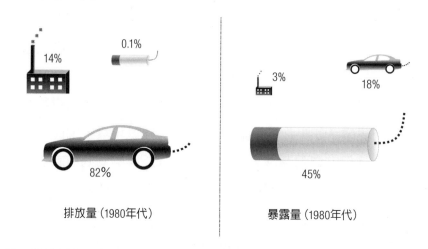

排放量（1980年代）　　　　暴露量（1980年代）

圖4 我們以為自己吸入的污染當中，絕大部分是來自煙囪與汽車排放至大氣裡的化學物質（排放）。可是，實際關乎健康的重點是我們真正吸入的量（暴露）。回顧1980年代，單就有毒的苯來看，即使它們的總排放量很少，但人們會直接接觸到的苯（約45％）大多來自香菸，真正接觸到從汽車和工業而來的苯量少很多，法律對後兩者的規範也更加嚴苛。圖片來源：Wallace（1995），美國國家環境保護局。

　　污染的定義向來都有點獨斷。人類學家瑪麗·道格拉斯（Mary Douglas）在她出版於1960年代的經典著作《潔淨與危險》（Purity and Danger）中，為塵土（dirt）寫下聞名的定義──「格格不入之物」（matter out of place）。這個概念非常迷人（強調脈絡的重要性），但大多數人可能無法立即產生共鳴。在日常生活中，當我們覺得某個惱人的環境現象（地方性焚化爐、交通

壅塞的大街，或隨便一種東西）超過我們可以忍受的極限了，就會拿「污染」這個字眼來指稱那個惱人之物。不過空污的變化很大，每天、每年、每季都會有所變動，甚至也會因為我們不斷改變的標準和社會期待而異，這讓事情變得更加複雜。在 21 世紀裡，人們的思想在環境議題上（相對）受到啟蒙，沒有人願意忍受 20 世紀初常見的天空——煙霧瀰漫、令人窒息。不過，現代污染儼然變得大不相同——足球門柱的位置被移動了、我們的標準提高了。現在我們知道，污染所造成的傷害比以往的認知來得更大，而且只需要較少的「劑量」就能帶來影響。儘管世界上某些地區已經成功大幅減少一些污染氣體（最有名的像是二氧化硫，這都多虧人們不再使用煤炭），其他氣體（最明顯的就是二氧化氮和臭氧）仍令人感到擔憂。至於少量懸浮微粒所挾帶的健康風險，也是一直到 1990 年代才開始受到重視。在認識空氣污染時，可能常會遇到一個想不通的點，而以上這些因素全都能拿來解釋這項嚴重矛盾，那就是——雖然這個世界好像比過去幾百年來得還要乾淨，但就某方面來說，它所受到的污染也是前所未有地嚴重。[18]

就實際層面而論，關於「污染」那些模糊不清的定義並沒有什麼用處，所以，我們顯然需要一些正式、客觀的科學方式來測量空氣品質的好壞。這在法律、規範上算是公平的作法，也讓我們可以有模有樣地隨著時間、把我們淨化空氣的進度繪製成圖（雖然我們自己不斷變動的標準和期許，會使這件事的難度提升）。一般而言，我們藉由測量每種污染物的濃度（其於特定空氣體積中的量）來判定空氣品質，以百萬分率（ppm）或十億分率（ppb）表示，或是多少體積的空氣中帶有特定重量的污染物

（通常是每立方公尺的空氣中，有多少微克或百萬分之幾克的污染物，記作 $\mu g/m^3$）。百萬分率（ppm）是一種很清楚的衡量標準。在沒有污染的普通空氣當中，我們預期會有 78 萬 ppm 的氮氣（78%）及 20 萬 9,000 左右 ppm 的氧氣（21%）。至於其中的二氧化碳含量，只會有 40 ppm，氬氣再多個 5 ppm，而氫氣則只有 0.5 ppm。

照這樣看下來，你覺得污染的比例該如何加進去呢？佔空氣的 10% 嗎？1%？通常都市裡的二氧化氮（數一數二大宗的污染物）含量落在 0.01 至 0.05 ppm 的區間範圍內。而在鄰近交通繁忙路段的區域，數值大概高上 10 倍，達到 0.5 ppm 之多——大約跟自然狀態中的氫氣含量相當。這個量可以怎麼想像呢？舉個例子，歐巴馬（Barack Obama）在 2009 年的就職典禮，差不多吸引了 200 萬的人潮。從理論來看，假設那些群眾的人數代表空氣體積，其中只有一人代表著可能會造成危害的二氧化氮量值。不過，實際情形其實更加複雜，因為（如我們前面所看到）真正重要的是「暴露量」，所以必須把我們吸入污染的時間和總量加入考慮。同樣的道理也能套到粒狀物上。根據世界衛生組織設下的目標，都市人吸入的懸浮微粒（PM2.5）每年平均量值應為百萬分之 10 公克／每立方公尺（寫作 $10\mu g/m^3$），約等同一隻蚊子之於跟大型扶手椅等體積的空氣[3]。此外，有一項驚人事實經常在科學文獻中重複出現，但大眾新聞報導裡不太會提到，那就是，PM2.5 空氣懸浮微粒污染並非低於某個量值，就不會對人體造成危害，換

3　世界衛生組織（WHO）專家針對所有主要污染物提出建議準則數值。值得注意的是，這些準則並不具備法律約束力，也不是「安全」門檻（所謂安全門檻，就是低於它就沒有風險）。既然是這樣，那為什麼要訂？有三個理由：提供各國政府具體的進步目標、讓世界各地能有個客觀標準進行比較，並有助於我們辨別出哪些地方風險最高。在本書中，我會用「WHO 準則」來指稱這些數值。[19]

句話說，安全低標並不存在（儘管風險確實會降低）。這一切所要傳達的訊息非常違反直覺——我們腦中想像的污染可能是濃厚的黑煙，但其實「無形的微小」有毒氣體和粒狀物——有時候小到看不見或聞不到——卻也會對我們帶來實質傷害。[20]

測量方法

在煙囪冒出朵朵黑煙仍是常態的過去，測量空氣品質最簡單的方法就是舉起一系列由黑到白的漸層紙卡逐一比對，直到找出最接近的顏色。這招簡單的手法是法國教授林格爾曼（Maximilien Ringelmann）於 1888 年所發明的，雖然我們現在已經有其他偵測污染更好的方式，但這一招有時候仍會被拿出來用。

至於那些你連肉眼都看不到的現代版污染又是如何測量的呢？這件事就是那種會讓科學宅愛不釋手、想盡辦法去破解的挑戰了。有一種簡單的方式是把裝滿吸水性化學物質的塑膠管上下倒置、黏在路燈柱和路標之類的東西表面，把它們留在那裡吸收霧霾。而這些叫擴散管的裝置，會吸飽那些從大氣滲透（「擴散」）入內的氣體，例如二氧化氮。之後只要把它們送進實驗室，很快地做一些分析，就能知道你有興趣之處的污染物密度究竟有多高了。

此外也有一些自然方式能夠監測污染。好比地衣至少從18 世紀開始就被運用於此用途。一支法國團隊曾從墓園採取青苔樣本以研究巴黎的髒空氣。另外，安特衛普大學（University of Antwerp）的羅蘭．山姆森（Roeland Samson）教授主持了一個有創意的「公民科學」計畫，名為 StrawbAIRies（按：計

畫名稱與草莓英文 strawberries 發音相同，詞中拼法改為空氣「AIR」），最近在六個不同國家發送出成千上萬株草莓植栽。而踴躍的自願參與者透過觀察植物所結出的果實大小、形狀和數量來測量交通污染（在各地氣候及成長條件上，應已設定好控制變因）。

雖然青苔只要接觸污染不到 10 秒就會有所反應，但用擴散管檢測需要花上一週至一個月的時間，而草莓更須耗時兩個月以上。因此，這類方式無法針對你家街上的污染提供每一個時間點的讀數。如果想要得到這種詳細資料，就需要像樣的科學儀器──這正是為什麼我們還缺乏一個優良、即時的方式測量全世界的空氣品質。

雖說如此，現在除了非洲和西太平洋部分地區等顯著特例之外，大多數都會地區皆已採取某些方式來監測空污。世界衛生組織掌握了全球最完整的空氣品質資料庫，共計有 108 國、4,300 個城市中主要污染物的概況資料。光在歐洲就至少有 5,000 個都會地區及 800 個鄉下地區設有固定空氣品質偵測器。

你想要探測自己住的地方的污染狀況的話可以怎麼做呢？人們已經想了好幾十年的辦法了。回溯到 1970 年時，《科技時代》（Popular Science）雜誌發表了一篇標題為〈打造你自己的空氣污染測試器〉的文章，教讀者如何將保特瓶綁在老舊的吸塵器上製作簡易污染偵測器。幸好科學已經又稍微進步了，現在自製空氣檢測的方法比以往來得更加簡單。

在本書中，我會用一個口袋大小的裝置來做一些非正式的空氣測試，它叫做「Plume Flow」，看起來有點類似老式無線電麥克風，但帶有雷射光束空氣感應器，會透過藍芽將即時讀數傳送到智慧型手機裡的應用程式。雖然很顯然這類小工具所

執行的測量品質達不到實驗室的水準，你也不用太認真看待那些資料，但它們用起來很好玩，也提供我們關於每日空氣污染的有趣資訊。

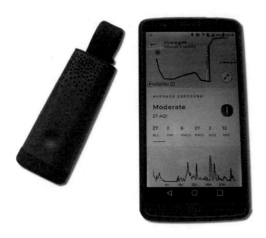

圖5 由電池供電的「Plume Flow」空氣偵測機（左）即時測量PM1、PM2.5、PM10粒狀物質及揮發性有機化合物與二氧化氮。測量數據會傳送至手機app（右），app就會把你走在路上所遇到的污染繪製成一張小地圖。

　　而在科學天秤的另一端則有各式各樣驚人的機器，運用最先進的化學和物理技術，針對特定地點給出不同空氣污染物的即刻讀數。還有一些無人機會在籠罩於霧霾當中的大都會上空，以內建的小型空氣採樣實驗室即時嗅探空氣品質。在英國有一間實驗室甚至做出一輛不得了的「煙霧車」（Smogmobile）電動卡車，裡面裝滿各式空氣感應器——算是裝上輪子的鼻子，可以穿梭在令人窒息的都市交通之間即刻提供各項空氣數值。而最敏感的粒子探測器則運用微小的光纖探測小到只有100奈米的PM0.1懸浮微粒，相當於一般細菌一半的大小，也比人類毛髮小上1,000倍。[21]

⌒◠ 污染的整體面

　　前面我們已經看到空氣污染是活的，時時刻刻都在改變。這樣試想可能會有幫助：污染擁有生命期限（一種誕生於世、活著、死去的東西）與行進軌跡（從某地啟程、穿越空氣，最後落腳他處——或許會落在很多不同地方）。污染的生命起始於某種源頭，可能是化工廠或卡車廢氣（以人為污染來說），也可能是森林大火或火山（自然界中）；它可能來自「單點來源」（單支煙囪）或某種更擴散的來源（整座森林或海洋）。污染一旦釋放，就可能會在大氣中累積，或進行多種反應後進一步產生二次污染，例如霧霾就是全然於污染之中誕生、存在直至消失。又或者，污染可能會慢慢從空氣中移除，這在我們領域中稱為「清除機制」（scavenging mechanisms）。有個例子是二氧化硫，它來自發電廠、跟空氣中的氧氣反應產出三氧化硫，接著跟雨水、霧或其他空中的水氣發生反應，產生硫酸，以酸雨的樣貌降下。而當灰塵和煙粒相撞，黏在一起形成較重的結塊落至地面，或是撞上建築物、黏在石頭上導致其表面變黑，這時它們便會從空氣中消失。不同污染氣體與粒狀物也有不同的大氣壽命，短自一小時（某些揮發性有機化合物）、長至一百年以上（某些破壞臭氧層的氟氯碳化合物〔CFCs〕）或甚至 3000 年（好比使用廣泛的工業氣體六氟化硫）。[22]

　　工廠和發電廠都有設計大煙囪（非常高聳的煙囪）以便讓髒空氣飄散——至少理論上來說是這樣啦。實際上，由於盛行風通常會把煙囪排放的「煙羽」吹往相同方向，這常使污染變成別人的問題。1972 年，矗立於加拿大安大略省大薩德伯里（Great

Sudbury）一間銅、鎳金屬冶煉廠的「超級煙囪」（Superstack）首次啟用，名列世界最高煙囪前幾名，高達 380 公尺（1,200 英尺）。在它啟用之後，鄰近區域的有毒排放氣體開始巨幅減少，那些氣體反而被散播到 240 多公里（150 英里）以外。截至 1990 年代晚期，超級煙囪每年吐出 52 噸砷、7 噸鎘、147 噸鉛、190 噸鎳、1981 噸懸浮微粒，以及 23 萬 5,000 噸二氧化硫，佔了全北美所排放的總砷量 20％、總鉛量 13％，以及總鎳量 30％。而這些全都只來自「一座」煙囪！[23]

就算沒有風來使過程加速，只要氣體（例如二氧化硫）少量釋放到空氣之中，它就會透過擴散作用逐漸散開。有些污染物待在空氣中的時間幾乎沒有期限，但大部分的污染物都會在被某個東西吸收時——或許是人體、其他動物、農作物、樹、建築、湖、海洋——以土壤污染或水污染的形式回到地表。

不同污染的誕生、存在和消失方式都非常不一樣，也會透過不同媒介、移動不同距離，最後在不同地方終結一生。不過，地球只有一個大氣層。即使我們在同一地點進行空氣採樣和研究——或許是充滿喇叭鳴響的奈洛比街道，或是飽受烈日烘烤的摩洛哥馬拉喀什（Marrakesh）露天市場——我們勢必會看到多種不同的污染，而且當我們進一步追蹤這些污染「緣起緣滅」的軌跡時，可能會需要用不同描述加以分類，例如在地型、都會型、區域型、國家型或甚至是全球型等。你一定非常瞭解這件事：假如你的鄰居很熱衷於花園篝火，那污染被製造出來的所在通常就是污染最嚴重的地方（來源）。不過，從容易指認的單一來源而生的在地型污染也是最容易處理的。在光譜的另一端，沒人能夠清楚指出自己因為幾十年前用了噴霧罐（與其中有害的推噴劑成

分）導致哪一部分的臭氧層破洞。而我們透過氣候變遷所造成的全球破壞更是成功地擴散至古今中外的全人類範疇，以致我們當中真正動搖而決定做出改變的人實在少得可憐。

如果說大氣層基本上就是一大條緊密地包裹在地球四周的氣體毯子，那你可能會疑惑為什麼每個國家的空氣品質都不太一樣。如果氣體最終都會擴散，那為什麼地球上的所有污染，不會就這樣隨著時間平均散開、讓所有地方的污染問題都差不多一樣？答案是——你可能會很驚訝——全世界的空氣品質差異其實並不像你所想的那麼大。大部分的國家都面臨著交通、工業、農業等現代問題的總集，所以它們所遇到的污染通常也都意外相似。即便如此，在這些相同的基本主題上，各處仍有自己特有的細微變異。舉例來說，農業煙霧在德里的冬季污染中佔了很大一部分，而北京則是在春天會遇到沙塵暴的狀況。此外，當地氣候、天氣和地理也扮演了重要角色。在世界上最嚴重的空污災害當中，有些就是因為一種叫「逆溫」（temperature inversion）的天氣相關現象而大幅惡化，例如 1948 年賓州的多諾拉事件（Donora incident）和 1952 年的倫敦大霧霾事件（Great London Smog；第三章會進一步討論）。而當逆溫發生時，霧霾就會像壓在臉上的枕頭，將都市窒息式地籠罩住[4]。

下一章節，我們會理解，空氣污染真的是一個全球性的問題。我們全體一起將它製造出來、一起因它受苦，而這也是所有人必須一起解決的問題。

---

4 當一座溫度較低的城市上方罩著一層暖空氣，就會發生逆溫現象。暖空氣如同在一碗有毒的污染湯蓋上蓋子，待天氣產生變化才會移開，但有時這種現象恐怖到足以奪走人的性命。洛杉磯海拔高度低、位於沿岸，加上群山環繞的地理位置降低空氣運動的速度，逆溫便是導致該地常年霧霾的一項重要成因。

咳，測試測試

空氣清新劑

　　當你面露心虛、偷偷摸摸地從廁所走出來時，應該會覺得空氣清新劑真是你最好的朋友吧！不過，印在它罐子上那一長串化學物質可能需要稍微擔心一下，上面寫的一堆警告也很嚇人——放在我家廁所裡的那一罐寫著「請於通風良好的空間使用」。當你按下噴霧後，究竟會發生什麼事呢？根據我用「Plume Flow」空氣偵測器所做的快速檢測，你會看到，揮發性有機化合物馬上比原本的背景濃度高上 11 倍，而且會持續半小時或以上。這件事的重要性是什麼？最近來自韓國首爾大學的一群科學家做了一項研究，認為空氣清新劑可能會「對健康造成潛在危害，包括感官刺激、呼吸道症狀及肺部功能異常」，同時也註明「影響效果會潛伏長達數年」。[24]

　　我想，我下次應該會直接開窗戶就好。

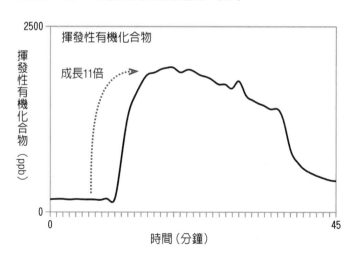

圖 6 圖中，y 軸表示揮發性有機化合物濃度，單位為十億分率（ppb）；x 軸表示時間，單位為分鐘。

表格：六種主要空氣污染之概述。推薦你把這一頁標記起來，在閱讀往後章節時可以回來參考。

污染物	化學式／縮寫	成因	室內／戶外	健康影響	其他影響
二氧化硫	SO_2	發電廠、船隻、住宅火災、野火、火山	室內／戶外	呼吸困難（含氣喘）、心血管疾病	酸雨、損害農作、侵蝕建物
臭氧（地面層）	O_3	由交通、發電廠排放物、煉油廠所製造的二次污染物	大多發生於戶外	肺部疾病及其他呼吸道疾患	霧霾、損害農作
二氧化氮	NO_2	交通、燃料燃燒、野火	室內／戶外	含氣喘等呼吸問題	損害農作、酸雨、霧霾、臭氧形成
一氧化碳	CO	交通、燃料燃燒、悶燒	室內／戶外	呼吸問題	損害農作
揮發性有機化合物	VOCs（許多個別的化學式）	車輛、蒸發性燃料、居家化學物質、油漆、菸草燃燒、野火及森林自然排放	室內／戶外	多種影響（小自暈眩、大至癌症）	臭氧形成
粒狀物（含重金屬）	PM1、PM2.5、PM10等	引擎、工廠、垃圾燃燒、農業、風吹砂	室內／戶外	多種影響（心臟疾病、中風、癌症、呼吸道疾患、先天問題）	侵蝕建物、損害作物

第 2 章

環遊世界
Around the world

空氣污染世界地圖集

你是否曾經坐著不動、盯著肥皂泡裡的七彩顏色繽紛旋轉？這裡紅、那裡橘，這端黃色、那端藍色——所有想像得到的顏色都折射進入你的眼眸。而空氣污染——雖然有時候確實連看也看不見——則是單色調版本的皂膜，被困在地球的大氣層裡繞著這世界的表面旋轉。風會把它從這裡吹到那裡、改變它的厚度，也會讓它亂彈、彎折進入我們的肺裡，並對人類和地球造成各種大大小小的影響。正如肥皂泡裡的每個部分各有不同顏色，地球的空氣污染在每個國家、每塊大陸上，或是每一天、甚至是每過一分鐘，也都會有所差異。

這一章節裡，我們將踏上一趟環球之旅，在每一站稍作停留，整理出全球各地互不相同的空污狀況。我們將從新加坡訪視到德里、從巴黎到北京，探討髒空氣如何以許多不同方式影響許多不同地方。此外，我們也會看到，空氣污染如何使經濟成本變得更加沉重，削弱了那些本來或許可以幫助較窮國家脫離空污衍生問題的富裕國家。

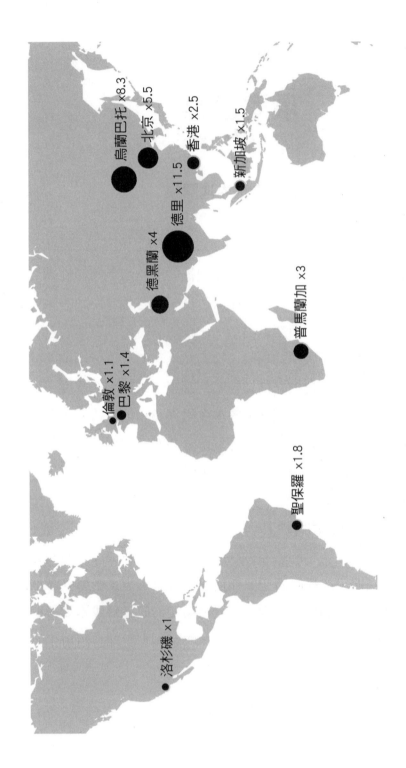

圖 7 本章節所提到的部分地點。以洛杉磯為基準，你可以從圖中的黑點大小大致掌握其污染程度有多嚴重（洛杉磯遠稱不上空氣乾淨的典範，但卻是這張清單上污染程度最輕微的地方）。本圖根據世界衛生組織環境空污資料庫（Ambient Air Pollution Database）所提供的 PM10 粒狀物資料，利用 Google 表單繪製而成。

世界巡迴快閃之旅

沒有任何人或任何地方不受污染影響，不論你看向何方，都會撞見糟糕的例子。

在冷到骨子裡的蒙古首都**烏蘭巴托**（Ulaanbaatar），從不缺乏「最高級」——世界上最冷的首都、名列攝影師口中地球上最壯觀的風景清單，也是旅行者認為全亞洲最被忽略的其中一處文化景點。不過，《時代雜誌》（Time）也簡單明瞭地稱之為「世界上污染最嚴重的首都」，其冬季空氣品質遠比德里和北京等髒空氣熱點來得更具殺傷力。最糟糕時，那裡的 PM2.5 懸浮微粒濃度有時候甚至會超出 WHO 準則高達 130 倍。原因顯而易見——這座冷冽的城市有致命性的煤炭成癮狀況，其山谷地形和寒冷氣候同時助長逆溫現象，將污染原封不動地固定在那兒。

該國內 150 多萬最貧困的人口仍住在傳統的蒙古包裡（氈毯搭建而成的遊牧帳篷，又稱為氈包），並使用炭爐，也經常燃燒垃圾以供暖。跟許多非洲帳篷不同的是，蒙古包具有煙囪，所以內部的空氣相對乾淨。不過，一旦那些煙跑出去，就會滯留在戶外，形成一層霧濛濛的空氣罩，成為該城市總死亡人數 10% 的死因，而其中 40% 更是死於肺癌。無論如何，蒙古女性都面臨因為污染而失去孩子的駭人風險。一項近期醫學研究發現，空氣污染程度及流產之間的關聯性「驚人地緊密」；另外有些研究則認為，空氣中高濃度的鉛與孩童的神經疾病相關，會對他們造成一輩子的傷害。[1]

在**南非**，作為當地發電的最大宗來源——煤炭——處於至高無上的地位；儘管南非是世界上採集最多太陽能的前三名，其電

力仍有 80％是來自這種髒兮兮的古老燃料。光是從發電廠煙囪飄出來的煙，其二氧化硫的「背景」濃度就已經直逼、或甚至超過 WHO 準則了。這座全世界第 24 大國家已經驚人地成為全世界第七大二氧化硫污染者，如今其排放量已經不可思議地高出美國的 70％了。

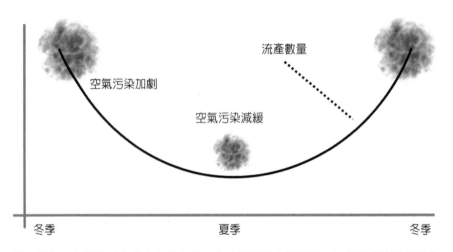

圖 8 居住於烏蘭巴托的蒙古女性在冬天的流產風險大幅提高，恰好是家庭燃煤所造成之空污最嚴重的季節。資料來源為 Enkhmaa et al.（2014）之研究，並經過簡化整理。

　　該國最大的煤炭儲量位於普馬蘭加（Mpumalanga），其二氧化氮濃度高居世界之冠，這歸因於當地缺乏完善的法規來規範發電廠，允許它們吐出比中國發電廠多出 10 倍的污染量。該區域內每年有 550 人死於空氣污染，更有超過 11 萬 7,000 人因此住院——這整件事絕非偶然。在南非的其他地方，例如蘊藏豐富金礦的維瓦特斯蘭（Witwatersrand）等密集礦區，其空氣及水污染就一直是一項主要威脅。至於全南非污染最嚴重的城市——約翰尼斯堡，其邊緣地區那 600 座堆滿灰白色礦渣的礦山將有毒灰塵

吹往較多黑人居住的最貧困區域，其中包含鉛、砷、氰化物，甚至還有具放射性的鈾。而在南非的其他地方，猛烈的高草原大火是烏黑細小粒狀物的主要來源；光是這種污染本身就打擊了南非的國內生產毛額 6%（等同於南非投資教育的比例）。[2]

在**德黑蘭**（Tehran，伊朗首都），80%的空氣污染是由交通所造成。幾年前，當地霧霾達到允許水準三倍之高，政府便停止發放通行證，並禁止學校運動活動。不久之後，隨著當地污染幾乎到達 WHO 建議標準的 10 倍，附近的山也被霧霾完全擋住，政府決定關閉所有小學，同時命令職業婦女待在家盡母職。德黑蘭每年都有 4,500 人死於污染，而全伊朗則有 2 萬人。科學家曾研究 4 萬名死於呼吸道疾病者的狀況，結果發現與主要污染物的多寡十分相符。[3]

香港的污染程度比紐約糟上三倍，差不多是倫敦的兩倍。雖然當地的交通密度確實比世界其他地方都來得更高，但這座島也從中國「進口」不少污染。不論香港的污染是「中國製造」或在地生產，其所帶來的結果就是每年 30 萬人因此就醫，並導致 1,600 至 3,000 人減短壽命。[4]

英國有 2,000 所學校的空氣污染達到違反法規的程度，六成多的家長（及將近三分之二的教師）希望學校附近能建立零交通區域，但卻沒有多少人起身反抗現況——走路上學的幼童人數降至有史以來最低（由 1970 年代 70% 下降到現在只有 48%）。其中一項主要原因是擔心交通事故發生，但人們卻違背常理地更常開車，使狀況變得更糟。倫敦是世界上數一數二富裕的城市，不過其污染程度也是世界級的。歐洲法規（英國在擁有歐盟會員資格的 40 年間必須受其約束）允許監測點每年的污染程度不得高

於 18 倍。而普特尼大街（Putney High Street）是這座首都裡污染最嚴重的其中一地——我曾經住過——每年超出上限 1200 倍以上。多虧倫敦痛定思痛、好好整頓交通，其空氣品質自 2016 年起開始大幅進步。但即便如此，99％的倫敦人所呼吸的空氣依然比 WHO 建議的標準還要髒。[5]

根據綠色和平組織（Greenpeace）的統計，排行世界污染最嚴重的前 20 名城市當中，有 18 座位於印度境內，而這也是為什麼印度是全球呼吸道疾病罹患率最高的地方。你可能曾經希望**德里**的污染不會再變得更嚴重了，但每年一到冬天，鄰邦農夫開始燃燒作物殘株以種植新作物時，污染便一再惡化，屢試不爽——現在已經創下過去 20 年來的新高了。在德里這個地方，參加板球對抗賽的球員必須在比 WHO 準則還糟糕 15 倍的污染中奮戰。而快速道路上塞滿車的原因是駕駛無法看穿霧霾（部分成因是由於當地柴油引擎燃料的硫含量比世界上其他較乾淨的地方多上 200 倍），消防員則被派去以高功率軟管徒勞無功地清洗空氣。

該都市的霧霾幾乎每年都濃到讓政府必須宣布進入緊急狀況。2016 年，由於當地污染程度一度飆上 WHO 準則的 40 倍，政府決定關閉上千所學校。三年後，霧霾回歸，學校再度關閉。此外，政府共計禁止 120 萬輛汽車上路，並發放 500 萬副防毒面具給學生；首席部長克里瓦爾（Arvind Kejriwal）開始謔稱德里為「毒氣室」。[6]

如同許多大城市，**北京**的污染程度和交通壅塞相輔相成。車輛以可悲的時速 12 公里（時速 7 英里）匍匐前進，速度比紐約或倫敦的一半還要慢。不久前，騎單車的風氣在北京頗為盛行——在 2000 年的總通勤人口數當中有 38％騎腳踏車上下班，但到了

2015 年，數值下降到只有 12％。會有這麼多人轉而開車，近一步促成該國車輛數快速成長至 1 億，污染想必是其中一項因素。在中國，1980 至 2015 年之間，來自道路交通的主要污染物濃度分別成長了 6 倍（粒狀物）、10 倍（氮氧化物）及 15 倍（揮發性有機化合物及一氧化碳）。幾年前，由於能見度有時糟糕到只有 200 公尺（650 英尺），一名中國企業家——億萬富翁陳光標——採取了一項極端解法：販售罐裝新鮮空氣給當地人，一次 2 元美金。他深信交通是罪魁禍首，另外也搞了其他噱頭，包括砸壞一台賓士、送出 5,000 輛單車。

正向許多的消息是，多年來的負面形象促使中國痛改前非——我們之後在第六章會看到，北京已經不再是過去那個出現在全球空污宣導海報上的「形象代表」了。根據世界衛生組織的數據，北京在 2013 年排行世界污染最嚴重城市第 40 名，到了 2018 年，它的排名直落至第 187。儘管如此，雖然石家莊、保定等城市的空氣常常比北京的更髒，但北京的污染程度依舊十分嚴重。[7]

加州奮力打擊髒空氣主因的行動已經行之幾十年了。在美國污染最嚴重的前 25 名城市中，有 10 座城市位於加州，根據美國肺臟協會（American Lung Association; ALA）指出，洛杉磯更是穩坐了美國臭氧污染最嚴重之地的寶座長達約 20 年。綜觀全美，聖華金谷（San Joaquin Valley）擁有最惡劣的空氣品質；當地人堅信罪魁禍首是汽車、風吹砂與工廠污染，但事實上該地區超過三分之一的污染卻來自農場及農業——相當於汽車的兩倍，以及工廠的四倍。[8]

梵谷（Vincent van Gogh）曾於 1880 年代寫道：「法國的空

氣能使腦袋清醒、大有裨益，是一座美好的世界。」不過如果來到現在，他可能會改變說法。時至 21 世紀，冬天的巴黎總有一些日子連艾菲爾鐵塔都會消失於霧霾之中。這座法國首都曾在 2016年一度登上世界污染最嚴重的城市，空氣品質甚至比德里或北京更差。而出於「明智的絕望」，相關當局在污染狀況最惡劣的日子裡，會提供免費大眾運輸服務。[9]

正如巴西各地，在**聖保羅**，多數汽車使用的是彈性燃料（flex fuel，通常含有 25％由甜菜所提煉的乙醇，混上 75％汽油）。理論上來說，這種相對環保的燃料在燃燒時比較乾淨，免去了令人討厭的燃料添加劑，同時製造較少一氧化碳、二氧化氮及其他污染。可惜燃燒乙醇的引擎會產生更多臭氧，排氣管也會噴出其他物質，包括乙醛（一種對 DNA 造成傷害的致癌物）、甲醛（造成咳嗽、打噴嚏、流淚，也可能致癌）及丙酮（去光水和油漆稀釋劑裡所用的臭味溶劑）。聖保羅的汽車或許真的比較環保，但數量高達 700 萬輛，它們所吐出的污染約為可接受標準的兩倍。線上環保雜誌《抱樹者》（Treehugger）指出，因為這些車輛而送命的「〔巴西人〕超過死於交通事故、乳癌及愛滋病之人數總和」。[10]

新加坡的快速經濟成長及高國內生產毛額，讓它得以躲過英、美等國所經歷過的污染工業發展途徑。不過，沒有任何國家能躲掉來自鄰國的「跨界」空污。1994 及 1997 年，距離新加坡超過500 公里（300 英里）以外的印尼在進行火耕土地淨空時吐出大量粒狀物，將東南亞多數地區籠罩於烏黑霧霾之下，而新加坡便是當年傷亡最慘重的其中一地。由於 1997 年那起事件，人民至醫院門診的總次數上升 30％，氣喘情形也多出 19％。而馬來西亞於

2013 年乾季發生的野火更讓新加坡空污創下全新紀錄——空氣中 PM2.5 懸浮微粒的平均量仍將近 WHO 準則的兩倍。[11]

　　我們一路向南、直抵**南極洲**——假如你期待那裡只有一點點空氣污染或甚至沒有，那就要讓你失望了。地質學家喬‧麥康諾（Joe McConnell）曾精闢表示——因為 19 世紀冶煉與採礦活動的排放物一路從澳洲往南飄散——「鉛污染比阿蒙森（Amundsen）和史考特（Scott）早 20 年抵達南極」。1970 年代晚期，多虧我們為了讓腋下清新，而將以氯為基底的化學物質（氟氯碳化物）噴入大氣層 1，惡名昭彰的臭氧層破洞開始出現在世界上最不受污染的南極洲大陸上方。

　　根據一項主流理論，有一些有毒污染是透過一種有趣的科學過程抵達南極洲，人們暱稱之為「蚱蜢效應」（Grasshopper Effect，又名為全球蒸餾效應）。像是殺蟲劑這種叫做持久性有機污染物（POPs）的長壽化學物質會先在溫暖國家中蒸發，形成空氣污染、飛到空中，接著冷卻、凝結，再落回其他地方的地面。經過幾次重複「跳躍」之後，這些污染物最終抵達北極和南極，並開始有系統地從食物鏈底端一路向上污染。以上就是一種解釋 DDT——人類有史以來發明過最惡名昭彰的殺蟲劑——究竟如何一路進到南極企鵝體內的理論；DDT 的毒性甚至大到世界多數地區禁用它之後數十年依然持續危害企鵝的健康。然而，並非所有人都信服這個說法。其他理論認為，污染是透過魚和海鳥帶往南、北兩極，或是經由大氣與洋流完成運送。[12]

1　雖然氟氯碳化物在這件事上確實有責任，但它們其實無法自行造成破壞。當它們進入大氣層較高位置時，來自陽光的紫外線將它們分離為貪婪飢渴的氯離子，這才是真正攻擊臭氧層的兇手。

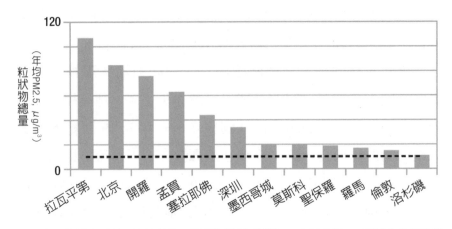

圖9 高風險城市（拉瓦平第位於巴基斯坦旁遮普省）。本圖針對12座城市的有害懸浮微粒（PM2.5）濃度進行比較，其數值皆超過WHO準則（虛線位置）。製圖資料取自世界衛生組織「環境（戶外）空污」資料庫。

板塊飄移？綜觀全球

　　如今我們已經對空氣污染具備史無前例的認識，但我們還是要記得——上方的小插圖便是證據——污染並非單一問題，而是多種且多樣的問題。事情不是只有把「污染」從單數變成複數那麼簡單，重點是，目前在世界各地令人窒息、害人送命的那六、七種主要污染物，會基於截然不同的理由在大氣層中累積。

　　舉二氧化硫為例；我們會在下一章節看到，這種來自燃燒污油與煤炭所釋放的臭酸味氣體是致使成千上萬人於20世紀污染災害中送命的主要嫌疑犯。時至今日，它在歐、美等地已經不再構成太大的問題了，因為發電廠已經大舉改用天然氣，相較於過去的燃煤發電廠，算是比較好的「空污洗滌器」，而現在也有愈來愈多高標準的煉油廠為我們的汽車提供更乾淨的燃料。不過，南非等開發中國家的煙囪仍持續湧出二氧化硫，而中國和印度等亞

洲強國皆長期重度仰賴煤炭。

　　能夠改善某地污染的解法可能會為別的地方帶來新問題。發電廠為了驅散二氧化硫至廠外而建造的高聳煙囪，並不會讓二氧化硫憑空消失——正如前述，它們可能會使其他國家境內各地都下起酸雨，或是藉由讓幅員廣闊的鄉村地區變得更髒以便讓範圍（相對）較小的都會地區變乾淨。在歐洲部分地區，多虧那些從高煙囪穩定而緩慢飄出的排放物，二氧化硫的背景濃度如今已經比以往高上五倍。如果你以為空氣污染可以靠著風年復一年、或是過了幾個十年後就全然消散，那可說是一種迷思；物理定律告訴我們，廢棄化學物質最終全都必須有個「歸屬」。[13]

　　如前所述，污染會因為許多不同理由而存在於多數國家中，但人們各異的生活方式也會大幅影響污染為他們帶來的後果。世界上大約有一半人口仰賴燃燒自己的燃料，以達成烹飪與供暖的目的〔可能是木材、糞肥、泥煤等統稱為「生物量」（biomass）的物質，或是煤炭〕，因此目前「室內」空污是他們最主要的憂慮。相較之下，對已開發國家居民而言，「戶外」（環境）空污的議題通常會來得更加嚴重。以全球死於空氣污染的人數來看，比例大概是一半一半——420 萬人壽命減短應歸咎於戶外污染，而 380 萬人則是受到室內髒空氣的影響。[14]

　　由於以上種種因素，空氣污染很難被一概而論；它或許是一個全球性問題沒錯，但卻不見得有全球性解方。看完這些細節瑣碎的討論及條件之後，說真的，如果我們還能給任何關於空氣污染的概括性陳述，那就太奇怪了。不過，現在就讓我們把鏡頭拉遠一點，再把地球轉一圈，針對污染在世界不同區域的差異，做出較為廣泛的評定。

非洲

非洲污染的糟糕程度很難被精確量化——依照最少的統計數據，在非洲的 47 個國家當中，只有 8 個國家（少於五分之一）曾提供資料給世界衛生組織的空氣品質資料庫。我們都知道非洲現在最貧困地區的二氧化硫及較粗的 PM10 粒狀物質高居世界濃度最高之列（與拉丁美洲和亞洲並列）。非洲的戶外污染大多源自燃煤的重工業（及水泥廠、煉油廠等這類場所）、愈來愈依賴汽車運輸的現象、野火，以及肆意燃燒家庭垃圾的行為。而在室內，高度仰賴生物量進行居家烹煮與供暖的現狀，仍是最主要的問題（雖然這種污染最後也會污染到戶外）。

有些非洲國家看起來已經注定要踏上西方工業國家發展途徑的污染後塵了——南非是世界第 33 大經濟體，但在化石燃料排放量方面卻是第 15 大生產者。而儘管摩洛哥是世界上採集太陽能的最佳地點之一，但一直到最近每年都會燃燒上百萬噸的化石燃料（幾乎皆為進口）。某些非洲城市現在每年成長比例超過 10%；經濟發展及逃離貧窮的壓力進一步促使工業化與都市化發生，和對於污染行為的特許。驚人的是，當今空氣污染在非洲所造成的早逝人數已經儼然高過污水或兒童營養不良。[15]

歐洲

在丹麥，每人所擁有的風能比其他任何國家都來得多；法國的電力有 87% 來自核能及水力發電（只有 8% 來自天然氣與燃煤）；德國人開創「被動式房屋」（Passivhaus）的隔絕設計，減少居家供暖的需求；崇尚自行車友善的荷蘭人早在幾十年前就讓汽車自愧弗如了。鑑於上述這些態度，你可能會覺得歐洲應該是

圖 10 骯髒的世界：此地圖中黑色區域的居民，約有 75 ～ 100％的比例所吸入的有害
懸浮微粒（PM2.5）濃度高於 WHO 準則。在非洲及亞洲大多地區裡，幾乎百分
之百的總人口皆處於風險之中。資料取自世界銀行及 Brauer, M. et al.（2017）
的「2017 年全球疾病負擔研究」（Global Burden of Disease Study 2017）；製
圖工具為 Google 表單，出版依據為創用 CC 授權條款（CC BY 4.0）。[16]

地球上最乾淨的洲，但它們依舊存有大量空污問題。誠如前述，
巴黎有時候會被稱為污染最嚴重的城市，而舉凡布拉格、米蘭、
佛羅倫斯、維也納和羅馬等歐洲其他許多地方的粒狀物濃度也都
隨隨便便就超過 WHO 準則。歐洲有將近三分之二的人口居住於
未達 PM10「上限值」的地方，但住在超過 PM2.5「上限值」區
域內的人口卻驚人地高達 92％。懸浮微粒污染幾乎砍掉了歐洲人
平均壽命九個月；如果能適度將粒狀物減少至建議標準，就能使
歐洲平均預期壽命增加將近兩年的長度。[17]

亞洲

　　整體而言，亞洲低收入及中等收入國家的污染程度高居世界之最；東南亞居民的日常，就是面對比 WHO 準則糟糕五倍的空氣品質。當然，近幾十年內，他們在處理二氧化硫等污染物上確實有些進步，但粒狀物依舊是一大問題。

　　亞洲的問題不光只有污染嚴重，高都市密度更讓許多人暴露於危險之中。事實上，那裡的空氣並沒有一直惡化，就只是現在人口遠遠太多了，尤其還有那些愈來愈老、愈來愈脆弱的人。亞洲的都市人口即將於 2030 年超過鄉村人口，如此一來，都市化問題的佔比會變得更加顯著。不過，光就愈來愈多人湧入亞洲巨型都市這一點，並不代表面臨空污的人口會因此變多。合理的都市計畫及交通方式其實能拯救並改善數百萬條亞洲性命。舉例來說，如果能把印度的空氣淨化至世界衛生組織建議的水準，便能使該國污染狀況最嚴重地區的平均預期壽命延長約五至十年，好比北方邦和德里。[18]

紐澳地區

　　正如你或許已經預期到的，與世隔絕的太平洋國家擁有世界上數一數二乾淨的空氣——根據「數據看世界」（Our World in Data）計畫的資料，這裡的髒空氣死亡率為世界最低，大概比阿富汗（世界最高）低上 50 倍。而這恰能解釋為什麼在最近一項益普索（Ipsos）調查中，只有 15％的澳洲人將空氣污染列為國內前三大環境問題（除了南非，此比例低於其他所有地方）。

　　一般而言，相較於地球上的幾乎其他所有地方，這個區域的粒狀物稱不太上是個問題。然而，在雪梨和墨爾本這兩個澳洲較

大的城市裡，粒狀物濃度差不多等同於歐洲和北美洲的情況，而綜觀全澳洲，PM2.5 每年大約導致 2,800 起早逝的案例。而燒柴爐是一大威脅——新南威爾斯環境保護署（New South Wales Environmental Protection Agency）的資料顯示，PM2.5 懸浮微粒總量中有 75％ 是在雪梨產生，其所帶來的風險比車輛或紙菸都來得更高。另一大隱憂則是因為氣候變遷而加劇的野火。2019 至 2020 年夏天，熊熊烈火肆虐南威爾斯和維多利亞州，而附近的坎培拉因此從世界第三乾淨的首都降級至地球上最高度污染的地點。

儘管澳洲持續仰賴燃煤發電廠（且相關法規寬鬆），但當地的二氧化硫及二氧化氮濃度皆低於全球平均值。法律運動團體澳洲環境正義組織（Environmental Justice Australia）發現新南威爾斯有一些發電廠獲允排放的有毒汞量為中國發電廠的 33 倍、美國發電廠的 666 倍。即使澳洲欣然接受再生能源，也不會改變它是世界燃煤污染主要貢獻者的事實。如今，昆士蘭州的龐大煤炭儲量預計將由印度企業巨頭阿達尼（Adani）開採，並透過船運送回印度以用於燃煤發電；印度部分火力發電廠再將電力提供給孟加拉。

與此同時，在紐西蘭那一端，基督城過去備受家庭燃煤與柴火污染，一直到比較最近才獲得改善。當地政府於 2020 年宣布，將逐步淘汰煤火及老舊燒柴爐，希望能藉此在下一個十年省下總計 8.2 億的醫療開銷。[19]

美洲

先說好消息——多虧了相對嚴苛的《空氣清潔法案》等措施，

主要污染物的排放量已於過去 30 年內大幅下降 22 ～ 88 ％。當地針對乾淨空氣所做的投資似乎大獲成功。美國國家環境保護局（EPA）曾指出：「自 1970 年至 2017 年，光是六大常見污染物的全國總排放量，平均便減少了 73 ％；與此同時，國內生產毛額成長了 324 ％。」[20]

　　但壞消息是，排放量降低並不代表零暴露。正如《紐約時報》曾於 2019 年寫下的精闢標題：「美國天空變乾淨，但數百萬人仍吸著不健康空氣。」人們依然暴露於有害的空污風險之中。

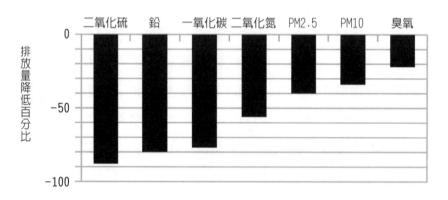

圖 11 美國天空變乾淨了？過去 30 年內，美國確實在淨化主要污染物一事上，做出令人印象深刻的進步，但數百萬人依然暴露於髒空氣之中。數據來源：美國國家環境保護局。

　　即使現在美國在數據上看起來已經變乾淨了，但空氣污染造成的死亡人數仍多於槍擊案與車禍意外死亡人數總和。而近期放寬空污控制的措施正讓情況更加惡化——事實上，隨著川普當選總統，美國空氣呈現不健康、非常不健康或危險狀態的天數顯著增加。此外，前述這些概略的數字和趨勢，也掩蓋掉了更為複雜的實情——較貧困者與少數族群受害最深。相較之下，富裕的美

國白人購買並使用較多物品，同時產生較多污染，而其他種族群體消耗量較少、製造較少污染，卻吸入較多。拉丁裔居住地的空氣最髒（幾乎 50％ 人口居住於臭氧污染最嚴重前 25 名的城市之中），而美國黑人族群所吸入的有害 PM2.5 懸浮微粒，顯著高於白人族群所吸入的濃度。在紐約市南布朗克斯（South Bronx），40％ 人口生活條件困頓（其中多為黑人或拉丁裔），而源自交通及工業的粒狀物污染，使當地的氣喘率躍為全國平均的四倍。[21]

世界上污染最嚴重的幾個例子就位於拉丁美洲內，像是墨西哥城、智利聖地牙哥和聖保羅。當地的 PM10、二氧化氮、二氧化硫、臭氧等問題，也跟世界其他地方一樣糟。回溯至 1968 年，墨西哥城那高海拔的稀薄空氣造就許多運動員創下奧運世界紀錄；到了 1990 年代，寫下世界紀錄的卻是當地的污染狀況。如今，PM2.5 懸浮微粒仍因野火和交通的緣故而猛超 WHO 準則高達六倍。正如亞洲，此區域的空氣污染跟都市人口密度狼狽為奸，一同導向嚴重的減壽與健康問題（全世界 12 座「巨型城市」當中，就有四座在拉丁美洲）。此外，這個區域還有一項特有問題——其（部分地區的）熱帶氣候會促進臭氧產生，尤其是夏季午後。[22]

⌒ 代價究竟為何？

當我們讀到這種新聞標題：「世界銀行指出，空污每年花費全球經濟數兆美元，」我們實際上看到的是複雜的「生死估價」——大部分是指死的部分，計算方式則根據世界各地發生早逝情況的案例數經過仔細加權，以確保死亡孩童的數值大於成人（因為前者失去的生命年數較多）。前述新聞下標的依據為世界

銀行／健康指標和評估研究所（IHME）於 2016 年發表的報告；該研究發現，空氣污染「於失去之勞工所得方面，耗資全球經濟約 2,250 億美元，或就無謂損失而論，全球共計 5.11 兆美元——相當於印度、加拿大與墨西哥國內生產毛額的加總，堪比一記當頭棒喝。」（按：無謂損失即英文的「welfare loss」或「deadweight loss」，指的是社會福利現況及最佳狀況之間的落差。）這時就會有些人開始爭論：怎麼可以這樣幫生命或苦難標價呢？可是如果不這麼做，你要怎麼合理解釋淨化污染地區所需的鉅額投資呢？尤其這項議題又得跟眾多項目競爭公共支出的優先位置。[23]

至於個別國家的狀況呢？在英國，空氣污染每年耗資 60 ～ 500 億英鎊等不同程度，但當地政府估計，光是粒狀物所造成的傷害可能就相當於 160 億英鎊。相較之下，英國一間單一院區的全新大型市區醫院開銷約為 5.5 億英鎊。所以，空污基本上每年在該國搶了多達 100 間大型醫院。而在美國，空污耗資估計落在 450 ～ 1,200 億美元之間；另外，曾有人計算過，即便只增加一丁點污染，都能「為經濟帶來大幅影響」。[24]

不論你是用什麼方式衡量，污染勢必得掛上一大張價格標籤。它砍掉全球的國內生產毛額 6%——這可能聽起來沒有很多，但別忘了，全世界花在教育上的國內生產毛額低於 5%，也只花了大約 2% 在軍事上（世界各地的確切污染數值落差很大，少自芬蘭的 0.7% 和波蘭的 13%，一直到塞爾維亞驚人的 34% 都有）。但如果你要這樣論述、把污染視為世界經濟的拖油瓶，那你會漏掉一項更重大、更殘酷的事實。經濟學家很喜歡這樣說——由工業發展所創造的財富是貧窮國家脫離貧窮的關鍵。因此若以這個論點為基礎，關於空氣污染非常諷刺的一點在於，它同時將貧窮國

家推往惡化問題的快速發展進程，又減去他們的財富；如果他們能以其他方式製造財富，或許還能幫他們把問題一併解決。[25]

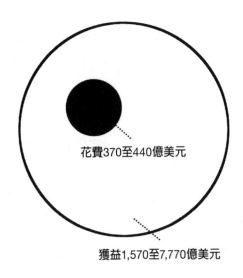

花費370至440億美元

獲益1,570至7,770億美元

圖 12　「為乾淨空氣付錢」聽起來比「為髒空氣付錢」合理多了。從 2004 年到 2014 年，美國這十年間在空氣品質上的進步約花費 400 億美元（黑色圓圈），但在經濟獲益上（白色圓圈）卻賺回 4 到 20 倍，其中大部分源自早逝的情況獲得改善。資料來源：美國行政管理和預算局（OMB）。[26]

而不論我們怎麼看待污染——地球上的一團污點或書頁上的清晰圖表、簡單的財務預支或複雜的人類悲劇——很顯然地，污染為任何個體所帶來的影響基本上是一局地理大樂透。事實上，我們會在下一章節探討，這就是一直以來的真相，早在工業革命以前便是如此。

咳，測試測試

烤焦麵包

在中國環境狀況最糟的工業地區裡，每年 PM10 的平均濃度可以達到每立方公尺數百微克（比其他地方的受污城市高上 10 倍）。這個數值實際上究竟代表什麼？你去把吐司片烤焦就會得到答案了。我借用科學的名義，把我的空氣偵測機架好、將兩片麵包放到烤架下方，然後等到它們開始冒煙、焦黑。我的廚房並沒有被濃霧淹沒，但還是燻燻的，讓人不是很舒服。現在，來看我的空氣偵測機的紀錄吧。情況最糟的時候，顆粒較粗的 PM10 濃度達到 300μg/m³，差不多就是石家莊的年均水平，也就是中國境內污染最嚴重的其中一座城市。

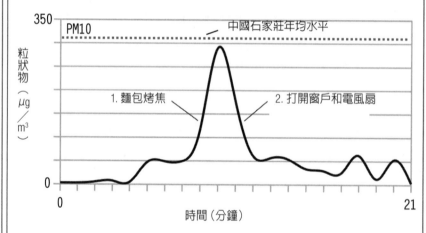

圖 13 圖中，y 軸表示 PM10 粒狀物濃度，單位為 μg/m³；x 軸表示時間，單位為分鐘。

第 3 章

凱撒的最後一口氣
Caesar's dying breath

空氣污染：故事目前的發展

　　你剛才吸入的空氣中，有一顆分子來自凱撒臨終前最後一口氣的機率有多高？關於這題已經在學校自然課上被說到爛的腦筋急轉彎，答案是「幾乎必然發生」。算一下數學，你就會發現無論你在地球上的哪裡、歷史洪流中的哪一個時間點呼吸，在你盡可能吸飽的每一口氣之中至少都會潛伏著一顆凱撒的分子。我們從這裡得出的驚人結果是，我們不只吸到一些將死帝王的氣息，也吸入了那些曾在人類史上第一把火中舞動的氮氣、曾呼嘯流過紐科門（Thomas Newcomen）18 世紀原版蒸汽機的氧原子、19 世紀末用於牙科止痛的笑氣，甚至還有 1969 年把尼爾·阿姆斯壯（Neil Armstrong）的火箭送上月球的部分空氣。大致上來說，我們吸入的每一口氣，都是一個化學物質貫穿古今的橫剖面。而且，由於這一口氣幾乎採樣了所有曾經在地球各處發生過的燃燒事件，它也是空氣污染的歷史縮影[1]。[1]

1　實際上，我們的呼吸並沒有採樣所有曾經發生過的事件，因為不同化學物質待在大氣層裡的時間長度大相徑庭。氮氣及氧氣的「壽命」非常長（氮氣或許長達 100 萬年，氧氣則是數千年），笑氣（一氧化二氮）或許能夠維持 120 至 150 年，但一氧化氮（NO）卻能在幾秒內就消失無蹤。因此，雖然我們確實有可能正在回收再利用舊的氧氣和氮氣，其他東西並不會在空氣一樣待得那麼久。舉例來說，如果你想知道我們現在是否仍會吸到 1883 年喀拉喀托火山（Krakatoa）爆發飄出來的塵粒，那答案是「否」，它們待在大氣層中的時間並不夠久。[2]

當我們進一步去反思那段歷史時，多數人常犯下兩種頗為相反的錯誤。第一種是相信髒空氣在本質上就只是惱人的「舊」事重現，回到紐科門和其他追隨他的腳步、出現在油畫裡的工業革命人物——這個問題我們前面已經幾乎解決了（但某種程度上來說卻又從未真正解決）。然而在蒸汽機被發明出來的 300 年後，空氣污染仍是迫害公共衛生的最大威脅。第二種錯誤是認為空氣污染基本上也是相當「新」的問題，因為工業化與都市化在人類歷史洪流中皆為相對近期的革新。這個想法同樣大錯特錯——我們接下來馬上就會看到，連凱撒當年呼吸的都是被污染過的空氣，而他臨終前的最後一口氣裡，也很可能含有鉛、銅、各種大小的煤煙顆粒及許多我們至今仍在吸的東西。

◠◠ 早期的光景

空氣污染需要空氣，但空氣來自何方？假如你能穿越時空，回到 140 億年前宇宙源起的「大爆炸」，你會發現自己身處窒息狀態，等待一場戲劇化的初期爆炸事件發生。因為在萬物真正的開端，世界上沒有空氣、沒有原子，只有一團失控的純能量，密度和溫度都高得令人無法置信。而我們現在所知的一切——那個開闊無際、綴滿繁星的空間裂口——正起緣於那點比原子更小、只有針尖尺寸的純能量。這場瘋狂的能量爆發鍛造出簡單的次原子粒子，它們再聚集成質子與中子（原子的必備構件）等較重粒子。不過在那之後又花了幾萬年才進一步形成兩樣最基本的元素——氫和氦。它們以旋轉的氣體雲形式呈現，最終濃縮成最早的星球。等到氧和氮（我們現在所稱的空氣的關鍵成分）這種更

重的元素正式登場並遍佈宇宙時，已經又過了幾百萬年。但在接下來的幾十億年裡，萬物可能就沒有如你所想的變動那麼多了。在時間的初始，宇宙全然由氫（約四分之三）及氦（其餘皆是）所組成。如今，宇宙中有98％的物質依然只包含這兩種元素（雖然它們在我們居住的星球上相對較少，那是因為它們過輕，不容易被地心引力抓住）。氧、碳和氮則佔了另外的1.5％，它們同時也是大多空氣污染及空氣本身的構件；剩下的其他元素總共只佔了0.5％。[3]

　　理論上，空氣污染在人類出現之前便存在已久（想想看火山爆發的塵雲、森林大火的滾滾濃煙及其他形式的自然污染；我們在下一章會討論到）。不過如果我們把污染定義為對人類的健康和性命有害之物，那污染便會與人類一同出現——人不只是污染的生產者，重要的是，我們同時也是污染的消費者。人們大概從一百萬年前開始有系統地用火（或更精確來說，有人開始被火焰燃起後所產生的煙嗆到），人類空污的黑暗黎明就此展開。[4]

　　說有毒空氣在史前時期就是一項問題會太誇張嗎？其實不會。正如我們前面已經討論過的，當今因為髒空氣而早逝的人口當中約有一半居住在開發中國家，過著所謂的「原始」生活，為了居家烹煮、供暖及照明等用途而在室內燒燃料。這種習慣可以回溯至石器時代晚期。因此依照邏輯來看，說連最早開始定居、圍繞在營火旁燉煮野牛的人類都跟現在許多開發中國家人民一樣會被那些煙嗆到，聽起來也是頗為合理。而事實上，有許多證據可以證明這一點。考古學家就曾仔細研究過木乃伊化的人體殘骸，發現煤肺（黑掉的肺組織）的鐵證——這種現象正與吸入煙粒高度相關。我們或許可以把現代空污形容為有毒雞尾酒，但顯然在

通風不佳的住處用火所產生的煙霧同樣造成我們祖先嗆咳，程度不相上下。[5]

隨著人類文明發展，困擾人們的不再只是單純的煤煙粒（積碳）。在青銅器時代飆升的不只有金工技術，更有髒兮兮的工業活動，例如挖礦（會揚起成團粒狀物）和冶煉（把挖出來的礦石加熱以分類，這會將鉛等重金屬排至高空）等，這些活動都在約7000年前就開始了。當時在歐洲，羅馬人以他們對於鉛的「致命喜愛」聞名〔在水管、屋頂、硬幣裡都能找到鉛，但最令人震驚的是，他們會在鉛鍋裡熬煮濃縮葡萄汁（defrutum）和薩帕（sapa）以保存酒品〕。不過，巴爾幹半島更早以前就已經開始採礦及開發金屬了。現代考古證據從泥炭沼採樣發現此區的鉛污染可以回溯至青銅器時代早期（西元前 3600 年），比凱撒臨終前吸的最後一口髒空氣整整早了 3500 年。此外，科學家到格陵蘭採樣，將深埋地下 1 公里以上的「冰芯」鑿出來，發現鉛污染可以回溯至西元前 500 年，證實了重金屬污染的問題打從那時候便已然存在。[6]

⌒ 沉重的天空

從早期金屬工人的冰芯足跡到埃及木乃伊的黑化肺部，從阿留申群島到秘魯古國，從巴比倫文明到亞述文明，皆能找到證據顯示幾乎所有古代社會都有空污問題[2]。可是以前的人真的有

---

2 賓彼得（Peter Brimblecombe）、史蒂芬‧莫斯里（Stephen Mosley）及其他學者曾針對空氣污染早期歷史提出精彩的討論，能在本章節中談及他們的研究，我深懷感激。至今，賓彼得的《濃煙：中世紀以後的倫敦空氣污染史》（The Big Smoke: A History of Air Pollution in London Since Medieval Times；由 Methuen 於 1987 年、Routledge 於 2012 年出版）仍名列介紹此主題的最佳書籍。（按《濃煙》尚無中文譯本，書名為譯者暫譯）

意識到這項問題嗎？如果他們有對這件事採取任何行動的話，那又是什麼？現代醫學的先驅——希臘人——絕對知道肺部疾病的存在及乾淨空氣的重要性，並且瞭解兩者之間的關聯性。希臘名醫希波克拉底（Hippocrates）最有名的事蹟是撰寫醫師誓言，但他也曾寫過一本專書《空氣、水與地方》（*Airs, Waters and Places*），其中討論到惡劣空氣品質與人類疾病之間的關聯性，並強調，每到一個新地方，都必須檢查空氣乾淨度的重要性。此外他也提到，在有些城市裡，居民的「聲音粗糙、嘶啞，是因為空氣的狀態，而在這種情況下，空氣一般來說並不純淨、不健康，因為那裡沒有北風可以淨化空氣」。這類觀點被匯集成「瘴氣」（miasma）的概念，亦即污穢空氣攜帶疾病的想法；人們堅信著這種偽醫學的解釋，一直到病菌說（germ theory）在 19 世紀晚期獲得確鑿的科學證實為止。[7]

對羅馬人而言，事情的糟糕程度好像是以次方計算。雖然他們沒有專門的貶義詞彙來指「污染」，但就我們現今的瞭解，他們勢必也十分熟悉污染的概念。他們會抱怨「沉重的天空」（gravioris caeli）和「敗壞的空氣」（infamis aer），而且法學家也曾指出，羅馬人會因為受污空氣與水鬧上法庭。他們有一個知名作法，是巧妙地運用中央地暖系統來為寒冷建築加熱。這種系統稱為「熱炕」（hypocaust），其中包含煙道（flue）設計，讓熱廢氣能藉由牆壁往上跑，可謂現代煙囪和大型煙囪的「矮壯」祖先，也算是淵遠流長的人類空污被發明出來的起點。[8]

當時就已經有塵粒和燃煙，而且量還很多。從古羅馬時期留下來、唯二成功復原的其中一具木乃伊葛洛塔羅莎（Grottarossa），儘管她離世時年僅 12、13 歲，卻在在顯示出煤肺的跡象。過量的

塵粒啟發了查士丁尼大帝（Emperor Justinian），他發出聲明表示乾淨空氣與飲用水皆為基本人權：「依據自然法則，以下事物凡人皆應享有——空氣、流動水〔及〕海洋。」從某方面來看，這些是我們從那時候就失去的東西，也是兩千年後多數地球人無從擁有的重要保護。詩人荷瑞斯（Horace）就曾描述羅馬傲人建築被燻黑的哀傷面容；羅馬斯多葛主義學者塞內卡（Seneca）最為人所知的思想雖然是不為歡愉或痛苦所動，但對於污穢空氣卻完全無法冷漠以待，曾發表評論針對「這座城市令人感到壓迫的空氣、從廚灶傾倒而出的惡臭燻煙，以及那些積在室內的團團灰燼和有毒煙霧」。[9]

然而，由於希臘與羅馬時期正處於工業大躍進的階段，這些提倡乾淨空氣的前人基本上在打一場必輸的戰役。美國內華達州沙漠研究中心（Desert Research Institute）的地質學家喬・麥康諾及其同事表示格陵蘭的冰芯也述說著屬於它們的故事。在那裡，冰層「記錄」下來介於西元前 1100 年至 800 年之間的鉛排放，跟在羅馬發生的事件具有不可思議的相關性——隨著戰爭爆發及帝國擴張，量值提高；隨著瘟疫肆虐及帝國瓦解，量值下降[3]。在泥炭沼樣本中也可以觀察到類似的鉛產量變化，如實地記錄了羅馬帝國的興衰（加上更近代的工業革命興起，甚至還有 20 世紀含鉛汽油的跌宕命運）。而羅馬人必須承受的並不只有鉛。西元 79 年，維蘇威火山（Mount Vesuvius）爆發，有些研究便針對那些遭到掩埋、完美保存的骸體的肋骨進行精彩分析，發現明確的胸膜炎（圍繞於肺部的組織發炎）跡象。醫界認為這種病症與燃

3　其他研究者也曾運用類似的手法，將瑞士阿爾卑斯山脈冰芯中鉛濃度的高低變化比對 12 世紀英國的社會變遷與政治事件，其中包括坎特伯里大主教湯瑪士・貝克特暗殺事件。[11]

燒木材、糞肥及其他不乾淨的燃料所產生的烏黑室內空氣污染有關。[10]

　　總而言之，我們的祖先清楚瞭解乾淨空氣的價值及我們擁有乾淨空氣的權利。他們有自己針對空氣污染的立法形式，也不畏懼使用相關法規。他們見證了髒空氣為自己所居住的城市與自身健康所帶來的影響。最後，他們（可能提早幾個月或幾年）去世時，肺部深處堆積著這些漆黑的髒污。時至今日，這些敘述依然始終如一。

☁ 中世紀的擴散

　　跟我們大多數人想像的不一樣，空氣污染其實早在工業主宰世界的好幾百年前就已經是一項根深柢固的問題了。我們同樣可以在冰芯研究中發現，從古代到中世紀期間，採礦與冶煉導致鉛暴露量提高了 10 倍。在英國，也就是後來全球工業革命發跡的地方，人口成長、早期工業（包括鉛冶鍊、煙燻鯡魚、鐵匠鍛造、皮革鞣製、使用開放式窯爐量產石灰），以及倫敦等地的快速都市化使自然資源開始變得吃緊。雖說如此，坎特伯里大主教湯瑪士‧貝克特（Thomas Becket）的秘書威廉‧費茲斯蒂芬（William Fitzstephen）曾於 1180 年前後表示，倫敦是一個「以健康空氣及信奉基督的誠實市民聞名」的美好地方。[12]

　　不過，受到污染的空氣變得愈發普遍——到了 13 世紀初，倫敦本身的森林已經幾乎被砍伐殆盡，以利建造材料及燃料，促使人們改用所謂的「海運煤」〔sea coal，從遙遠的新堡（Newcastle）海運進口〕，而這種煤含有大量難聞又有害的硫。接下來，問題

便正式開始浮現。即使到現在，燒柴爐的房子就算設置合理高度煙囪，設計良好的煙道，整體排出的 PM2.5 懸浮微粒仍足以對當地構成污染危害。但回顧中世紀，煙囪根本微不足道、小得可憐，常常連自家屋頂或相鄰建築都清不乾淨，所以很難排出燃煙。13 世紀時，許多人曾描述自身經驗，認為燃煤在英國已經是一種根深柢固的惱人之事。1273 年，愛德華一世甚至禁止於熔爐使用海運煤。但一直到了整整三個世紀之後，中世紀即將邁入尾聲，伊莉莎白一世仍在跟同樣的議題搏鬥。1578 年，她發現倫敦的空氣品質實在過於糟糕（她對於「其味道及烏煙感到非常遺憾且氣惱」）而拒絕進城。過了十幾年後，她更於 1590 年嘗試全面限制倫敦用煤。就這樣，人們經歷了好幾個世紀仍未成功控制這個問題，在在顯示出早在蒸汽機開始轟隆運作之前，燃煤與隨之而來的空氣污染就已經是素有歷史的燙手山芋。[13]

把空氣控制好

令人困惑的古早科學並沒有為人們好好解釋為什麼他們所吸入的空氣會這麼糟糕。舉亞里斯多德為例，他將空氣視為四樣基本元素之一（與土、火、水並列），並認為我們吸入空氣是為了冷卻心中的火。那他到底會怎麼解釋現代空氣污染呢？這真的很難說。

人們執迷不悟地堅信著這些觀念，直到 17 世紀，英國的「懷疑派化學家」羅伯特・波以耳（Robert Boyle；1627－91）才指出這些論點在科學上有多麼無用——我們無法真的把亞里斯多德的四大元素互相結合，製造出熟悉的日常物質，或是以

任何有意義的方式從實際的材料中把它們提煉出來。波以耳把古老的抽象觀念撇到一旁，清楚地區分元素（光用化學無法拆解的物質）、化合物（元素結合形成新東西）及混合物（其餘的所有東西）以導正科學概念。雖然波以耳不是專攻空污的科學家，但他也因此成為空污科學史中關鍵的一角。正是因為他在 17 世紀提出的犀利見解，我們如今才會以如此方式將空氣污染理解為不斷變動的氣體混合物（以元素或化合物所組成的分子）、懸浮微粒（可為固體或液體，通常散佈於氣體之中）及粒狀物（元素或化合物的一小部分，呈固體或液滴狀）。[14]

圖 14 羅伯特‧波以耳使我們具備科學觀念，以認識空氣污染。圖片取自衛爾康博物館（Wellcome Collection），出版依據為創用 CC 授權條款（CC BY）。

如果說我們是因為波以耳的想法才有辦法將空氣視為混合物，那讓我們能夠進一步瞭解此混合物的確切成分的則是一群 18 世紀的歐洲科學家。起初，人們以為空氣有許多不甚

相同的氣味。蘇格蘭科學家約瑟夫‧布萊克（Joseph Black；1728－99）藉由加熱石灰石（碳酸鈣）以釋放困於其中的氣體，進而發現「固定空氣」（fixed air，即現在我們所稱的二氧化碳）。布萊克的學生丹尼爾‧拉塞福（Daniel Rutherford；1749－1819）則分離出他所說的「有害氣體」（noxious air，即氮氣）。當亨利‧卡文迪西（Henry Cavendish；1731－1810）發現氫氣時，他稱之為「易燃氣體」（inflammable air），另外也發現燃燒這種氣體可以產生水。約瑟夫‧普里斯特利（Joseph Priestly；1733－1804）撰寫了整整六冊的《對不同氣體的實驗和觀察》（Experiments and Observations on Different Kinds of Air），並在過程中發現了一種他稱為「脫燃素氣體」（dephlogisticated air）的東西，也就是我們現在所知的氧氣。此外，他還有其他較不為人知的事蹟——他也發現且研究過「含氮氣體」（一氧化氮；NO）、「脫燃素含氮氣體」（二氧化氮；NO_2）、「含硫酸性氣體」（二氧化硫；SO_2）及一氧化碳（CO），也就是空氣污染中的四大關鍵成分。

　　普里斯特利的研究具有革命性意義，且影響深遠，更進一步激勵法國科學家、現代化學之父拉瓦錫（Antoine-Laurent de Lavoisier；1743－94）推翻大眾對於在空氣中燃燒事物的舊有錯誤觀念，也就是所謂的燃素學說。根據燃素學說的基本概念，有些東西能夠好好地燃燒，是因為它們含有一種叫做燃素（phlogiston）的神奇物質，燃素會在這些東西起火時一同釋放。然而，拉瓦錫證實了空氣中的氧氣才是這些東西燃燒（或不燃燒）的真正原因。正如波以耳的見解與普里斯特利的研究，拉瓦錫的發現也是空氣污染科學領域中的一大里程碑，因為大部分的空污皆源自某種燃燒事件。

⌒ 新世界的舊問題

原先我們可能認為有毒空氣是在工業革命期間才開始散佈至世界各地，但一旦我們屏棄這個想法，現在就可以來挑戰另一個想法了：空氣污染一定源自於最先發起工業革命的國家——英國和美國——嗎？事實上，有些令人信服的證據指出，最早的大規模污染部分起源於南美洲。那個區域約於西元前 1,400 便開始進行冶煉活動，而隨著西班牙於 16 世紀成功佔領此地，金屬生產的發展更是大幅加速，畢竟西班牙前來征服的部分原因也是為了掠奪這塊大陸的豐富礦產。西班牙人引進的新式採礦與提煉技術會釋放鉛、汞及鉍等有毒金屬，它們或是混在礦石裡，或是運用在提煉過程中。而銀礦的開採在玻利維亞和秘魯等國家大幅擴張時，也把這些粉塵團團吹入高空，接著遠播至南美洲大陸各處。

我們怎麼會知道這些事呢？幾年前，地球環境科學家保羅・伽布耶里（Paolo Gabrielli）及同事於秘魯安地斯山脈上大膽深入原始的魁爾克亞冰帽（Quelccaya Ice Cap）5.5 公里（3.4 英里）進行冰芯採樣。當地的乾、濕季變化使大氣塵埃依照時序層層堆疊，就好像一頁頁翻閱歷史書籍。伽布耶里的同事洛尼・湯普森（Lonnie Thompson）教授指出，這種冰芯堪比歷史氣候的「羅塞塔石碑」。而他們的研究團隊在其中發現金屬（及其他與金屬生產相關的元素）的蹤跡，例如銅、鉛、銻、砷及銀，這些都可以回溯到哥倫布登陸以前，也比工業革命早了整整兩百年。值得注意之處不只在於如此大規模污染的被釋放出來、改變環境，更在於它著實橫跨了如此遙遠的距離。當時有在運作的最大銀礦坑之一位於今日玻利維亞的波多西（Potosí），約距離研究團隊在魁爾

克亞挖出冰芯的位置800公里（500英里）遠。所以這不只是世界上最早的工業規模污染的一例，同時也是最早的一起跨界（國際）污染事件。伽布耶里表示：「這項證據可以證明，人類對環境帶來的影響，甚至早在工業革命之前就已經遍及各地了。」[15]

《煤煙對策論》

　　亞伯拉罕・達比（Abraham Darby）於1709年啟用世界第一座燃煤鼓風爐，正式揭開建立於鋼鐵之上的煙燻都會時代。不過在那之前，倫敦等城市早就被髒空氣困擾已久了。1661年，英國園丁兼科學家、有時候也是日記作家的約翰・伊夫林（John Evelyn；皇家學會共同創辦人）決定向他朋友查理二世提出一些原創解法。他產出的這本精簡小冊《煤煙對策論；或倫敦所排之空氣及烏煙造成之不便》（*Fumifugium ; or The Inconveniencie of the Aer and Smoak of London Dissipated*）描繪出這座迷人城市不得不向致命污穢空氣低頭的悲慘面貌。作為世界第一本關於空氣污染的書，《煤煙對策論》至今依然是一本精彩讀物。

　　這篇拐彎抹角的散文對現代讀者來說可能稍嫌迂迴，但伊夫林一開始就向國王指明，自己是如何注意到「狂妄的烏煙被釋放而出……程度嚴重到人們無法在煙霧之中辨識彼此，」以及「陛下的唯一姐妹……曾向我抱怨，當她身處陛下的宮殿期間，這些烏煙對其胸腔及肺部所造成的影響。」「腐敗的空氣，」伊夫林寫道：「很快便會潛入重要地區，」而且它們源自於「過度使用、耽溺於海運煤〔，這〕……使〔倫敦〕這座如此高貴、且本應無可匹敵的城市暴露於所可能面臨之最低級

的不便與非難之中。」

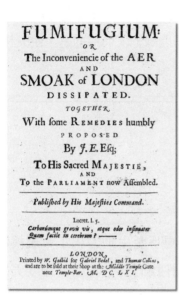

FUMIFUGIUM:
OR
The Inconveniencie of the AER
AND
SMOAK of LONDON
DISSIPATED.
TOGETHER
With some REMEDIES humbly
PROPOSED
By J. E. Esq;
To His Sacred MAJESTIE,
AND
To the PARLIAMENT now Assembled.

Published by His Majesties Command.

Lucret. l. 5.
Carbonúmque gravis vis, atque odor insinuatur
Quam facile in cerebrum?

LONDON,
Printed by W. Godbid for Gabriel Bedel, and Thomas Collins,
and are to be sold at their Shop at the Middle Temple Gate
neer Temple-Bar. M. DC. LXI.

（按：本書尚無中文譯本，暫採日文漢字之翻譯。）

圖 15 《煤煙對策論》，史上第一本討論空氣污染問題的書刊。

　　伊夫林以這樣的開場延伸出一系列原創的反思及實用建議：「若這麼做，不只是空氣將能免於目前的不便狀態，整座城市亦然──這個世界上數一數二甜美、旖旎的居住地啊。」首先，他建議禁止在這座首都裡建設污染性工業，包括「釀酒廠、染工廠、煮皂與煮鹽廠、石灰製廠及類似場所」。第二，他鼓勵園丁打造氣味香甜的植物園，可以運用「氣味最芬芳、最殊異的花種〔薰衣草、杜松、茉莉及迷迭香〕，其所釋放之每一絲一毫的柔和之氣皆能遠播他方，最適合用以調和空氣的氣味……正應如此以其氣息染香相鄰處所；如同借力於某種魔咒或無邪的魔法，它們被移轉至阿拉伯那處名為『幸福之地』的地方，因為那裡充滿著樹脂與珍貴香料。」至於他的靈感為何？答案是伊夫林在大瘟疫期間的逗趣回憶──有艘船「載著去皮洋蔥，沿著泰晤士河駛過這座城市……以吸引空氣中的污

染，並帶著那些感染朝向大海駛離。」

繼《煤煙對策論》將近兩世紀之後，倫敦才獲得首座公園，而大倫敦地區現今坐擁約一千處綠地。可惜的是，伊夫林其餘的宏偉計畫從未實現。[16]

⌒ 煙霧的時代

現在，叫我們去想像在蒸汽機同時產生動力和工業規模污染時的天空有多髒，確實滿困難，或許我們對當時生活過度美好的想像也讓那段時期煙霧朦朧的環境變得浪漫了。

回想一下威廉・透納（J.M.W. Turner）的畫作——他畫的鉻黃色日落，顯然反映出當時世界的高度（天然、火山）污染。而他最出名的一幅作品《雨、蒸汽和速度》（*Rain, Steam and Speed*；1844）更是以速寫式的骯髒迷濛捕捉 19 世紀的匆促發展。或是（數十年後崛起的）法國印象派畫家呢？像是莫內（Claude Monet）和畢沙羅（Camille Pissarro），他們一窩蜂地前往倫敦，畫下 19 世紀末蒙上一層煙霧的倫敦和它那令人窒息的魅力。莫內曾發表一段廣為人知的評語：「我最愛倫敦的一點，就是它的霧。」狄更斯（Charles Dickens）大概也會同意莫內的說法；他的《荒涼山莊》（*Bleak House*；1852）一書，開場就以正向的口吻描述了都市污染的舒適：「煙霧由煙囪帽降下，形成柔軟而烏黑的濛濛細雨，其中伴著點點煙灰火星，有如結構完整的雪花那般大——或許可以想像成，它們正為太陽之死哀悼……四處瀰漫

著霧氣……如神仙般地翻滾於並泊船隻之間，以及這座偉大（且骯髒）的城市水畔的污染……古老的退休海軍在格林威治養老病房裡的爐邊喘息著，煙霧飄入他們的雙眼與喉間。」與此同時，美國作家兼自然主義學家梭羅（Henry David Thoreau）則在麻薩諸塞州康科德（Concord）的瓦爾登湖畔（Walden Pond）把玩著自己的拇指，對鐵道上驅近的火車感到興味：「其蒸汽有如飄揚在金色與銀色花圈之後的旗幟……〔使〕山丘隨著他的鼾聲一起傳出雷聲般的迴響，他用腳撼動大地，並從鼻孔呼出火與煙。」[17]

19 世紀快速成長的採煤活動以更乏味的方式述說著同樣的故事。1800 年，倫敦人均約燃燒了 1 噸的煤量；一世紀之後，都市擴張，燃煤量更是提升到人均 2 噸。再看到 1850 年的德國，該國內最強大的工業區——魯爾區〔Ruhr；鄰近多特蒙德（Dortmund）〕——約有 300 座煤礦坑處於運行狀態，但事實上，那個區域一直到 1815 年才開始工業化。當地的煤產量於 1815 ～ 1850 年間就成長了六倍；1815 ～ 1900 年間更是成長超過 150 倍。截至 1860 年為止，魯爾區的煤礦坑與鼓風爐的密度登上世界之最。而在法國、比利時和英國，煤產量也有類似的成長進程。美國採礦業的成長甚至更加快速，從 1850 ～ 1900 年就成長了 30 倍左右，取代英國成為世界最大的煤礦生產國。[18]

燃煤所產生的煙霧及二氧化硫於 19 世紀開始嚴重困擾著當時的城市，但與此同時，這些城市於短時間內的迅速成長也是另一大隱憂。任職於里茲貝克特大學（Leeds Beckett University）的史蒂芬‧莫斯里指出，1800 年時，世界上只有六座城市人口數達到 50 萬或以上，但到了 1900 年，這種規模的城市數量已經超過 40 座，如今更有數百座。回顧 1800 年，英格蘭和威爾斯的人口約

有 30% 被歸類為都市人口；一世紀後，該數值提升至 80%。所以說，正如同現下情況，當時的問題不光只有污染這麼簡單，與之並列的還有人口在這些污染愈來愈嚴重的地區內同時快速成長。（目前在開發中國家巨型城市中，由高密度都市化所造成的公共衛生問題與污染不相上下。）[19]

而其影響大概跟我們想像中的差不多——煙霧及其他形式的髒污導致死亡率與患病率顯著成長。19 世紀下半葉，也就是工業革命狀況最惡劣的期間，死亡率提升約 12 倍之多。對於那些沒有真的咳死的人來說，他們仍得對抗其他種恐怖的事，像是永無止盡的霧霾。當時的霧霾濃到火車必須停駛的程度。1885 年，倫敦部分地區更有長達超過半年的日子處於「多霧」狀態，進而導致犯罪案件激增，人們甚至出現明顯成長遲緩的狀況（原因目前並不是很清楚，但相較於居住在空氣較乾淨地區的人，污染最嚴重地區的居民矮了 8 公分之多）。[20]

還記得早在 1661 年時，約翰・伊夫林是怎麼抱怨「狂妄的烏煙」使倫敦變得「有害而難以承受」嗎？那麼不妨試想，到了 1861 年、工業革命正如火如荼地進行時，情況又變得糟糕許多。這樣你大概就能瞭解當時大眾疾呼要求政府導正事情的聲音了。在英國，有錢的大地主擔心自己的財產受損而不斷鞭策議會，但擔心利益受損的實業家又會大力反擊。在這樣的情況下，英國議會曾陸續於 1819、1843 及 1845 年反覆思忖這項議題，並於 19 世紀末至 20 世紀初期間產出大量草率的全國反污染律法。與此同時，美國雖然沒有相稱的（聯邦或州內）反污染法，但地方（市政）法規確實在 19 世紀尾聲開始陸續出現。另外還有其他改變也讓情況有所轉折，像是在倫敦等人口過剩的城市，愈來愈多人移

居至空氣比較乾淨的郊區。人們也逐漸改用其他能源，尤其是天然氣（污染程度低於煤炭），接著是電力——把污染從家裡移轉至發電廠——但至少就理論來看，這種做法算是眼不見為淨的概念。[21]

科技史學家丹尼爾·法蘭奇（Daniel French）稱歷史上的這一刻為「當他們把火藏起來」，可惜的是，他們卻沒有把煙霧藏起來。法蘭奇曾在一本引人入勝、討論美國電力發展史的書中表示，煙霧於 19 世紀成為美國各地普遍的困擾。看著家中被煙粒染黑的牆面，那些被蹂躪的人們與尖銳的社會改革者站上同一陣線，包括哈里特·比徹·斯托（Harriet Beecher Stowe；《湯姆叔叔的小屋》作者）。她清楚瞭解乾淨空氣的重要性，曾與姐姐凱薩琳·艾斯特·比徹（Catherine Esther Beecher）共同撰寫《美國婦女之屋》（*The American Woman's Home*）一書。她們將通風效果差勁的爐灶所形成的室內空污形容為「最醜惡角色的謀殺案」，並寫道：「為了得到純淨空氣，絕大多數的美國人，出於全然無知，正遭到毒害、陷於飢餓。結果就是憲法弱化、疾病頻繁，以及壽命減短。」這一切在我耳裡聽起來意外地現代，法蘭奇的故事也是——煤炭工業固執的否認空氣污染的事實，認為煙粒是一種消毒劑。最典型的例子就是來自匹茲堡的富豪蘭德上校，他甚至還宣稱煤炭「對公共衛生有益」（事實上，這種說法一直到 19 世紀仍廣為流傳，而其起源能追溯至古希臘時期的瘴氣理論）。[22]

過去從未有人體認到發電廠會帶來多麼嚴重的污染，而這件事從愛迪生（Thomas Edison）於 1882 年做下的決定就能看出——他在紐約市中心的珍珠街（Pearl Street）蓋了世界首座正式的發

電廠。當時，由於電力傳輸距離的限制[4]，發電廠的位置必須靠近客源（及華爾街的投資者），但從裡廠內那台 27 噸的發電機開始運作的那一刻起，它所排入空中的煙馬上引起鄰居怨聲不斷。珍珠街的發電廠還只是一小座原型建設，隨後由愛迪生及強勁對手喬治・威斯汀豪斯（George Westinghouse）等先驅所打造的大型發電廠，其功率至少都大上十倍，需要龐大的資金與一定程度的收益。所以說，人們其實常忽略便利的新時代電力（即時電力照明、洗衣機，以及取代燃煤蒸汽機、改由電力馬達驅動的工廠機器）目標是要提供明顯更乾淨整潔的新能源，卻是用燒不盡的煤炭來發電──進一步促進對於發電廠的需求。當時，人們並未正視這其中可能造成的環境影響，事實上也沒有人太在意這個問題。此外，更沒有人注意到這一切所隱含的人力成本（當時，愈來愈多礦工罹患會導致身體殘缺的疾病，例如塵肺症，亦即「黑肺症」，同時，死於戶外空氣污染的人數也高於以往）。[23]

不過，需求提高連帶衍生更多問題。18 世紀時，原本只能於定點為礦坑與工廠提供動力的蒸汽機已經縮小體積，能夠應用在鐵路火車和公路汽車上，污染便開始隨著它們四處散佈（第五章會再更詳細討論）。到了 19 世紀，蒸汽機演化為燃油汽車，製造出全然不同的污染。而在 20 世紀，人們對於那些大量生產、價格得以負擔的產品需求不斷成長，促使大型工廠林立。例如亨利・福特（Henry Ford）的 Model T 型車，便催生了福特本身建於密西根迪爾伯恩（Dearborn）的紅河廠（River Rouge plant）──每

---

4 那是因為愛迪生在一場知名的技術競爭中，以低壓、短距的直流電（DC）戰勝尼古拉・特斯拉（Nikola Tesla）與威斯汀豪斯，也就是人們口中的「電流大戰」（the War of the Currents）。相較之下，如今我們大所仰賴的交流電（AC）容易傳遞、高壓且能夠長距離輸送，發電廠因此能設置在遠離人們居住的鄉鎮及城市地區。

製造一輛車就會燃燒 6 噸煤。這類工廠不光只是利用煙囪排放污染，其所製造的車輛的排氣管也是另一管道（1900 年，年度生產量約為 4,000 輛，1940 年增加至 400 萬輛，而到了 1950 年，數量又成長兩倍）。因此，在 20 世紀之初，除了生產（工業化與都市化），消費（大量生產產品、經濟富足，以及機械化生活型態的便利性）也是污染的一大來源——至今，這些仍是持續製造污染的源頭。[24]

黑暗降臨

1880 年，英國氣象學家羅洛‧羅素（Rollo Russell）針對愈發嚴重的霧霾問題寫了一本影響深遠的小冊，其中提到：「……倫敦的煙霧可能已經持續長達數年，導致上千人壽命縮短，但直到最近，由於一場濃度異常且久久不散的濃霧，死亡率頓時顯著提高，人們才真正開始注意到這個向來被輕忽的沉默殺手及其破壞力。」儘管如此，世人其實一直等到 20 世紀中才總算被現實打醒，認知到霧霾污染足以帶走多少性命，後續更會引發一系列的大規模國際災難。[25]

最早期的一起事件於 1930 年 12 月初發生在比利時中部，位於列日（Liège）與昂吉斯（Engis）之間。當時，一場逆溫現象（如前所述，是發生在暖空氣蓋在冷空氣上方的情況，就像把污染蓋住）與山丘和谷地地形合作，聚集了 20 多座工廠及家庭燃煤的排放廢氣，於馬斯河谷（Meuse Valley）上方鋪起一大條長達 18 公里（12 英里）、令人窒息的空污之毯（主要包含烏煙及二氧化硫）。事發的那五天期間，有上百人表示呼吸困難，並有 63 人

喪生。儘管當時世界各地皆報導了這場悲劇，事件重演的風險也顯而易見，但這次教訓依然未受世人重視。當地的醫學教授尚·菲爾凱（Jean Firket）曾研究這起事件，警告道：「假如類似現象發生於倫敦……它們可能會面臨的是 3,200 起猝死事件的責任，」而這番話實乃預言。[26]

另一記警鐘於 1939 年 11 月 28 日敲響，美國密蘇里州的聖路易斯（St. Louis）遭逢「黑色星期二——沒有陽光的一天」，同樣是因為逆溫現象，源自劣質煤炭的濃煙使整座城市無法呼吸（丹尼爾·法蘭奇指出，事發不到半世紀以前，聖路易斯的烏煙才被讚譽有益於身體健康，能夠治癒「瘟疫及其他城市所面臨的折磨」）。黑色星期二並未傳出死亡事件；雖然當地市府自發鼓勵使用更為乾淨的煤炭，但其他地方仍然沒有學到更重要的教訓。繼馬斯河谷事件事發將近 20 年、聖路易斯事件 10 年之後，1948 年 10 月 27 日，距離賓州匹茲堡約 30 公里（18 英里）處的多諾拉鎮，天色突然轉黑、煙霧迷濛，直到四天後下了一場暴雨，空氣才被洗淨。事發期間，多諾拉的霧霾剛開始濃到必須有人拿手電筒在前方指引才能讓急救車輛前進；後來情況持續惡化，車輛甚至不得不沿途碰撞路緣緩慢前行。正如馬斯河谷及聖路易斯事件，這次起因也是逆溫。而覆蓋於多諾拉鎮上空的大毯，包覆著二氧化硫、一氧化碳、氟化氫、煙粒及其他有毒污染物，導致 5,900 人嗆咳（幾乎是總人口 14,000 人的一半），並奪走 20 人的性命（另有 50 人死於事發後的一個月內）。最終死亡人數不詳，不過近期研究顯示，該事件在隨後幾年造成罹患心臟疾病及癌症的機率高於預期數值。[27]

截至多諾拉慘案為止，導致這種情況發生的條件早已在世

界各地無限複製——工廠與發電廠林立於人口密集的都會地區，人們仰賴燃煤維生供暖。重蹈覆轍只是時間早晚的問題。而事實上，另一起類似的逆溫事件於短短四年後的 1952 年 12 月便再度發生，同樣於人口密集的地區覆上一層致命霧霾——這次，輪到英國倫敦了。惡名昭彰的倫敦大霧霾事件維持不到一週，卻奪走了 4,000（當時估計數值）至 12,000（近期估計數值）條人命，其所留下的遺害更是無法完全計算。近期研究指出，當時暴露於霧霾中的成年受害者之中，氣喘發病率成長了 10％；遇上該事件的第一年新生兒，於童年時期罹患氣喘的機率也高出 20％。[28]

學到教訓了？

這一系列致命災難所帶來的結果一點都不令人意外，也正是世人所需的警鐘。1956 年（英國）及 1963 和 1970 年（美國）的《空氣清潔法》等決絕無畏的法條，意味著人們終於學到教訓。不過，他們真的有學到對的教訓嗎？繼倫敦大霧霾事件之後，英國於 1956 年推出的法案包含抑制國內燃煤的措施、將發電廠移出都會中心，並加高煙囪、把他們製造的煙擴散出去——擬出這套明確解法的目的就是希望能處理當初導向 1952 年慘劇的問題。但是把發電廠移往其他地方或裝上更高聳的煙囪並不會真的終止空氣污染，只是把它移到別處而已。確切來說，《空氣清潔法》有點取錯名字了，它實際上是將髒污散佈至更廣大的地區，好讓問題變得不那麼緊急。雖說如此，這條法案仍算是一項里程碑。如同大氣化學家賓彼得教授於 50 年後回顧該法案時，說道：「它仍然是一項具備開創性意義的立法，因為它使人們相信，即使有時

候我們必須限縮個體自由，但更好的環境有可能實現，並且值得努力。」而在美國，1963 年法案成為第一條旨在控制空污的重要聯邦法，但它把焦點放在科學與研究，並沒有建立任何空氣品質標準，實際執行就更不用提了。後來紐約又發生兩次逆溫事件，分別於 1963 年、1966 年導致 405 人及 168 人喪生，在在顯示出更加強力作為的必要性。[29]

與此同時，隨著 20 世紀拉開序幕，新的威脅也接踵而至，伴隨著逐漸抬頭的環境意識。例如 1950 年代，美國在馬紹爾群島的比基尼（Bikini）與安內瓦塔克（Enewetak）環礁所進行的核試爆將一朵朵具有毀滅性的輻射雲拋上平流層。1952 年 11 月，第一顆氫彈「常春藤麥克」（Ivy Mike）將旁觀科學家嚇得目瞪口呆，威力比之前投在廣島的武器大上 700 倍。當時爆炸後激起的蕈狀雲高達 50 公里（30 英里）、直徑 160 公里（100 英里）寬，徹底摧毀伊魯吉拉伯島（Elugelab）。如今過了半世紀後，經歷過 67 場核爆試驗的馬紹爾群島仍有部分地區的輻射值比福島及車諾比核災位址的輻射值高上 1,000 倍。[30]

頑固的污染也成為瑞秋‧卡森（Rachel Carson）1962 年出版的、極具開創性的暢銷書《寂靜的春天》（*Silent Spring*）的主題，人們認清，在我們居住的世界，環境裡的有毒化學物質究竟多麼恐怖。書中論述讓人信服，觀念超前時代好幾年。舉例來說，她指出使用園藝農藥噴霧的後果：「郊區住戶八成沒有多想就決定噴灑的殺蟲劑，其所含有的細微顆粒，可能會導致他家上空的空氣污染程度提升到只有少數城市得以比擬。」在接下來的 10 年，瑞典團隊針對空中的化學物質進行研究，特別是那些跨國傳播，且會對作物、湖泊及河川造成影響的物質，發現了另一種

出乎意料的污染。土壤科學家斯萬特・奧登（Svante Odén）於報紙刊登一篇標題聳動的文章「潛藏於歐洲國家之間的化學戰爭」（An Insidious Chemical Warfare Among the Nations of Europe），成功使國際大眾對於此議題的意識抬頭。幾年後，美國生態學家於新罕布什爾州的哈伯德溪谷（Hubbard Brook Valley），首度發現確鑿的酸雨證據，接著在美國境內共找出數百座同樣中毒的湖泊。隨後，酸雨於 1980、1990 年代儼然成為世界各地一大政治議題。[31]

　　酸雨是空氣污染以硫酸或硝酸的形式被倒回地表上，是一種緩慢而穩定的下毒手法。而印度博帕爾（Bhopal）的美國聯合碳化物（Union Carbide）化學廠於 1984 年突然發生毒氣外洩事件，其嚴重程度大概也不相上下——估計當時的死亡人數約介於 1～2 萬人之間，並造成超過 50 萬人受傷。雖然現在很少人會再提起這場意外，但它仍然是世界上最嚴重的工業災難。而在博帕爾事件事隔年，三名來自劍橋的英國南極調查隊（British Antarctic Survey）科學家發現臭氧層破洞。1986 年，烏克蘭車諾比核電廠爆炸事件，向高空中拋出大量放射性落塵，幾乎擴及全西歐地區，引起人們恐慌，擔心廣島事件將慢速重演。[32]

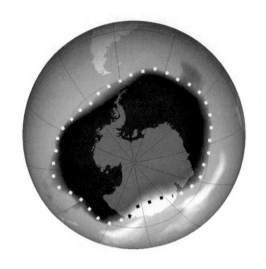

圖 16 科學家於 2006 年 9 月在南極洲上空紀錄到史上最大的臭氧層破洞，面積達到 2,950 萬平方公里（1,140 萬平方英里）之大，約比北美洲總表面積大上 20%。到了 2019 年，破洞面積縮小至此範圍的一半以下（1,640 萬平方公里或 630 萬平方英里）。圖片來源：美國太空總署（NASA）。[33]

新污染

　　以上這些史詩級的災難讓 1980 年代不時蒙上一股末世感，促使人們的環境意識在 20 世紀邁入尾聲時大舉提升。舉幾個例子，地球日、地球一小時、1987 年「世界環境與發展（布倫特蘭）委員會報告」與 1992 年里約的聯合國永續發展大會皆陸續出現。清除空污的行動也呈現穩定進步——或者是說，當時普遍認為是空污的東西。率先製造污染的兩大工業化國度——美國和英國——大幅減少二氧化硫，也就是 20 世紀中造成多諾拉與倫敦之災的主嫌（自 1980 年起，美國境內的二氧化硫總量下降了 91%，而英國從 1970 年起也大砍了 97% 的量）。與此同時，酸雨身為再明顯不過的空污證據，已然躍升為首要政治議題，也多虧了老布希

虧了老布希總統（George H.W. Bush）在兩大政黨的支持下，於1990 年推出美國《空氣清潔法案》等努力，它開始受到控制。而於 1970 年代中期出現的觸媒轉化器也有所貢獻，至少幫忙砍掉了碳氫化合物、氮氧化物及一氧化碳等交通污染物的部分排放量。不過人們還有很多需要做的。像在美國，美國肺臟協會便於 1990 年代初毅然地對美國環境保護局提起訴訟，強迫他們執行更嚴謹的法規，以規範二氧化硫、臭氧——還有粒狀物。[34]

說到粒狀物，雖然它素來被視為有害物質，但一直到了 1990 年下半葉才真正成為最嚴重的都市危害。這個轉折很大一部分要歸功於美國流行病學家道格拉斯‧多克里（Douglas Dockery）及亞頓‧波普（Arden Pope）針對公共衛生所進行的幾項開創研究〔亦即哈佛六大城市與美國癌症協會（American Cancer Society；ACS）之研究〕。他們提出確鑿的科學證據，證明微粒即便劑量非常低都能導致駭人的死亡人數。多克里和波普的研究頗具爭議，引起業界激烈反彈，並打了好幾年的官司，甚至鬧上美國最高法院。雖然至今這些爭議仍未止歇，但到 2001 年，美國國家環境保護局總算開始認真打擊粒狀物，這些爭議才稍告一段落。接下來，我們在第八章會看到，微粒從那時起便成為空氣污染研究的焦點核心。[35]

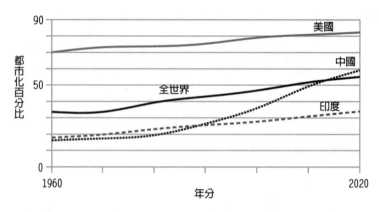

圖 17 都市化驅動污染。事實上，都市污染成長的速度比都市密度更快。因此，若都市人口加倍，會使污染增加兩倍以上。而當都市規模愈來愈大、污染愈來愈嚴重，這種趨勢會讓更多相對脆弱的人陷於危害。此圖表顯示出世界各地都市居民成長百分比；資料取自聯合國人口司。世界銀行《世界都市化展望：2018 年修訂版》（World Urbanisation Prospects: 2018 Revision）。[36]

⌇ 未完待續

就這樣，故事繼續發展，遇上（相對）新的轉折，聚焦到另一種迥然不同的空氣污染，以造成氣候變遷的溫室氣體排放之姿登場（大多為二氧化碳和甲烷）。回顧過去那個屬於老派污染的世界，人們已經達成不少令人讚嘆的成就，包括：將鉛從汽油中移除、禁用導致臭氧層破洞的氟氯碳化合物，並持續對抗香菸（目前每年仍會奪走 800 萬人的性命）。此外也有一些同樣令人讚嘆的失敗，就舉兩個例子來說：誤判而改用致命的柴油車，以及舒適（但具有高毒性）的燒柴爐愈來愈受大眾歡迎。所有的得失如何權衡有待商榷，不過有一件事看起來十分明確，那就是：髒空氣依然是世界上最重大的環境公共衛生議題，也是世界上數一數二明目張膽、不計後果的連續殺人犯，但我們仍未能完

全掌握。引用世界衛生組織總幹事譚德塞博士（Tedros Adhanom Ghebreyesus）的形容，污染是一起「沉默的公衛緊急事件。儘管這場疫情所導致的死亡及失能案例十分無謂且得以避免，這顆星球上依然瀰漫著狂妄自大的霧霾」。[37]

如何得知？

科學試圖以理論來解釋世界，再運用實驗尋找證據，以建立或擊倒那些理論——不論是哪一種結果，關鍵都是證據。不過，談到髒空氣如何危害健康的問題，一般的科學實驗並沒有太大用處。畢竟我們不能硬是把面罩蓋在別人的臉上，把汽油廢氣灌進去，再看他們會不會死掉。所以，我們還能做什麼呢？有兩種替代的證據來源，一種是備受爭議的動物實驗（將污染劑量有系統地增加，供給實驗鼠或其他生物以觀察結果），另一種則是流行病學。

流行病學[5]的意思是，彙集一群曾於特定時間內經歷過特定事件的人的統計資料（例如交通污染），接著測量他們的健康如何改變，並仔細「控制」（消除）其他可能會提供不同解釋的變因（例如抽菸等）的影響。在我們目前所知、吸入髒空氣的有害影響當中，大部分都是透過這類研究得知。像是抽菸與肺癌的關聯性，便是出自理查·多爾（Richard Doll）與奧斯丁·希爾（Austin Hill）於 1950 年前後在英國所做的開創性流行病學研究。

---

5 要對流行病學有簡明的綜觀，可先閱讀〈流行病學入門〉（Epidemiology for the Uninitiated，作者為 D. Coggon, G. Rose 及 D. Barker），該文有刊登在《英國醫學期刊》（British Medical Journal）的網站上：tinyurl.com/tne5jw4

更近期的流行病學研究，讓人們開始在「吸入粒狀物」與「罹患嚴重健康問題」兩者之間建立起強大連結。其中有兩位美國科學家，哈佛的道格拉斯·多克里及楊百翰大學（Brigham Young University）的亞頓·波普，研究的影響力尤甚。1993年，多克里與波普將六座美國大城的空污數值與死亡率進行比較，並控制吸菸與其他健康風險的影響，首度發現一些強力的證據，得以證明粒狀物（或包含粒狀物的污染混合物）會提高死亡率。後續有許多其他研究證實他們的研究發現，並進一步加以延伸。

事實上，波普此前已經因為其他深具影響力（及爭議性）的研究而聲名大噪，他是史上最早將粒狀物列入真正污染隱憂的其中一人。波普聽說有一位小男孩在當地煉鋼廠運作時生病、在工廠罷工一年而關閉時痊癒，但隨後工廠復工時復發。波普仔細地探討其中的關聯性，發現在煉鋼廠正常運作或關閉時，因支氣管炎及氣喘而入院的人數也有所改變。憑著這項發現，他論道，粒狀物污染其實正是當地社區呼吸疾患的重要成因。雖然那項研究為他樹立了各方勁敵，他被貼上「環保主義學究」的標籤，支持煉鋼廠經濟重要性的人也指控他所做的是「壞科學」，但後續研究終究為他做出全面辯護。

雖然污染這件事有時候看起來很不樂觀、令人氣餒，但其實並不然——所有空污科學家都正在努力地讓這個世界變得更好、更乾淨。如今那些致力於有害粒狀物的研究皆源自於波普與多克里的研究。還有愈來愈多為了淨化空氣而做的努力，追本溯源也都是受到兩人劃時代研究的啟發——這些都將拯救數百萬人的性命。[38]

第 4 章

天然污染者？
Natural born polluters?

如果污染本來就是一件自然的事，又何苦擔心？

　　自然很好、人類不好——被說到爛的環境相關傳統論述（卻稍嫌迂腐），都是這麼認為的。用這種方式詮釋空氣污染很簡單——那些搗蛋的古人又在破壞伊甸園了——但事實上，在我們的肺所吸入的污染當中，不少是來自樹木、海洋、沙漠、火山及其他天然來源。如果我們可以使用魔法，把交通和工業、畜牧和農耕、發電，以及其他需要大量能源的活動都變不見，地球還稱得上是一個受污染的地方嗎？相較於那些從煙囪和汽車排氣管飄出來的明顯髒污，自然污染究竟有多嚴重？它們真的會致人於死地嗎？自然污染真的如同美國總統雷根很愛說的那樣，只是把「真正的」污染放到不同脈絡裡嗎？也就是說，假如污染就是如此自然、不可避免的東西，那我們真的有必要擔心什麼嗎？

　　我們前面談過的大多污染種類也能由天然來源產生。舉例來說，二氧化硫會從火山飄出來，隨之而出的還有氮氧化物，後者碰上閃電會變得活躍；野火（成因常為閃電，但稱之為「自然」污染仍值得商榷，因為香菸如果沒有小心處理也可能會引燃野火，而且現在人為導致的氣候變遷使情況愈演愈烈）會吐出一氧化碳和粒狀物；吹過沙漠、沙灘和海洋的風會帶來不同種顆粒粉塵；

散發香味的樹種會洩出近似於傳統油漆及拋光劑裡所含的揮發性有機化合物；畜牧動物的前後「排氣口」則會排出甲烷和氨。假如我們能把大自然翻過來，看看貼在它底部的化學物質成分，會發現它看起來其實也沒有那麼天然。

好了，關於自然污染的「質」已經講夠了，那至於「量」呢？相較於——好比說——10億輛汽車所排放的廢氣，你可能會以為大自然對這個飽受污染的世界的貢獻少得不值一提，但實際情況可差得遠了。回顧1980年代，髒兮兮的燃煤發電廠依然普遍，但根據當時聯合國環境署（UNEP）估計，由天然來源釋放至空氣中的二氧化硫和氮氧化物多達人類活動的四倍。如今，在源自燃煤的二氧化硫排放量已經大獲控制（至少在西方國家啦）的情況下，其對比差距就更加顯著了。對於自然污染，我們真的應該嚴正以待，但它們到底都從何而來呢？[1]

問題愈來愈大條

在高速公路上馳騁、趕著去上班，坐上噴氣式飛機、翱翔劃過天際，在家裡滑智慧型手機、或慵懶攤在電視機前——我們很容易就忘了自己在這顆星球上的一切存在，都仰賴著植物，它們出生、成長、繁殖、死去，與我們的生活平行運作。原始植物（如蕨類及苔蘚）缺乏花，它們以神秘兮兮的方式繁殖；相較之下，五彩繽紛的植物以華麗張揚的方式繁殖，如同舉辦一場花朵的露天性愛派對、邀請我們全體共襄盛舉——當然啦，我這邊所指的是花粉。花粉是植物繁殖的「原料」——雄性細胞被包裹於顆粒之中，藉由風吹、或沾上路過的蜜蜂的腳來搭便車，前往其他植

株、具有黏性的雌性部位，以進行受精。

　　精緻複雜、不可思議的花粉顆粒，或許呈現乳白色、橘色或黃色，放在顯微鏡底下觀察時，看起來像是微小、抽象的海洋生物，抑或是來自外太空的外星人，表面佈滿了突起物，有如星子或斑點、尖塔或觸手。不過，事情並不光只是這樣。事實上，花粉是一種污染，而且是很大量的污染。如今在某些國家，多達30％的成年人及40％的孩童飽受花粉熱之擾，專業名稱為過敏性鼻炎（會引起類似感冒症狀的鼻道發炎現象）。在美國，過敏性鼻炎（包括所有成因）所耗費的經濟成本估計為248億美元。每年也約有300萬名英國人因為花粉熱而需要請假在家擤鼻涕，成功偷走了全國經濟大概71億英鎊（足以蓋起14座大型醫院）。綜觀全球，約有10～40％的人受到花粉熱影響——去算算看就知道了，植物的「空中運動」對經濟的影響甚是可觀。此外，由於花粉熱沒有被診斷出來的情況十分常見（半數患者誤以為自己只是夏季感冒一直好不了），所以其影響很有可能甚至比我們推斷的更加嚴重。[2]

　　這種自然污染可說是史上數一數二慘烈的一案，而以上這些數字所描繪的畫面還是很抽象（舉例來說，花粉熱患者中約有60％成人與將近90％的孩童具有睡眠障礙）。問題來了，所以你的鼻子裡到底發生了什麼事？夏天時，如果哪天花粉預報數值非常高，當天在相當於一般沙發椅體積（3立方公尺或3,000公升）的空氣量中將會有450顆左右的花粉顆粒。這可能聽起來不多，但若以正常的呼吸速度來看（好比說，每分鐘吸了15次1公升空氣），那麼，每20秒左右就會有一顆花粉跑進你的鼻孔，讓你癢到不行。來自不同植物的花粉顆粒會在一年當中的不同時間出來

作怪——從春天到秋天、以不同形狀或大小呈現。不過，（根據我們拿來檢視廢氣烏煙或其他髒污的測量方式）它們通常被歸類為較大的粒狀物質（一般為 PM10，但也有可能達到 10 倍大的尺寸）。但這些粒狀物都可能會因為各種緣故而粉碎成上百顆更小、更具刺激性的顆粒（接近有害的 PM2.5 等級），例如突如其來的暴風雨，就會進一步造成奇怪的「風暴性氣喘」（thunderstorm asthma）現象。[3]

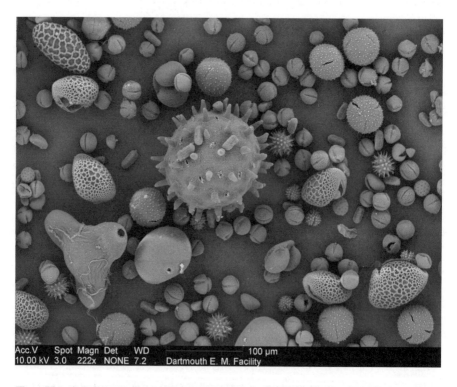

圖 18 闖入鼻子的入侵者：以電子顯微鏡拍攝的各式花粉顆粒。圖片中央較大顆的直徑約為百萬分之 100 公尺，約相當於人類毛髮的寬度，較 PM10 粒狀物大約 10 倍。圖由達特茅斯學院電子顯微鏡學實驗所（Dartmouth College Electron Microscopy Facility）路易莎・布朗（Louisa Brown）拍攝。

這樣看起來，花粉很顯然是一種自然污染，但事實上並沒有那麼簡單。有件事頗耐人尋味，比起幾十年前、西方國家都市化程度仍較低的時候——雖然就某方面來說，當時污染程度比較嚴重（污染狀況也不同）——現在卻有更多人受到花粉熱之苦。19世紀，英、美都會區正處於工業革命的白熱化階段，很少人患有花粉熱。關於這種病症最早期的描述出現於 1819 年，談到它的其中一人是來自英國的約翰・巴斯達克醫生（John Bostock）；後來到了 1870 年代初，哈佛的教授莫里爾・懷曼博士（Morrill Wyman），以及英國醫師兼花粉熱患者查爾斯・布萊克利博士（Charles Blackley），成功追溯回病症源頭——花粉。兩人模糊的推測逐漸成形時，正值病菌理論開始紮根〔認為細菌及病毒等微生物會造成或攜帶多數疾病；此觀念的推廣者包括路易・巴斯德（Louis Pasteur）及羅伯特・科赫（Robert Koch）等傑出學者〕。懷曼將自己遇到的惱人情況稱為「秋季黏膜炎」（Autumnal Catarrh），並探究它跟「夏季感冒」（Summer Cold）、「玫瑰感冒」（Rose Cold）和英國所說的「乾草熱」（Hay Fever；亦稱為「夏季黏膜炎」或 Catarrhus Aestivus）之間的相似處——他覺得乾草熱是「令人反感的」誤稱，因為「乾草並不是造成這種疾患的原因」。而在英國那邊，關於明顯增加案例的現象，布萊克利不確定是因為愈來愈多醫學專家開始關注這個病症，還是因為「誘發並刺激這種狀況發生的原因已經變得愈來愈普遍」。如今，我們可以肯定地說是後者——布萊克利曾指出，巴斯達克醫生在研究這種病症的前十年，只記錄了 10 個案例；巴斯達克的年代之後的 150 年左右，花粉熱於 1980 年代創下每 8 人便有 1 人出現症狀的程度，而今天的普及率又繼續成長為兩倍。[4]

那為什麼會有如此戲劇化的成長呢？雖然其實有不少可能解釋，但至少花粉、花粉熱、氣喘跟潛伏的現代空污型態之間的複雜（且尚未完全釐清的）關聯，必須負起部份責任。在花粉熱患者當中，有40％的人同時患有氣喘（或有較高機率會發生氣喘），而80％的氣喘患者也有鼻炎的困擾。花粉熱會使氣喘惡化（最嚴重可能會導致急性發作，必須送到醫院急救），且即便空氣中花粉量不多，空氣污染也會使氣喘及花粉熱惡化。而且以上這些事情都會互相影響。另一方面，空氣污染會以各種不同方式加劇花粉帶來的影響。首先，正如上一章所述，當地天氣狀況（尤其是逆溫現象）可能會將霧霾覆蓋在人口密度過高、高度污染的都會區上方。而且霧霾本身也能發揮像蓋子的作用，把花粉蓋在成千上萬、甚至上百萬名都市居民的鼻子四周，就像一條讓人覺得特別刺癢的毛毯。這就是為什麼花粉熱會如此違反常理──比起那些植物應該較多的鄉村地區，它其實更好發於城鎮地區；而相對地，比起城鎮，花粉在鄉下也比較容易擴散開來。第二個影響在於污染會跟花粉聯手，使這兩種問題的嚴重性更上一層樓。當你的呼吸道被污染擦過之後，會使花粉更容易穿透；污染也會沾黏在花粉顆粒上，能夠更快直搗你的肺。在所有污染物質當中，對花粉具有最大影響的是二氧化氮及臭氧，而這兩者都跟交通高度相關。所以有理論認為現代花粉熱疫情有很大一部分應歸咎於不斷成長的交通現況與都市化，這也意味著花粉一點也不像表面所見的這麼天然。如今，花粉與污染可說是狼狽為奸。業界一家具有領導地位的連鎖藥妝店，幾年前曾試圖結合這兩個現象，創出一個聽起來很笨拙的新單字「pollenution」〔按：結合花粉（pollen）與污染（pollution）兩個單字。〕，以形容他們口中、

這場由花粉和污染一起肆虐脆弱的人類的「有毒風暴」（但他們的目的看起來主要是想賣出更多抗組織胺藥錠）。[5]

🐾 走進樹林

作家梭羅「走進樹林散步，離開時變得高過樹木」，但雷根總統堅決閃避這個浪漫想法。1981 年，他曾說過一段家喻戶曉的話，聲稱「樹木所製造的污染比汽車還多」，聽起來簡直就像一段昏庸至極的反環保主義言論，當時的人們也這麼認為。對我們大多數人而言，樹木是上帝給我們的禮物——尤其當你住在城鎮裡的日子裡，不論醒著或工作都感到難以呼吸時，感受更是如此。都市人很喜歡把樹形容為「綠色的肺」，能夠淨化空氣，就算無法讓都市生活一直保持宜人狀態，至少還是能讓人住得下去。一項研究找來 3 萬 1,000 名加拿大人，發現每個社區只要增加 10 棵樹，就能讓當地居民的身心健康提升到跟薪水調升 1 萬美元或年輕 7 歲一樣的程度。難怪雷根的想法會看起來如此荒謬（像樹這麼美好的事物，竟然會比汽車排氣管還糟糕？）。不過呢，在他的言論之中，其實包含了不只一絲絲真理——樹木確實不像它們看起來得那麼環保。往好的方面來看，它們的確能使都市降溫，並在城市周圍創造出宜人的微氣候（舉例來說，它們可以作為防風林，也能夠遮陽或改善當地濕度）。此外，樹木也真的能清掉塵埃，不然那些灰塵就會積到我們的肺裡了。那至於扣分的部分，包括釋放出有毒化學物質，使空氣品質變得更糟；它們也會把污染困在林蔭大道上，或是樹冠下。[6]

如果你熟悉揮發性有機化合物的話——我們在第一章已經

簡單介紹過了——最有可能接觸到的地方應該是像油漆和拋光劑等家庭化學物質。當你正準備把窗戶漆亮時，或是打開一罐新的鞋油，揮發性有機化合物就會產生臭味，薰得你腦袋發昏——這種污染型態尤其不天然。可是，類似的化學物質也會以天然許多的形式出現，也就是所謂的「生物源揮發性有機化合物」（BVOCs）。如果現在告訴你，松樹和尤加利樹等帶有香味的樹木會釋放化學物質（市面上那麼多松木味空氣芳香劑，並非巧合），你應該不太會感到意外。但其實橡樹、楊樹、梧桐和柳樹等這種乏味的樹同樣也會釋放化學物質，其中包含莰烯（一種精油原料）、異戊二烯（過去常被用來製作合成橡膠）、檸檬烯（來自柑橘類，運用於居家清潔劑與拋光劑中，作為香味及溶劑）、蒎烯（來自松香）及萜烯（松節油／白油溶劑的基礎原料）。至於被釋放的化學物質量會取決於那些樹進行光合作用的活躍程度與氣溫的高低（因此會隨著一天之中不同時段與太陽照射強度而有所變動）。下雨也會產生天然的揮發性有機化合物——那股帶有泥土氣息的「初雨」香味，專有名詞叫做「潮土油」（petrichor），是來自植物釋放出來的揮發性化學物質，再透過岩石和土壤細菌而變得更加強烈。[7]

那為什麼生物源揮發性有機化合物也是一種問題呢？首先，因為它們是揮發性有機化合物啊！所以它們本身就是一種污染。第二，假如它們出現在城市裡的話，要不是加劇其他來源的臭氧和一氧化碳產生，不然就是往相反方向發展，幫忙清除臭氧。此外，當樹木被砍下、打磨、鋸開時，也會產生生物源揮發性有機化合物；這種管道就算是人為污染。

不過，這些由樹木釋出的排放量不是滿少的嗎？而且，在交

94

通繁忙的道路旁種植一條林蔭道，應該不單只是一種彌補，同時也能自動讓空氣變乾淨、為周遭居民營造更安靜的環境，不是嗎？呃，不是。它們的整體排放量跟「微不足道」可差得遠了。有些研究指出，在大氣中的揮發性有機化合物總量當中，由植物和樹木排放的量就佔了約三分之二（雷根那番離譜的言論正是依此而來）。雖然樹木確實可以吸收噪音，但它們在污染方面所帶來的影響還有更多值得討論之處。樹冠會發揮屋頂般的作用蓋在道路上方，並像蓋子一樣把霧霾困住。以防風林為例，原本空氣流動可以讓污染散去，卻因為樹木的阻擋而導致氣流減速或停止。就連大眾普遍相信的說法——樹木會清除污染——都有許多值得挑戰的地方〔都市規劃評論家珍・雅各（Jane Jacobs）曾將這種說法批評得一文不值，稱之為「科幻小說般的胡扯」〕。根據一篇近期研究顯示，雖然樹木確實會影響粒狀物的濃度，但它們在減少氣態污染物一事上，幾乎沒有、甚至完全沒有貢獻。如果需要一些具有權威性、針對「樹永遠是對的」論述的反駁，那就該看一看英國的國家健康與照顧卓越研究院（NICE）怎麼說：「樹會減少空氣污染的說法，並非總是正確。其效果取決於品種、樹冠密度、季節及風向等因素。」[8]

　　總之，城市樹木的最後結算全取決於品種及種植地點。舉例來說，如果你在停車場四周種植高大、僅排放少量揮發性有機化合物排的樹種替車輛遮陽，那就能幫助車輛降溫，並大幅減少由車輛引擎及（以塑膠為主的）內裝所排放出來、以石油為基底的揮發性有機化合物。那如果在城市裡種植常綠植物，它們整年都會幫你吸收塵土，不分四季。不過，我們不該過分誇大城市樹木的重要性。最近，有一群中國研究員在他們研究北京附近區域的

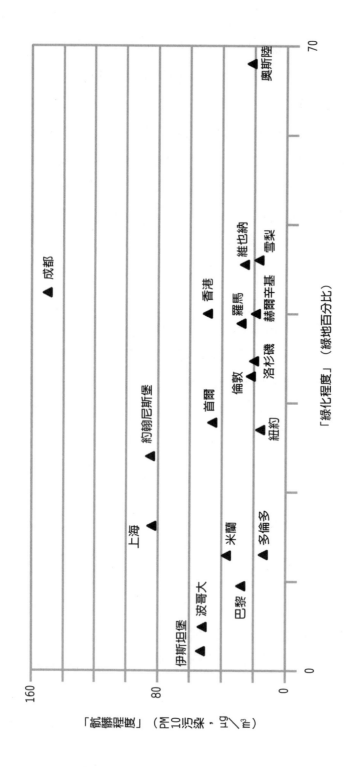

圖 19 綠化程度較高的城市就比較乾淨嗎？不見得。我挑了幾座典型城市，將它們的骯髒程度（PM10 污染的濃度，單位為 µg/m³）與綠化程度（該城市綠地的百分比）繪製成圖。誠如所見，兩者之間並沒有明顯關聯。伊斯坦堡、上海（骯髒、綠化程度低）及雪梨、奧斯陸（乾淨、綠化程度高）確實支持這項理論，但多倫多（乾淨、綠化程度低）及成都（綠化程度高、骯髒）卻反其道而行。圖表所用之資料來自世界衛生組織／世界城市文化論壇。[10]

報告中指出，就算人們開始在城市裡大舉種樹，其效果也比不上決意控制排放量的努力。但話說又回來，也還是別忘了，城市裡的綠地對我們仍有間接的幫助。好比說，如果我們在公園或林蔭道種樹，可以鼓勵城裡的上班族，在午餐時間遠離繁忙的馬路或其他受到污染的地方。這樣一來，姑且不論樹木本身到底在做什麼，我們還是有幫到這些上班族呼吸比較乾淨的空氣。總結來說，當我們談及污染時，樹常是一股向善的力量——除非說它們著火了。[9]

◠◡ 燃眉之急

對於日常污染（源自交通、工業、農業及其他常見嫌疑犯）我們之所以不太會去注意或採取什麼行動，原因很簡單——它們發展緩慢、平凡庸俗、容易預測、隱形無蹤，因此問題很容易被忽略。但衝著好萊塢延燒的野火（而且燃燒點通常也不會離那裡太遠）就完全相反了。熊熊烈火在價值百萬美元的房子之間亂竄，於地面層嗝出一團團濃厚的黑煙，這樣有如災難電影裡的場景突然發生、狂野地難以預測、具有全然毀滅性的事件根本不可能被忽視。大家應該都在電視新聞報導中看過加州丘陵地陷於火海的畫面，經常迫使成千上萬人倉皇地逃離家園、奪走幾十條性命。有幾年，加州野火肆虐的範圍甚至相當於全縣大小。

起火的植物、草原、荒地和樹木都包含在野火的範疇之內，所以一般來說，它們被歸類為天然的空氣污染。不過，正如同所有跟污染及樹木有關的事物，野火的情況又更加複雜一點。在歐洲，約有90％的森林及草原大火皆由人為意外或蓄意造成（亂

丟煙蒂、露營時未謹慎用火、縱火症病發、燃燒作物殘株等）；
而美國的數值為 84％。夏季自燃事件也時有耳聞，通常是由閃
電引起；雖然這種情況算是少數，但現在變得愈來愈嚴重。2019
年，北極圈內有不少國家產生大量野火皆可歸咎給閃電及氣候變
遷（光在俄羅斯境內，就有相當於比利時國土大小的範圍被火燒
過）。當高聳惡火於 2019 ／ 2020 年之際的炎熱夏天狂虐澳洲南
部上百萬公頃的土地時，許多人曾表示，有鑒於（人為）氣候變
遷對於燃燒事件的貢獻，我們已經愈來愈難把叢林大火歸類為自
然現象了。不管這些大火究竟如何發生，它們可能比你所想的更
加常見。根據歐盟火災資料庫（EU Fire Database），歐洲每年大
概會發生 9 萬 5,000 起大火事件，並重創 60 萬公頃的土地（約為
洛杉磯佔地的四至五倍，或東京的三倍）。[11]

　　「無火不生煙」（no smoke without fire）這句古老諺語反過來
也說得通——有（野）火就有煙〔no (wild)fire without smoke〕。
不論是自然發生或人為造成，結果都是一樣的——野火是會對生
命造成威脅的急性污染事件，並產生各式各樣有毒氣體及粒狀物
質，使整個當地社區感到窒息。理論上，假如木頭的成分只有碳
氫化合物，那它完全燃燒之後並不會轉化成任何比水（蒸汽）和
二氧化碳更糟的東西。但實際上，除了氫和碳之外，木頭還有其
他成分，而且它總是進行化學家所說的「不完全」燃燒，所以我
們也會得到一氧化碳、氨、甲醛，以及一團團巨大而濃厚的黑
煙。樹木和植物如果燒起來的話，會吐出有害的 PM2.5 懸浮微
粒，還有我們前面談到的生物源揮發性有機化合物（僅在大火周
遭但沒有被燒到的樹，也會因為溫度上升，使釋放的生物源揮發
性有機化合物顯著增加），再加上苯、戴奧辛和呋喃等有毒化學

物質，以及另外 80 種以上的氣體（儘管通常很微量或只有「一絲蹤跡」）。如同汽車引擎，這些猛烈的天然籌火也會產生氮氧化物和一氧化碳，促使下風處形成臭氧；而當火燒得夠久、使溫度變得非常高的時候，更是如此。此外，某些類型的野火（尤其牽涉到泥煤和土壤），也會引發排放二氧化硫的問題。[12]

綜合以上事項，野火所產生的污染量可說是十分驚人。光是 2017 年的野火季，加州大火在短短兩天內所拋出的污染就相當於該州內所有汽車——大概 1,000 萬至 2,000 萬輛——於一年內所產生的污染總量。但是從加州燃起的「火」並不會在原地終結。野火的燃煙會乘著風將粒狀物質掃到其他國家，甚至是其他陸塊。在阿拉斯加 2004 年的野火季期間，當地 450 萬公頃（1,100 萬英畝，等同於新罕布什爾州及麻薩諸塞州佔地加總）的土地遭到肆虐，其所產生的污染能一路追溯至歐洲。任職於科羅拉多州波德（Boulder）國家大氣研究中心（National Center for Atmospheric Research）的蓋比・菲斯特（Gabriele Pfister）指出，阿拉斯加大火共釋放 3,000 萬噸一氧化碳（相當於所有美國人同一時期內由其他方式所產生的總量），並進一步使美國的地面層臭氧濃度提升多達四分之一、使數千公里外的歐洲濃度提升 10％。在 2017 年的野火季期間，北加州的納帕（Napa）、索諾瑪（Sonoma）與索拉諾（Solano）等郡皆發生大火，總計有超過 1 萬噸的高度危險 PM2.5 微粒噴入空中。事實上，一場野火只需要幾小時就能使當地粒狀物濃度提高 10 倍，也就是說，其短時間內所產生的量足以比擬亞洲巨型城市居民於日常生活中必須承受的程度。[13]

多虧了好萊塢的坡地、電影明星的豪宅，加州成為電視新聞上野火的形象代表，但它絕不是唯一受到野火影響的地方——地

球上幾乎所有地方都可能燃起森林大火。1990 年代中期至晚期、那些惡名昭彰的東南亞森林大火（蓄意淨空土地所導致）產生極為大量的粒狀物質。當時這些大火主要發生於印尼，而當地的 PM10 粒狀物濃度高達每立方公尺 1,800 微克（比 WHO 準則高出 90 倍）。在 1994 年那場為期數月的大火期間，吉隆坡的 PM10 粒狀物濃度達到每立方公尺 409 微克；三年後，該數值在馬來西亞的砂拉越更飆升至每立方公尺 930 微克（WHO 準則的 50 倍）。2019 年夏天，多虧了令人窒息的大火濃煙，墨西哥城成為世界上污染最嚴重的地方。隨著細小的 PM2.5 污染物達到每立方公尺 158 微克的濃度（WHO 準則的 16 倍），當時約有 900 萬人接獲指示，必須待在室內。想到墨西哥城最近如此有決心地努力改善空氣品質，又看到他們必須承受這些磨難，就為他們感到不值。但這就是野火污染最主要的問題——名字裡有「野」、本質上也很野，不但超出我們所能控制的範圍，其嚴重程度也常比各地交通及工業帶來的慢性污染來得誇張許多。[14]

即便是空氣仍保持相對清新的國家（例如澳洲和塔斯馬尼亞），也無法逃過不按牌理出牌的野火及其所帶來的立即影響。事實上，叢林大火正是澳洲最大宗的空污來源——光是在 2018 ／ 2019 年之際的野火季，人們就記錄到百萬分之 750 的粒狀物濃度（為平常背景濃度的 150 倍）。在澳洲 2019 ／ 2020 年夏天那幾場「末世」野火延燒期間，雪梨的空氣品質大幅下降，直逼印度與中國境內狀況最糟的地區的日常水準——PM2.5 創下新高，達到 WHO 準則的 50 至 90 倍，而醫護人員更是在短短一個月內就接觸到超過 5,600 名發生呼吸困難的患者。如此突然的污染排放事件常使政治人物說出一些魯莽的言論，急著宣稱人類的所有

車輛及發電廠所製造的污染在大自然面前都顯得小巫見大巫了。2013 年，澳洲的沃倫·特拉斯（Warren Truss）逮到機會，藉著一場叢林大火事件宣稱：「來自這些大火的二氧化碳排放量將比過去幾十年來燃煤發電廠所產生的還要多。」但實際上，情況完全相反。當我們把叢林大火所製造的二氧化碳排放量拿去跟發電廠相比，前者實在不值一提。此外，當森林重新長回來時，叢林大火所排放的多數二氧化碳又會被吸收回去。相較之下，燃煤發電廠卻迅速地將過去幾百萬年來「藏」得好好的碳都釋放出來。而且，在我們還沒將碳捕捉技術發展完善之前，那些發電廠也不會做任何事來修補它們所造成的破壞。[15]

野火在延燒森林與灌木叢的同時，也會灼傷人們的健康。如前所述，世界上最為嚴重的污染問題就是室內燒柴（及其他生物量）的煙所帶來的污染，緩慢、穩定且會滲入各個角落。而實際上，野火以大上許多的規模在戶外複製這一切，規模可能是一群數百人、數千人或（以墨西哥城和雪梨為例）甚至數百萬人的社區。一般而言，野火會造成住院人數頓時增加，尤其是年長者、孩童、女性（原因仍不清楚），以及原本就患有心臟和肺部疾病的人。一項研究發現，有報告紀錄的呼吸道疾病案例會在野火事件發生期間會提升 30 ～ 40％；另一項針對美國原住民族群保留區的研究顯示，附近發生一場大型野火後，居民看診次數會增加52％。如果人們暴露於野火污染的時間或許只有幾小時或幾天，再加上他們盡可能待在室內、門窗緊閉以避免接觸污染，那對健康的長期影響可能相對較低。不過，要量化突發污染事件的長期影響實在非常困難（我們在上一章有提到，多諾拉之災可能造成幾年後的心臟疾病與癌症罹患率提高，而倫敦大霧霾事件也導致

氣喘案例顯著增加）。非常值得慶幸的是，立即危險通常很快就會結束。也正因為污染狀況不會持續太久（排放量高，但暴露量低），金色加州的居民能夠成功躲過最嚴重的空污影響；相較之下，住在德里等城市的惱怒居民就沒有這麼幸運了（排放量相近，但長期暴露量高上非常、非常多）。[17]

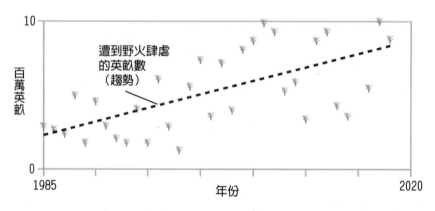

圖 20 近幾十年間，在美國受到野火破壞的狀況持續大幅加劇。雖然起火事件次數稍微減少，但遭到摧毀的總佔地面積卻巨幅增加 —— 而氣候變遷更將使情況繼續惡化。圖中，每一棵火燒樹的圖示，代表各年份所流失的土地面積（單位為百萬英畝）；虛線代表整體趨勢。繪製圖表所採用的數據來自全國跨部門消防中心（National Interagency Fire Center）。[16]

多虧了氣候變遷，野火即將成為 21 世紀環境保衛戰中的一大挑戰，不過，智慧森林管理將幫助良多。根本上來說，野火是一種自然現象，對某些森林生態系統的再生至關重要。而管理的秘訣就在於只讓森林的特定範圍起火，如此一來就能避免更多誇張、失控的延燒狀況發生。根據環保團體世界自然基金會（WWF）的建議，如果能讓當地社區負起更多保護在地森林的責任，也能使我們的努力朝正確方向邁出一大步。他們舉了一個納米比亞（Namibia）計畫為例——當地居民所採取的高適應性森林管理，在短短三年內便減少野火發生次數 30％。[18]

咳，測試測試

木材燃煙

　　我還在讀書的時候，有一次被指派一項暑期作業，要寫空氣污染。還記得我那時候學到了一項驚人真相——木材燃煙（來源像是花園篝火等）的成分包括一些會引發癌症的化學物質，其中某些物質也存在於香菸之中。在我們身處的這個年代裡，吸菸的風險眾所週知，這讓我無法理解為什麼那些從來沒想過要去抽菸的人，會覺得在花園裡升起篝火很棒——它會把有毒的污煙吹進我們自己的（跟別人的）肺裡啊！而且每升火一次，就是好幾小時。

　　我就想，我應該要用我的「Plume Flow」空氣偵測機，對鄰居的花園燃煙做個快速檢測。我大概花了 10 分鐘的時間測量我家裡的空氣，再花 10 分鐘正面迎擊那些煙（圖中灰色區段），最後 10 分鐘再回到家裡。誠如所見，粒狀物（PM10、PM2.5 與 PM1）及揮發性有機化合物的濃度，皆巨幅提高。PM10 的濃度馬上衝過德里的平均數值（灰色虛線）、揮發性有機化合物雙倍成長，而有害的 PM2.5 及 PM1 懸浮微粒濃度則約增加 30 倍。拜託，請不要燃燒你家的花園廢物。你可以把它們掩埋掉，或是丟到當地垃圾場。[19]

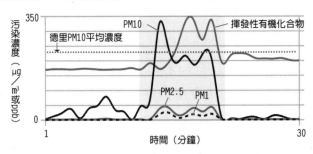

圖 21 圖中，y 軸表示篝火燃煙中各式污染物質成分的濃度，單位為 $\mu g/m^3$ 或十億分率（ppb）；x 軸表示時間，單位為分鐘。

農畜之害

即便人類是世界上唯一會開車、坐飛機、開工廠、把煤炭鏟進發電廠的動物，雷根總統說得對——我們並不是唯一在毒害地球的兇手。事實上，大自然裡幾乎所有東西都會透過簡單的代謝程序產生有毒廢物。例如，木本和草本沼澤（swamp and marsh）會產生甲烷，海洋和鹽鹼灘會釋放二氯甲烷及溴化甲烷。但如果講到樹木和森林大火，這種「自然」污染常會跟表面上看起來的不一樣。

再舉畜牧動物為例；那些喜歡否認人為氣候變遷重大影響的人常把焦點轉移到畜牧動物產生甲烷這件事上——這項問題確實重要，但稍微誤導。甲烷是殺傷力排名第二的溫室氣體，目前全球暖化現象約有四分之一的責任在它身上，而在過去 300 年間，其濃度升高了 150％ 左右（近十多年來的成長斜率更是誇張）。這種說法似乎在說，動物完全憑藉自己的力量在污染世界，即便我們沒有在這裡鼓勵牠們，牠們也會繼續產生污染。可是還有其他許多東西會產生甲烷（包括白蟻、稻田、天然氣與石油系統、永凍土融化、開採煤礦，以及垃圾掩埋場）。而當然啦，畜牧動物是「被養在農場的」動物，為了滿足人類和人們的胃而存在，所以牠們產生的污染既天然又人為。[20]

那畜牧動物會產生什麼污染呢？牛、馬、綿羊、山羊、豬（依照每隻動物所產生的污染程度排序）在進行一般消化活動時會產生甲烷。牠們所排泄的廢物也會產生甲烷，而集中置於廢物穩定池（潟湖）裡時還會釋放氨氣，直接毒害到周遭植物與地衣等其他植被。此外，氨也會促進大氣中硝酸的形成，接著再以酸雨的

形式落回地表。全世界的氨排放總量約有90％得歸咎於動物廢物加上農業的貢獻。但那又如何？這件事哪裡重要？答案是，氨排放會間接產生大量所謂的「二次PM2.5懸浮微粒」污染（非直接被排放的微粒，而是由其他東西於空中形成）。這就是為什麼中國等國家會持續面臨嚴重的霧霾污染的原因之一，儘管他們已經很努力減少其他污染物質——例如二氧化硫——的濃度了。[21]

就算我們大家都改吃全素（不再為了自身用途而畜養動物），我們仍必須種植糧食作物，而農業依然會對地球造成污染。即便是有機的一般肥料和糞肥，其基底都是氮，會使空氣中的氮氧化物增加。2017年，全美的一氧化二氮排放量約有80％源自農業、土壤及糞肥管理；相較之下，僅有5％是來自交通運輸。[22]

塵歸塵、土歸土

有什麼東西可以將地球上的一切生命消滅？從外太空來的小行星撞擊（就像人們相信恐龍正是因此而滅絕）、緩慢而穩定的氣候變遷（科學家一直對我們叨念的那種）、愚蠢的超級強國之間的核武激戰……又或許是被壓抑已久的火山能量？

完全發揮的火山是真正自然空污的終極呈現——它們能以每小時700公里（每小時430英里）的速度，將塵埃拋入大氣層50公里（30英里）高處，相當於F1賽車最高速度的兩倍。在我們的一生中，我們只有極小的機會一瞥地球如何沸騰，看天然煙囪遮蔽太陽、改變氣候。目前最後一次真正的全球大爆發事件於1991年發生在皮納土波火山（位於菲律賓），共將2000萬噸二氧化硫吹入空中，嚴重影響事發後兩年間的全球氣候。除此之外，

歷史上還有許多更具破壞力的火山爆發案例。好比 1883 年的印尼喀拉喀托火山，便是史上最知名的事件，共將 100 億噸岩漿拋入空中，塵埃最遠散布至紐約市，並使全球氣溫降低多達攝氏 0.5 度長達整整五年之久。[23]

如果隔著安全距離觀察，會覺得火山爆發看起來像是規模放大的篝火飄出燃煙，但其成分多以蒸汽為主——雖然每起爆發事件都不一樣啦。有些火山會產生較多灰燼，有些會產生較多熔岩及二氧化硫等有毒氣體，而最終產物可能是被地質學家暱稱為「火山霧」（vog，亦即 volcanic smog，常見於夏威夷）的霧霾。靠近一點來看，在火山所吐出的雲霧（專有名詞為氣膠）的成分當中，我們前面討論過的主要污染物皆相對量少，另外再加上幾個量稍微多一點的物質：粒狀物（灰燼、煙粒、碎石）、一氧化碳和二氧化碳、二氧化硫和硫化氫、氫鹵化物（氯化物、氟化物、溴化物），以及包含汞等有毒金屬的許多其他東西的蹤跡。來自火山的污染勢必會對人類與其他生命造成威脅，但很重要的是，我們必須適度地探討這件事，千萬不要被氣候變遷的懷疑論者誤導。舉例來說，認為火山對氣候變遷的貢獻大過於人類的說法簡直大錯特錯。根據美國地質調查局（US Geological Survey），火山每年產生的二氧化碳量約相當於 24 座大型（100 萬瓩）燃煤發電廠的產量（約為全世界燃煤發電廠總生產量的 2%），差不多比人類一年之間的總排放量少上 100 至 150 倍。[25]

其他 3%
二氧化硫 6%
二氧化碳 12%

水蒸氣 79%

圖 22 火山爆發看起來相當壯麗，但它產生空氣污染遠比你想像得少：你所見的煙霧主要由水蒸氣所構成，其餘則主要是二氧化碳與二氧化硫。圖由美國魚類及野生動物管理局（S Fish and Wildlife Service）的羅素（R. Russell）拍攝。[24]

不過，火山確實會產生大量二氧化硫；而有鑒於現在英、美等國的二氧化硫排放量（來自發電廠等源頭）已經驟減許多，這件事的影響力就變得比較大了。但即便如此，我們的老朋友雷根總統，於 1980 年發表另一段關於自然污染的知名言論時，還是有點不誠實：

「我曾經從我們西岸的聖海倫火山（Mt. St. Helens）上空飛過兩次。**我不是科學家，我不知道數據，但我懷疑**，那一座小山排放到地球大氣層中的二氧化硫量可能多過十年以來來開車或其他種讓人們擔憂不已的事物所製造的量。」（[26]，粗體以表強調）

這麼嘛，汽車所產生的二氧化硫非常少，所以這部分大概是對的啦。

謝天謝地，真正大到會對整個地球造成影響的火山爆發事件非常罕見，但即便是小型爆發事件，都足以將大量細小、粉狀的餘灰散布至鄰近範圍。歐洲的火山大多座落於義大利與希臘這兩個地中海國家。最具世界代表性的地熱國家——冰島——以不穩定的火山活動聞名，但世界上絕大多數的活火山其實位於世界的另一端：印尼，世界上坐擁最多座活火山的國家。該國境內約有140座火山，差不多有半數仍被歸類為活躍狀態。其中自有紀錄以來，坦博拉火山（Mount Tambora）至今仍保持史上規模最大火山爆發事件的寶座。1815年，就在拿破崙於滑鐵盧之役戰敗的兩個月前，坦博拉火山衝破天際，估計導致7萬1,000人死亡（包含遭受直接影響的罹難者，以及後續死於飢荒和疫情的受害者）。其威力為喀拉喀托火山爆發事件的四倍，距離3,000～5,000公里（2,000～3,000英里）以外的地方——約相當於紐約市到洛杉磯的距離——都能聽到它的怒吼。當時，約有100多立方公里的碎石（足以填滿100兆公升的寶特瓶）被投入空中，而這整個過程使火山本身的體積少了50%。它所吐出的灰燼總量更使全球氣候下降約攝氏0.5度，導致整個北半球於1816年面臨糧食短缺的困境，也就是現在人們常說的「無夏之年」。那再把歷史往回推至3萬9千年前左右，義大利的坎皮佛萊格瑞（Campi Flegrei）爆發規模更是坦博拉火山的三倍。歐洲大部分地區皆被厚達20公分（8英寸）的灰燼所覆蓋，並使歐洲的氣溫降低攝氏4度之多，更將原本便已生存艱難的尼安德塔人推向滅亡。[27]

究竟這類事件是否能將地球上的生命完全泯滅——很可能是

發生在後續的氣候災難之中——是地質學家很喜歡辯論的題目。不過，我們其實也不用等那麼久，就可以體會到規模適中的爆發事件所帶來的毀滅性效果。這種規模大約每週會在地球某個角落發生一次，其中有一例特別惡名昭彰，登上各大新聞頭條。2010年，冰島的艾雅法拉冰河火山（Eyjafjallajökull）將大量塵埃吐入大氣層中，導致歐洲超過 10 萬趟航班（及許多橫跨大西洋的班次）停飛。當年沒有人因此喪生，但如果部分火山污染在航行中將飛機引擎堵塞，有可能奪走數百人的性命。此外火山學家也說，那場爆發事件於未來間接引起的可能死亡案例與它對於心理與身體健康的長期影響皆無法排除。[28]

　　即使是在冰島這種較小的國家，當地距離人口聚集中心遙遠的火山爆發仍可能造成影響深遠的後果。2014 年 8 月，冰島的另一座火山霍盧赫勞恩（Holuhraun）噴出 200 萬噸二氧化硫（高於全歐洲的每日工業排放總量），是冰島繼拉基火山（Laki）於 1783 年爆發之後經歷過的最嚴重的硫污染事件。假如拉基事件今日再度重演，根據科學家估計，光在歐洲就可能致使 10 萬人早逝。由於火山噴發觸及的範圍高入天際，火山污染能夠影響到好幾個陸塊以外的地方。以霍盧赫勞恩為例，位於火山下風處一直到 2,750 公里（1,700 英里）以外的空氣檢測站仍能偵測到火山爆發的影響。針對其他火山的研究，也曾在距離 1,400 公里（900 英里）以外的地點偵測到具備潛在殺傷力的污染。[29]

　　在火山濃煙當中，不同的污染氣體和粒狀物質所帶來的長、短期健康影響也包羅萬象。首先，乘載這些物質的蒸汽與水蒸氣本身算是無害，但它們所釋放的二氧化碳能在火山周遭地區攀升至帶有毒性的濃度。而二氧化硫就是那些從舊式發電廠與家庭燒

的不乾淨煤炭飄出來的東西，同時也是多諾拉事件及倫敦大霧霾之災的一大元兇。以氫為基礎的氣體（硫化氫、氟化氫、氯化氫及溴化氫），對我們的呼吸系統具有刺激性（最佳情況）與高度毒性（最糟情況）。儘管整體而言，我們仍不清楚火山對我們的健康究竟有哪些影響，但它們噴出來的所有東西，除了水蒸氣之外，都對人類、植物、動物與建築具備潛在危害。[30]

如果你住在那些「I」開頭的國家〔印尼（Indonesia）、義大利（Italy）或冰島（Iceland）〕，會需要擔心一下火山帶來的影響。但是其他地方其實仍會有各式各樣的因素足以造成塵土飛揚的危險自然污染。像在我住的地方——北歐——氣象預報會提醒民眾，有一波突然從撒哈拉沙漠飄來的塵埃；儘管撒哈拉遠在我們東南方幾千公里之外，但這種狀況也不算罕見。當特定的氣壓、氣流與海象結合，這些「非洲塵土」（人們有時會這樣稱呼它）便會更容易搭上大氣互動的長途班機飄向遠方。這些風飛塵埃意味著北非、西非及中東等通常世界上 PM2.5 懸浮微粒平均濃度最高的地點。舉開羅為例，當地最主要的粒狀物來源便是飄揚的沙漠塵埃，不但能揚起數公里的高度，每次更可能在大氣層中待上數個月。此外，這或許聽起來不太可能發生、不值一提，或以上皆是，但非洲塵土的濃度甚至在歐洲都可能高到足以構成危害。舉例來說，賽普勒斯有時候就是會紀錄到 $200\,\mu g/m^3$、或甚至 $1{,}000\,\mu g/m^3$ 濃度的 PM10（WHO 準則的 10 ～ 50 倍）。這樣的污染來源已經足以讓空氣品質檢測站所紀錄到的粒狀物數值超出法定上限，使他們更加難以評估如汽油廢氣等其他粒狀物來源的貢獻。然而，非洲當然不是唯一的受害者。再往遙遠的東方，吹過沙漠的風形成一股名為「亞洲塵土」〔或日文的「黃土塵」（Kosa

Dust）〕的惱人現象，影響範圍遼闊，每年春天都會侵擾中國、南韓及日本。[31]

我們不需要真的去住在沙漠附近就能夠體驗到這種攻擊。土壤侵蝕（綠地逐漸沙漠化）便是成長最快速、最嚴重的世界問題之一，但同時卻最少被報導出來。回溯至 2001 年，時任聯合國秘書長的科菲・安南（Kofi Annan），首度針對這項問題發出重大國際警告，指出「乾旱及沙漠化已威脅到全世界超過 110 個國家、超過 10 億人的生活」，以警示世人情況之迫切。他沒有提到的是，另外還有一個重要的次級影響——當風吹過那些過度使用、沙塵遍佈的土地時，會產生一團團的粒狀物質，包括高比例的鉀和氮等化學物質，而這些物質皆為表土層中常見的成分。所以說，土壤侵蝕與沙漠化確實是一大空氣污染來源。[32]

其他天然空污來源

發情的植物、長錯地方的樹、兇猛的野火、打嗝的牛隻、壓抑的火山、飄動的沙漠——這些僅僅只是幾個比較主要的自然空污來源（其中大部分更因為人類活動而愈演愈烈），其實還有更多其他源頭。地球或許看起來像是宇宙裡一顆靜止、穩定的石塊，但它其實一直都有動態的地質活動。你現在所（間接）站立或坐著的岩塊包含各式化學元素，其中有些會進行放射性衰變，進而產生其他元素，像是一種稱為氡的有毒氣體。雖然對我們大多數人而言，氡通常不會造成什麼問題，但它會自發性由地表洩漏至建築物裡，有時候會使地下室的氡濃度攀升到足以造成危害的程度。在所有死於肺癌的案例當中，約 10％的死因為氡，是繼吸菸

之後的第二大肺癌成因，同時也是導致非吸菸者罹患肺癌的首要原因。[33]

我們前面有提過，若談到野火與它四處散佈的一團團翻滾烏黑粒狀物，那閃電只算一項次要因素。不過，閃電也會藉由其他方式產生污染。大部分的人應該都在學校學過，閃電在氮循環裡（氮在這些過程中，被我們周遭的空氣、海洋及土壤回收再循環）扮演了重要角色，協助將空氣中的氮氣「固定」為固態形式，好讓植物能夠吸收。此外，閃電也會產生其他副產品，亦即大量的氮氧化物及臭氧，能夠大幅改變當地、附近區域及距離更遠處的空氣品質。例如，每年襲擊美國的那 7,500 萬道閃電，最遠能夠影響到歐洲的空氣品質。[34]

但有哪些自然污染可能會影響到你全取決於你住在世界的哪一個角落。以我來說，我住的地方離海邊只有幾公里遠，經常發現我家窗戶覆滿沙子和鹽沉積物，都是被那股狂吹不止的東風帶上陸地的。好，這沒什麼好意外的，但令人驚訝甚至震驚的是，曾有紀錄顯示，來自距離最近海洋的飛沫，可以散播到 1,400 公里（900 英里）以外的地方。發現這件事的科學家們估計，那些海洋飛沫中所挾帶的鹽，每年能夠將 100 億噸的氯拋入空中。而這項發現之所以重要，是因為氯氣在霧霾的生成過程中也佔有一席之地，同時會危害到植物的生長，且會一點一滴侵蝕建築物。[35]

只要你夠認識這些自然污染，便很容易能夠躲掉它們大部分所帶來的危害。不過還是有些自然污染十分危險，且出奇地無法預測。1986 年時曾發生一起神秘事件 —— 尼奧斯湖（Lake Nyos；於喀麥隆一座久未活動的火山上所形成的湖泊）無預警地以時速 100 公里（時速 60 英里）的速度，噴發出一大團二氧化碳

氣體，擴散至當地村落，使 1,800 人與 3,500 隻動物因窒息而死。這個例子就是所謂的湖底噴發（湖泊噴發）——原本溶解於湖底深處的大型氣泡忽然「嗝」到水面，其體積和濃度高到足以奪走人的性命。由這類事件可知，大自然與自然污染永遠都是如此難以預測。[36]

自然死因？

我們知道，空氣污染每年都會讓 1000 萬人壽命減短，但**自然污染又在其中佔了多大的比例呢**？為了讓你更好理解，我們就來試試看能不能把這些「自然成因」每年造成的死亡人數做個粗略估算。

首先，在美國，野火所帶來的污染，每年約奪走 1,500 條人命（在接下來的幾十年內，此數值預計會上升至每年 4 萬），而根據可靠資料顯示，目前全球每年一共約有 33 萬 9000 人因此喪生。但我們不清楚，到底有多少人死於花粉或其他植物、樹木所排放的污染，不過氣喘（與花粉熱密切相關）每年導致全世界 40 萬人死亡（花粉可能只佔了其中一小部分，或許幾萬人吧？）。至於氡氣，光是美國就造成每年 2 萬 1,000 人喪命；如果假設所有死於肺癌的案例（180 萬）之中有十分之一的背後原因是它，那它在全世界或許共取了 18 萬條性命？我們不可能有辦法說出每年到底有多少人死於火山灰和火山燃煙，但單就爆炸事件本身來看，似乎會有幾百人為此喪生——那我們就把這個數值拿來作為（非常不可靠的）代表吧。以上就是我們在本章節討論到的主要自然污染種類。把這些數字加總起來，每年死於自然空氣污染的

人數，大概會落在 50 萬至 100 萬之間。[37]

　　好的，那確實是一個很大的數字，值得令人擔憂——差不多跟死於瘧疾的人數一樣多。然而，比起所有人為空污造成的死亡人數——約介於 700 萬～ 1,000 萬之間——前者仍然是小巫見大巫。而且，很重要的是，在我們上面提到的自然污染當中，有些被認為是「自然」空污的（像是野火、由花粉引發的氣喘）其實也能算是人為污染。所以總結來看，不論自然空污到底多麼嚴重，如果把它拿來跟交通霧霾、室內燒柴燃煙及其他種種人為污染相比，自然空污的影響依然相形見絀。

　　還有一點我們最好也要記住：自然污染跟人類活動在另一個重要層面上也息息相關，那就是氣候變遷。事實上，根據預測，氣候變遷會加劇惡化我們在本章節談到的許多情況。舉例來說，持續暖化的世界會使花粉季節延長，因此，不管花粉污染現在會對健康帶來何種影響，未來都只會變得更加嚴重（這是澳洲的一大擔憂，當地現在的氣喘及過敏性鼻炎發生率已經在全世界名列前茅；另有預測指出，到了 2030 年，在英國受到花粉熱困擾的人數將多出一倍）。再來，如果地球暖化，樹木也會跟著升溫，這就代表它們會常態性地釋放更高濃度的生物源揮發性有機化合物。而隨著全球平均溫度持續攀升，野火的發生次數、時程與強度預計都會一併增加。根據一項由哈佛及耶魯科學家聯手進行的研究指出，到了 2040 年代晚期，美國西部的 8,200 萬名居民目睹延燒一天以上的野火發生率提升 44％。此外，氣候變遷也會讓土壤侵蝕與沙漠化加劇，使世界某些地方的塵埃和粒狀物污染變得更糟糕。由此可見，相較於今天的污染，明天的污染可能會變得非常不一樣。[38]

未來，當再生能源取代化石燃料、當骯髒的汽油被（希望有）比較乾淨的電動車淘汰、當更多開發中國家人民改用比較安全的烹煮及供暖方式（例如通風較佳的爐灶或太陽能爐），死於人為污染的人數應該才會開始下降。如果往後我們更加理性地使用能源、運輸或其他科技，但我們藉此獲得的進展，卻因為這個乾燥、塵土飛揚、不斷暖化的世界與愈來愈多自然污染而被抵消，那該怎麼辦？如果我們的命運，就是得接受危險的「新」問題所帶來的折磨呢？例如，由氣候變遷所導致的暴怒野火，其成因再也不是我們**在歷史中**素來仰賴的化石燃料？假如雷根總統那段荒誕不已的主張──自然是最大的污染者──開始聽起來愈來愈像真的，甚至開始向我們反撲而來，那將會是一件多麼諷刺的事啊！

第 5 章

準備上路？
Going places ?

道路交通是許多國家最大宗的空污來源

　　這聽起來像是在跟惡魔達成協議──我們這 10 億人獲得了隨時想去哪就去哪的魔法力量，但交換條件是有好幾百萬人會咳嗽死亡、作物枯萎減量、魚隻被酸性湖弄成醃魚，而我們這顆充滿生機、蓊蓊鬱鬱的星球也消失於水泥之下。1990 年，激進的英國詩人希思科特・威廉斯（Heathcote Williams）就曾在他的散文詩作《汽車之難》（*Autogeddon*）一書中，針對人類對汽車的致命成癮怒罵一波，並將街道形容為「汽車邪教的開放式下水道」。而在接下來的 30 年，我們會發現他想表達的意思很容易理解，因為如今飄在高速公路上空的完全就是一團烏煙瘴氣啊！這盆有毒的雞尾酒威力強得嚇人，能倒轉時光，把 21 世紀世界上最優質的城市與藉由光纖連結、以鋼與玻璃打造的發電廠，變回 19 世紀狄更斯年代的那種黑煙瀰漫的濟貧工廠。不論是在倫敦或馬德里，紐約或巴黎，米蘭或德黑蘭，那些出現在你所居住、工作、遛狗的街道上的汽車（及其他路上交通工具）都是罪大惡極的兇手，必須為這些足以致命的有毒髒空氣負起很大的責任。[1]

⌇⌇ 馬匹的興衰

　　有一個方法能讓我們盡可能去接受這件麻煩小事，那就是說服自己，我們以前就已經經歷過這些事了——過去的交通污染比現在還要更糟。我想，這正能解釋為什麼我會一直看到一些很逗趣的軼事，說 19 世紀晚期的城市被一座又一座的馬糞山給淹沒。舉例來說，前幾年網路有一則以訛傳訛滋養的假新聞故事，叫 1894 年馬糞危機（Great Horse Manure Crisis）。根據一個向來容易輕信消息的網站說，「1894 年，英國《泰晤士報》預測……『50 年後，倫敦的所有街道，都將受埋於 9 英尺的糞便之下』，此問題開始構成危機」——就這樣，這段可疑的言論開始在網路上四處散佈。另一個網站也舉出大量（但無法令人信服的）證據，表示當時的紐約市被馬匹搞成一顆「大爛蘋果」（The Big Crapple）。[2]

　　但唯一的問題是，1894 年*並沒有*發生馬糞危機，《泰晤士報》從來沒說過這種話。如果你去翻任何信譽良好的歷史書籍或學術文章，都不會找到關於這件事的描述。事實上，「1894 年馬糞危機」是後人發明的，而且就發生在相當近期的 2004 年。[3]

　　眾所皆知，馬糞是一大批、一大批排出。馬匹身為典型的「都會怪獸」，每天大出重達 22 公斤（50 磅）的糞便（兩位男性每週排放的總重量），牠們及其排遺確實是一大問題。而英國《泰晤士報》的確曾於 1827 年 8 月提到白教堂（Whitechapel）地區那些「夾雜著來自動物的血污與排泄物的惡臭混合物」；此外，該報社也有一位記者在時隔 50 年後估計，倫敦的馬匹「每天在街上排放的量至少重達一千噸」。當然啦，這個問題並不只限

於倫敦——1900 年前後，紐約市的馬匹大隊總計每天產生 600 噸糞便。儘管如此，根據一位《泰晤士報》記者於 1909 年的觀察，「很多打扮華麗的女士喜歡將禮服拖在地上，但如果有人跟她們說，她們的昂貴服飾摺邊沾到什麼，還是會有不少人感到震驚……那就是乾掉的馬糞。」[4]

如果那些「打扮華麗的女士」早就習慣「跋屎涉糞」，那她們究竟為什麼還會感到震驚呢？原因很簡單，因為正如同現在，當時世界上最主要的城市都有雇用精力充沛的清道夫來控制馬匹污染。1896 年，《紐約時報》大肆讚揚〈整潔的柏林街道；示範優良市府能做之事〉的奇蹟，並提及當地「政府部門以軍事準確度」執行「每年耗資 50 萬美元以維持 900 萬平方碼的完美秩序」。其實在那之前一年，該報也曾以同樣吸睛的用語來描述蘇格蘭。而如此昂貴的公共服務之所以可行，是因為農業用糞肥短缺，其價值因此攀升，國際之間甚至還得進行糞肥貿易。而以上提到的這些糞肥全都有被善加利用，例如馬里蘭州的巴爾的摩，其所搜刮的馬糞進一步產出「1 萬 5,000 顆高麗菜及 2 萬 2,000 顆番茄」，隨後這些農產品又被賣回給都市人。不過，雖然歷史上顯然從未發生過馬糞危機，但卡內基美隆大學的權威專家喬歐・塔爾（Joel Tarr）也清楚指出，光是要跟在馬的屁股後面清理以維持大城市的整潔（20 世紀初，光芝加哥就有 83,330 隻這種拉屎聲隆隆的怪獸），這件事本身的難度就足以讓人們改用其他科技，也就是「無馬馬車」了。換句話說，屬於馬的日子結束了。[5]

最早想通這件事的人是美國實業家亨利・福特，他開創性的生產線達成大量生產的能力，使人們能夠負擔得起汽車的價格。尤其是經過一連串跟馬匹相關的不幸事件，翻覆的糞肥拖車造成

人員重傷（故意反諷一下）更把一切推向高點，種種都在福特的心中刻下「四足惡」〔按：four legs bad，借用自喬治‧歐威爾（George Orwell）的小說《動物農莊》（*Animal Farm*）裡的句子「四足善、雙足惡」（Four legs good, two legs bad）〕的印象。在福特 1922 年的自傳《我的生活與工作》（*My Life and Work*）中，他回憶到自己當初究竟是如何想到「『無馬馬車』即未來」這個結論的。他寫道：「考量到要照顧馬匹的種種麻煩及飼養的開銷，我就萬分確信，馬匹並不敷成本。很顯然地，我們必須做的事，就是設計並打造出蒸汽機。」[6]

蒸汽夢

其實，這也不是什麼原創點子。在此之前，蒸汽機早就已經證明了自己的價值，能夠幫助排出淹沒礦坑、使其無法運作的雨水。1712 年，紐科門在英國杜德雷（Dudley）小鎮打造出世界上首座能夠實際使用的蒸汽引擎，這大約是在福特出生的 150 年前。像紐科門這種仰賴水蒸氣和大氣壓力運作的「大氣引擎」效率非常低落，每鏟 1,000 次煤炭給它，就有 993 鏟會被浪費掉。不過，那些黑漆漆的東西很便宜、量也很多，而且也很能勝任它們的工作。最後，人們共建造出 3,000 座大氣引擎，大多集中在康沃爾（Cornwall）與德文郡（Devon）等鄉下礦區。而因為它們燒的是無煙煤（相對乾淨的煤炭），並未立刻造成污染問題。[7]

大氣引擎對礦坑來說還不錯，但對其他場合來說，它們太大台、太笨重又太沒效率了。如果要四處移動的話，勢必得做出更好的東西。約於 1800 年前後，另一位英國人理查‧崔維希克

（Richard Trevithick）發現以更高壓力使用蒸汽的方法。意思就是，他有辦法將輕量的小型引擎裝到車體，行駛到路上。其成品「噴霧魔王」（Puffing Devil）正是一台裝有輪子、能夠載人並噗噗作響的蒸氣鍋爐。它是第一個成功的蒸汽驅動交通工具，同時，也是——暗示就藏在名字裡——車輛污染的「煙霧」前兆。另一方面，美國的奧利佛・艾文思（Oliver Evans）也在同一時間想出高壓蒸汽的運用，並打造出該國真正上路的車輛始祖〔野心勃勃的 17 噸水陸兩用車輛，不但能擦嘎地行駛於街道上，也能暢行於河道，名為「兩棲挖掘機」（Oruktor Amphibolos）〕。[8]

圖 23 煙霧的到來：蒸汽驅動消防車，由查爾斯・杜德利・阿諾（Charles Dudley Arnold）攝於 1893 年芝加哥哥倫布紀念博覽會。圖片來源：美國國會圖書館。

以我們現在來看，蒸汽的到來很顯然也意味著煙霧的到來，但以前卻沒人知道污染會演變成如此嚴重的問題。當時的一台蒸汽機正如同現在的一輛汽車，並不成什麼太大的問題。唯有當人們建造出成千上萬台蒸汽機，再加上周遭髒亂不堪的城市逐漸成長，麻煩才真正開始浮現。關於這件事，數據可是會說話的——舉例來說，1800 年，英國陸陸續續燃燒了 1,500 萬噸煤炭；到了 1850 年，該數值提高了將近五倍，達到 7,200 萬噸的量。若與工業化以前的情況相比，在 1914 年、第一次世界大戰爆發之際，為了供應工廠機具、蒸汽機車與所有仰賴燃煤發動的事物，使用的總礦產量多達 2.92 億噸，幾乎成長了 20 倍。那時候，在總計超過 3,000 座礦坑內挖礦的人數更有 110 萬之多。不過蒸汽動力工廠弄髒的範圍相對僅限於其周遭環境，但蒸汽火車、汽車和公車的不同之處是它們吐出的污染會跟著它們的移動足跡隨處散佈。截至 1800 年，當時最先進的蒸汽機每燃燒等量的煤炭，就能夠完成紐科門版本的四倍工作量。儘管如此，人們在蒸汽動力技術上的大躍進，也在污染方面帶來相對應的「成長」啊。[9]

這一切究竟為什麼會發生也很有趣，因為英國法律〔1861 年《動力車法案》（Locomotive Act）〕曾一度指明，使用蒸汽動力的道路引擎應該要自行吸收污染：「所有以蒸汽推進之動力車、或任何非使用動物動力者，凡欲使用收費公路或高速公路，其構造皆須符合消耗原則，自行消耗其所排放之煙霧。」否則每天將收取 5 英鎊罰金（相當於現今 300 英鎊或 500 美元）。而實際上，「自行消耗其所排放之煙霧」其實通常意味著燃燒無煙燃料

（也就是煤焦），但立法原本還是立意良好啦[6]。[10]

打造無污染車輛的想法確實值得讚揚，而人們甚至在更早以前（至少在 1826 年時）就已經想過這件事了。當年的《英國國會法》堅持，在世上第一條全蒸汽動力鐵道上（利物浦至曼徹斯特）運行的動力車都必須「自行消耗其所排放之煙霧」。不過，這件事好像很快就被人遺忘了。短短三年後的 1829 年，喬治·史蒂芬森（George Stephenson）的動力火車先驅「火箭號」加入利物浦至曼徹斯特的運行測試。但根據《技師雜誌》（*The Mechanics' Magazine*）指出，「它僅非常有限地達成有效自行消耗其所排放之煙霧的條件」而已。就這樣，第一輛正式蒸汽機車開了這般先例，蒸汽火車污染因此成為常態。[11]

☁ 石油動力

蒸汽引擎既骯髒、笨重又沒效率至極，不論是道路、鐵路或海上，當有另一種更好的動力方式問世時，它註定告終。燃燒石油提煉液態燃料的引擎誕生於 19 世紀中葉，有兩項因素使它的效率從根本上得到提升。第一，汽油所蘊含的能量比等重煤炭多約 50％。第二，內燃（就像汽車引擎般於同一汽缸內燃燒燃料、產生動力）的效率比外燃（先於燃煤鍋爐製造蒸汽，再由管道運送至一段距離以外的汽缸，亦即蒸汽機的運作方式）至少高上兩倍。因此，當我們把這兩項優點加在一起，就可以讓行駛距離遠上好

6　有幾種方式可以「自行消耗其所排放之煙霧」，最簡單的就是燃燒相對乾淨的燃料，例如無煙煤及煤焦。其他還有一些緩慢發動引擎（其實就是火爐）的方法，能讓煤炭燃燒更乾淨。另一個方法在於引擎設計，使煙霧往回流過燃燒中的煤炭，藉由所謂「二次燃燒」的方式來消除所有未燃燒的碳。現代燒柴爐也運用類似的技術（煙霧二次燃燒）提高效率、降低污染。

幾倍，也不需要添加燃料了。此外，還有液態燃料的便利性（可以輕鬆抽取、儲存，不需要惱人的止水帶，也不需要辛勤的消防員在你旁邊把成堆的黑色消防水帶搬來搬去），石油之所以能從 20 世紀初便成為世界上大多車輛的動力來源，原因顯而易見。[12]

不過，並不是所有人都同意「石油」等於汽油。雖然汽油引擎的效率已經比蒸汽高出許多，但仍然遠**不如**科學所應允效率的百分之百。熱機（燃燒燃料以產生動力的引擎）背後所使用的理論——熱力學——於 1824 年首度被人破解，由一位名為尼古拉・薩迪・卡諾（Nicolas Sadi Carnot）的 27 歲法國軍事工程師，也就是物理學家兼政治人物拉札爾・卡諾（Lazare Carnot）的兒子。在此之前，人們只是不斷試誤，把紐科門與崔維希克等人所開發的熱機東拼西湊著用。但薩迪・卡諾以父親的點子為基礎，解出影響引擎好壞背後的數學概念，讓後世科學家至今仍堅信不移。他的想法解釋了為什麼在兩百年後的今天，我們許多人會這樣開著柴油車到處跑、四處污染空氣。因為雖然汽油引擎奪得了蒸汽的先機，但德國工程師魯道夫・迪塞爾（Rudolf Diesel）發現自己有辦法打造出更好的東西，而靈感來源正是卡諾的原理。[13]

而迪塞爾想到的東西，是一台 3 公尺（10 英尺）高的工業級內燃機，它所能夠壓縮的空氣大概是汽油引擎的兩倍，因此也會以較高的溫度燃燒燃料，並且達到更高的效率。1894 年，當迪塞爾首次嘗試他的引擎時，它只噗隆噗隆地運轉了短短一分鐘，隨即停止運作。但到了 1896 年，它就能一口氣行駛 50 小時，效率達到 20％（為紐科門引擎的 30 倍，也比效率約為 17％的汽油引擎再稍微進步一些）。從此之後，柴油引擎便取代了汽油，尤其是 1970 年代——那十年之間所發生的石油危機，促使世人首度齊

心朝能源效率的目標邁進。[14]

　　雖然迪塞爾以這項改變世界的發明成功逗樂有錢人,但他的動機其實就只是想要挑戰技術上的突破、製造更好的引擎。在他心目中,柴油引擎有三點勝過汽油引擎的優勢。第一,它們的效能比較高,所以它們也比較不會用到那麼多供量有限的化石燃料(這在 20 世紀初期是很具前瞻性的概念)。第二,它們幾乎能使用所有類型的高能燃料。舉例來說,法國政府就曾於 1900 年巴黎世界博覽會場上,炫耀一台以花生油推動的小型柴油引擎。如今,引擎大多使用生質柴油,它可以從一些聽起來很環保的東西提煉出來,例如藻類、大豆,或甚至是回收污水和烹調用油。迪塞爾也有一些社會主義想法,期望在地社區或甚至是被賦予權利的個體都能夠運用自家生產的燃料來供給自己的小型引擎,免於煤炭公司獨裁及中央化工廠權力的束縛。第三,他也是第一批點出汽油引擎將帶來無可避免的污染的人,相信(結果證明是錯的)他那台表現良好的機器不會製造這麼多污染。[15]

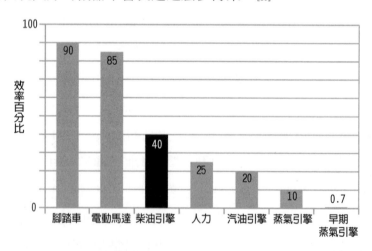

圖 24 為什麼全世界轉向使用柴油?效率(機器輸出者相較於我們輸入者的比值)解釋了世界從蒸氣能源轉移到汽柴油的原因 —— 以及為何轉向電動車成為勢不可擋的趨勢。值得注意的是,人力相較於引擎和機械更有效率。

雖然這些論點至今仍在環保議題上繚繞不絕，但當時沒有任何一點達到太大的效果。如果像迪塞爾所說的那樣，拿汽油來解決蒸汽的問題並不是個好方法，那其實拿柴油引擎來解決汽油的問題也一樣糟糕。儘管最後主導世界的還是燃氣和柴油。但事實上，它們把世界領向歧途了，因為當時其實早就有比這兩者更好的替代方案。剛跨入 20 世紀之初，產出甚高的美國發明家愛迪生正努力把世界使用電力的習慣導往更乾淨、便利的方向，而電池發電車輛看似頗具未來發展性。1900 年，竟然有 38％的車輛是電動的（如今，即便是在美國電動車使用率最高的加州，都只有少得可憐的 5％上下）。那一年，斐迪南‧保時捷博士（Ferdinand Porsche）的名字還沒變成德國酷炫超跑的同義詞，但他在巴黎世博（就跟那台使用液化花生行駛的柴油引擎在同一個展館）發表了史上第一輛油電混合車「洛納－保時捷」（Lohner-Porsche）造成一時轟動。愛迪生曾講過一段有如預言般的評論：「電力是正解⋯⋯沒有危險、惡臭的汽油，也沒有噪音。」這番想法可說是領先了他的時代一世紀。1914 年，亨利‧福特告訴《紐約時報》：「我跟愛迪生先生已經花了幾年的時間，想要做出又便宜又實用的電動車。」[16]

　　然而，實際上，他們的電動車既不便宜也不實用 —— 至少對福特而言是這樣啦。在他發現最重要的零件 —— 愛迪生的電池 —— 無法達到令人滿意的標準以前，他已經花了大概 4000 萬美元（現今幣值）。電動車的高成本（洛納－保時捷比一般汽油車貴上兩倍，同時重上許多，而且在保養上也更為複雜、昂貴）導致這項技術被暫時擱置在一旁，沉寂了整個 20 世紀，直到最近才華麗地再度浮出檯面。而在這期間，柴油填補了這個空隙 ——

先是運用在鐵道上，後來沿用至道路上。正如迪塞爾一世紀以前所指出的，跟他同名的引擎（按：柴油引擎的英文是「diesel engine」，柴油是「diesel fuel」，皆取自迪塞爾的姓氏）確實比汽油引擎更有效率。不過我們稍後就會發現，由柴油引擎所吐出的污染含有大量煤煙顆粒與氮氧化物，而這些東西在令人窒息的城市街道上實為更加致命的存在。

「柴油門」事件該怪誰？

回首當年，這個品牌應該有更好的登場方式。1934 年，阿道夫・希特勒要求德國各家汽車製造商做出「適合的小車」，而他得到的答案是福斯金龜車（Volkswagen Beetle）。當第二次世界大戰結束時，所有跟希特勒之間存有無法抹滅連結的事物——當然除了德國本身啦——都可能招致終結。但在 1950 年代末期，福斯汽車為了壯大品牌名聲，使出了絕妙的一手：「反廣告」（anti-advertising）。這個點子是恆美國際廣告公司（Doyle Dane Bernbach；DDB）創辦人威廉・伯恩巴克（Bill Bernbach）策劃的，他是大眾公認麥迪遜大道史上數一數二天賦出眾的廣告人。相較一般廣告可能會大肆宣揚福斯汽車的優點，伯恩巴克的作法天差地遠。他巧妙運用自貶標題來說服買家，例如「醜陋只不過是外表」與「如果沒油了，也很好推」等。而正如伯恩巴克的形容，福斯金龜車很直觀、實用、經濟實惠，而且最重要的是，完全符合廣告內容。此外，它也大受顧客喜愛。

福斯汽車在過去將這些價值體現在它們的產品上長達 60 年的時間，每年總計約銷售 1,000 萬輛車。然而，人們口中的「柴油門」（Dieselgate）事件卻在 2015 年 9 月時震撼其核心價值。當時爆出福斯工程師在約 1,100 萬輛車上的機載電腦動手腳，在實驗室測試時開啟污染控制，並在現實世界中又將污染控制關閉。因此，雖然這些車看起來很乾淨又環保，但事實上，它們所吐出的二氧化氮是法定上限的三倍。這樁醜聞也延燒到福斯集團的另外兩個公司──奧迪（Audi）與保時捷──以及不少高級主管，包括前任執行長馬丁・溫特柯恩（Martin Winterkorn；他在德國被以詐欺罪起訴，而美國司法部則指控他授權下屬掩蓋實情）。至今，福斯汽車已經因為柴油門事件耗資大約 100 億美元，相當於累積數年才能達到的收益。此外，該事件也波及捷豹（Jaguar）等其他公司，被影響到的車輛總計有 4,300 萬台。而根據近期大規模測試發現，在過去 10 年間發表的柴油車當中，有 97% 的車輛於現實世界裡的表現遠比在刻意營造的實驗室測試中來得差勁，普遍超出法定污染限制約五至十倍。相較之下，唯有那些符合最新歐盟第六期（Euro 6）管制標準的柴油車，才稱得上跟汽油車一樣「乾淨」。

　　但這件事究竟該怪到誰頭上？是那些工程師嗎？他們的經理？那間以回饋股東為目標、自相矛盾又面目不清的公司？不管伯恩巴克當初怎麼努力為他們打廣告，公司卻從未真正完全體現「誠實」等價值。又或者是求利若渴的石油產業？他們試圖為原油「被浪費掉」的部分另闢市場，否則沒辦法加以利用。還是其中還藏有其他更為險惡的秘密呢？正如我們接下來會在本章節裡看到的，世界上沒有什麼叫做零污染汽車的東西，而在他們所釋放的有毒化學物質中，有些甚至不存在所謂

的安全濃度。所以柴油門所代表的真的是「對乾淨車輛的渴望」及「絕對不可能達成此事」兩者之間本質上的衝突嗎？難道當我們正視空氣污染和氣候變遷等考量，希望一切照舊、繼續前進的極度渴望真的不可能實現嗎？到頭來，柴油門事件到底是汽車製造商對我們不誠實……還是我們對自己不誠實？[17]

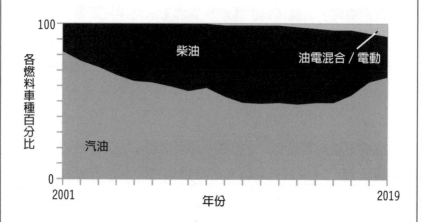

圖 25 柴油的興衰。我們替愛車加油的方式在 21 世紀經歷了大幅度的轉折。人們先是大量改用柴油車 —— 雖然效能較高、更經濟實惠，卻也製造更多污染。但在 2015 年爆出柴油門廢氣排放醜聞之後，趨勢又急轉回汽油車。如今新車當中，柴油車數量佔不到三分之一，僅相當於柴油車 2011 年至 2015 年市場巔峰時期的一半左右。儘管後來市場掀起一股油電混合車／電動車狂潮，它們只佔了總銷售量的一小部分而已。資料來源：英國政府網站 Gov.uk，首次登記之各燃料車種百分比。[18]

🌀 用車文化的惡性循環

污染的問題有等級之分。如果只有一滴的量，不管再怎麼毒，很快就會在大海中消失。但如果那一滴倍數成長呢？如果大海並沒有我們想像中的那麼大呢？1920 年，美國境內大概有 1,000 萬輛車（全世界總量沒有比這個數字多太多）；到了 1925 年，福特

的生產線每 10 秒就會迸出一台車；1950 年，美國共有 5,000 萬輛車；而現在，全世界總計超過 10 億輛車。簡言之，這 100 年內的車輛數成長了 100 倍。此外，更是多虧了亞洲的爆炸性成長，全世界車輛數估計會在 2040 年左右達到 20 億。[19]

隨著這項普及資源在我們眼前不斷等比例增加，我們幾乎可以預見它所帶來的悲劇。我所居住的國家在 1985 年至 1986 年時有 38％的家庭沒有車、45％擁有一台車，而 17％有兩台以上。過了 30 年後，2015 年，只有 25％的家庭沒有車（大幅減少）、42％有一台（稍微下降），而 33％擁有兩台以上（幾乎達到兩倍之多）。現在，我們先暫時原諒一下創造出 1894 年馬糞危機的人，然後試想世界上的馬車隊也成長這麼快的話，可能會發生什麼事——10 億匹馬、每匹馬每天都大出 22 公斤（50 磅）的屎，那麼，牠們每個月所產生出來的大量糞便，就會等同於世界上全體人口的總重量。而 10 億輛無馬馬車所製造的混亂可說是不相上下——如今，因為交通污染而喪命的人數，比交通意外來得更多。[20]

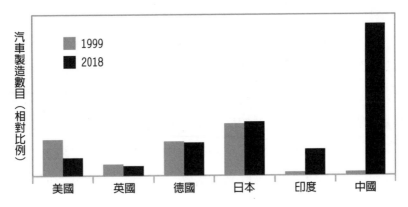

圖 26 在亞洲，汽車數目有著爆炸性成長。當西方汽車產量在過去二十年停滯甚至下降時，亞洲國家的汽車產量卻有巨大的成長，尤其印度與中國正在生產許多在西方國家行駛的車。圖的繪製數據來自以世界汽車工業國際協會（Organisation Internationale des Constructeurs d' Automobiles），網址：http://www.oica.net/

用車文化的惡性循環似乎每天都在持續惡化。廣告（支持那些我們在看的節目、在讀的文章的財務）重度依賴汽車商業，包括汽車經銷商與石油公司〔通用汽車（General Motors）與福特汽車是美國六大廣告戶的其中兩位〕。汽車廣告引誘我們砸大錢、購入更多新車；在美國，廣告的效果使現在售出的每輛新車平均價格提高了 1,000 美元，相當驚人（如果你買了一輛捷豹，在你所付的費用當中，計有 3,325 美元被砸在廣告上）。若考慮到另一項發現，這整件事就看起來更離譜了──那就是，人們在買車之後，更有可能會去搜尋汽車廣告，確認自己買到的價格合理划算。當我們賣出愈多機器製造的汽車，就意味著交通運輸量將變得愈高；當交通運輸量愈高，代表壅塞和污染愈發嚴重。隨著壅塞情形增加，開闢道路的需求也會提高，雖然這種作法或許能立即解決當前問題，但長期而言卻會造成更糟糕的結果。交通運輸專家稱這段情況惡化的過程為「衍生交通量」（induced traffic）──釋放先前被壓抑的需求並讓用路頻率提高、鼓勵人們造訪以往相較不易到達的地點、使更為長途的通勤旅行變得更加可靠，並且促成「填海造陸」的發展，例如只有開車才能抵達的市郊購物中心……以及更多其他衍生結果。以開闢道路的方式處理交通壅塞，就好像購買更大尺寸的衣服來「解決」你的體重，最後肥胖問題只會變得更加病態；換句話說，這種作法會將問題放大，並沒有解決問題。當我們接受用車文化，就會讓我們被困在用車文化之中，而長久以來的解法──不斷建蓋更多道路──其實是這項問題裡很主要的一環。[21]

〜 汽車會製造哪些污染？

更切中要點來問，汽車究竟為什麼會製造污染？

石油是一種複雜、凌亂的混合物，被我們加到油缸裡的「雞尾酒」混有超過 150 種不同化學物質──除了燃料本身之外，還有各種添加物，包括抗震劑（使燃燒更順暢，並延長引擎壽命）、防凍劑、防鏽劑及清潔劑。回顧過去，有一種叫做四乙基鉛（TEL）的抗震化學物質會使大腦鈍化，為史上數一數二糟糕的添加物。它對孩童的影響最甚，因為相較於成人，孩童的肺部從空氣中吸收到的鉛量多達四至五倍。自 1980 年代起，除了葉門、阿爾及利亞與伊拉克，世界上幾乎所有國家都已經淘汰含鉛汽車燃料，使孩童的鉛暴露量如眾所樂見地大獲減少[7]。我說「眾所樂見」是因為現在仍只是故事的開端，接下來還會看到在過去那 50 至 60 年之間，四乙基鉛不斷被空氣、水和大地吸收時，系統性鉛中毒究竟對社會帶來多大傷害。[22]

近 20 年，美國研究員金·戴爾崔屈（Kim Dietrich）、瑞克·納文（Rick Nevin）與約翰·保羅·萊特（John Paul Wright）等人，進行了一項令人大開眼界的研究，發現環境中的鉛濃度與各種社會問題之間有強烈關聯性。事實上，鉛跟一堆事件都有所牽連，從青少年犯罪、竊盜發生率到未成年懷孕，或是都會區謀殺發生率，以及教育方面的種族差距。舉例來說，納文那些怵目驚心的研究顯示，由汽油等來源排放而出的鉛量可以解釋美國國內 90％的各類暴力犯罪案件；在另外七個他所研究的國家中亦然。

---

7 鉛至今仍廣泛運用於特定航空燃料之中。在美國，小型活塞式飛機發動機為目前最大宗的大氣鉛排放來源。[23]

現在有愈來愈多證據指出，鉛的影響可以持續長達數十年，或甚至一輩子。目前被我們判定為失智症、一些跟年齡有關的駭人腦部退化現象，其實成因都是長期、致命的毒鉛。根據健康數據評估中心估計，鉛污染每年以各種形式導致 50 萬人喪生，並使 930 萬人因為慢性健康問題而減短壽命。當這些狀況在幾年或幾十年後終於浮出檯面時已經太遲了，而這些驚人的統計數據往往促使人們做出劇烈反應，但這些動作並不是每次都是最好的作法。有些國家用其他有害的化學物質取代四乙基鉛，包括苯、甲苯與二甲苯。另外一個被匆促拿來替代四乙基鉛的是甲基第三丁基醚（MTBE），原先被認為能使燃燒狀況更為良好，並且能降低排氣管的排放量，結果卻有致癌效果，也在美國各地造成地下水（及公共供水系統）污染。2008 年，為了導正這項問題，美國共有十幾家石油公司同意支付 153 間自來水公司與 17 州政府機關 4.23 億美元，預計將需要 30 年的時間處理。[24]

另一項關於汽油引擎的問題是，它們因為不同的技術與工程限制，無法將燃料完全燃燒。因此，由車輛產生的髒污也混合了許多各異的複雜污染物質，這應該滿好理解的。假如你是一個小孩，被綁在排氣管高度的嬰兒推車裡、於北京或馬德里的街上移動，那你就會吸入空污科學家稱為「隱形殺手」的東西──含有粒狀物、一氧化碳、氮氧化物與臭氧的致命現代混合物。[25]

那這些東西是從哪來的呢？較精細的（PM2.5）懸浮微粒（大多）來自柴油引擎排氣管所排放出來的煙粒。但我們常忽略的一點是，如銻等有毒重金屬及其他較粗的顆粒也會因為車體磨損而產生，包括煞車與輪胎逐漸分解的過程，或是當汽車、卡車和公車在路上呼嘯而過時一路摩擦，刮下道路表面（這一點很重

要，我們稍後會再回過頭來討論）。至於氮氧化物，是由空氣中兩大主要氣體（即氮氣和氧氣）以不同比例交參而成的化合物。其中大多為一氧化氮（NO），再被空氣中的氧氣轉化為二氧化氮（NO_2），會對肺部造成刺激。根據歐洲執委會（European Commission）的資料，二氧化氮在歐洲每年造成 7 萬 1000 起早逝案例，相當於交通意外致死事件的三倍（義大利的紀錄最糟，約有 2 萬 1000 起早逝案例，其後為英國的 1 萬 2000 起及德國的 1 萬起）。此外，歐洲環境署（European Environment Agency）指出，在現實世界中，典型的柴油車所產生的氮氧化物量約為規格相當的汽油車的**十倍**。接著，二氧化氮於大氣中被轉化為酸雨（如同我們之後在第九章會探討到的，酸雨會導致森林死亡並毒害湖泊）及臭氧（O_3），光在歐洲，每年就會造成另外 1 萬 7000 人提早辭世，在美國則約為 5000 人。[26]

試算一下，讓我們將每個內燃引擎的不完美，乘以任選城鎮、都市或國家內這些不完美引擎的總數量，就會得到與整顆星球同等規模的問題。麻省理工學院於 2013 年做了一項研究，發現在美國境內的二氧化氮污染當中，道路交通造成其中 39％——超過發電廠的兩倍，更比工廠多出十倍。在英國國會環境專責委員會（Environment Select Committee）最近一次探討這項議題時，他們總結道，道路交通是「兩大危害程度最高、散佈範圍最廣之空氣污染來源——氮氧化物（NOx）及懸浮顆粒（PM）——的單一最大貢獻者……〔並造成〕英國 42％的一氧化碳、46％的氮氧化物，以及 26％的懸浮顆粒」。而最近人們開始改用體積更大、更為笨重、但空氣動力學較差的汽車，讓情況變得更加惡化。根據環保團體塞拉俱樂部（Sierra Club）調查，相較於一般車型，運

動型多功能休旅車（SUV）所製造的空氣污染多了 47%，且產生的溫室氣體也多出 43%。[27]

不過，你現在可能還是會想說，那又怎樣？我們不會就這樣大家都窒息致死，對吧？這個嘛，事實上，任何類型「來自地獄」的燃燒**全部**都跟早逝有恐怖的相關性。麻省理工學院的史蒂芬·巴雷特（Steven Barrett）及同事於其研究中計算，光是在美國，源於道路交通的污染就造成每年 5 萬 8,000 人早逝（相較之下，有 5 萬 2,000 筆早逝案例源自於發電、4 萬 1,000 筆則是工業）。而在英國那邊，我們相信交通排放量一年會導致 7500 人早逝（比發電多三倍、比工業多九倍）。此外，這幾位深具影響力的研究員更總結道，空氣污染會為人們帶來雙重打擊——假如空污決定要奪取你的性命，你的生命會提早大概 10 年的時間終結。[28]

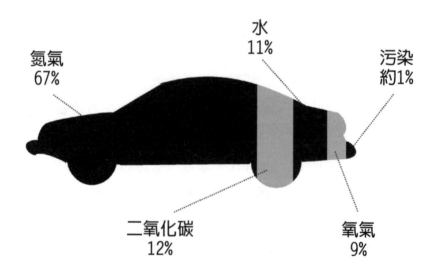

氮氣
67%

水
11%

污染
約1%

二氧化碳
12%

氧氣
9%

圖 27 柴油廢氣含有什麼成分？你可能會訝異，一般柴油廢氣裡只有 1% 是真正的空氣污染。那 1% 中的大多成分為一氧化碳、碳氫化合物、氮氧化物、二氧化硫與粒狀物。資料取自雷希多路（Ibrahim Aslan Re ito lu）等人於 2015 年 1 月之研究。[29]

車內安全嗎？

如果你住在一個被霧霾籠罩的城市裡，或許你會想「盡一份心力」，做出一些改變。把上班的交通方式從開車換成騎腳踏車、跑步或走路如何？你的第一個念頭可能是：「沒那麼快啦！那些污染還在耶？」這倒是真的。根據馬爾寇·泰尼奧博士（Marko Tainio）及其同事近期的研究顯示，目前世界上至少有 15 座城市，只要你在當地做了短短 30 分鐘的劇烈戶外運動，就會加速有毒污染物流入體內的速度，對你的健康造成實質的傷害。幸好，這幾位研究員的結論是，在絕大多數的地方，包括紐約市等首都，「即便你進行的是強度極高的移動式運動，〔體能活動〕的益處目前仍超越空氣污染所帶來的風險」（不管你在哪，都要記得審慎挑選運動地點及時間，將風險降至最低）。[30]

儘管如此，就像人們對交通有錯誤的恐懼，而讓更多父母開車接送小孩上下學，這類恐怖故事讓路上的車變得愈來愈多，使原本的惡性循環愈演愈烈。當我們聽到騎單車或走路的通勤族最後乾脆放棄，又把自己關回車上時，其實一點也不意外——雖然我們原本應該要鼓勵他們啊，他們才是盡了最大努力淨化我們骯髒城市的人。然而，躲回車上的作法可能是一大錯誤。因為即使你車窗始終緊閉，當你駝在方向盤後面、於車陣中龜速前進時，你的處境跟「安全」可差得遠了。

事實上，污染可能會被困於車內（尤其是保養不佳的車），並隨著時間逐漸累積。因此相較於在車子旁邊騎單車或走路，開車本身可能會讓你陷於更大的危害之中。當汽車駕駛和乘客整個人貼到前方卡車或公車的排氣管上時（誇飾說法啦），他們所吸

入的污染濃度有時甚至會比在車外吸到的高出許多。車內的污染有高達一半的量來自前方車輛。那如果你剛好開在一輛骯髒的柴油公車排放的廢氣裡，而不是相對乾淨的油電混合車或電動車，問題顯然就會更大。倫敦國王學院的班・巴拉特博士（Ben Barratt）曾做過一項創意十足的研究，將救護車駕駛員及單車快遞員所接觸到的空污量互相比較，希望找出誰的暴露量較多。結果出乎意料：被困在車子裡的那位駕駛，在她努力替他人爭取時間、逃過死劫的過程中，她的肺部一連好幾個小時都在吸收污染，比她的對照組更快速地邁向死亡。其他研究員將「煙霧車」（一台裝有採樣設備的小廂型車，我們在第一章裡有稍微提過）開上繁忙的高速公路，將車內與車外的空氣品質加以比較，也發現相符的結果：車內的二氧化氮濃度高出 21％，有時候甚至幾乎是法規允許濃度上限的兩倍之高。不過，不同類型的污染也會導向不同結果。有一些研究就曾指出，比起汽車駕駛（尤其是車窗緊閉者）或公車、火車乘客，在戶外氣喘吁吁地伸展肌肉的行人與單車騎士有更高機率會遭受粒狀物的危害。[31]

不論是車外或車內，重要的不只是你在車陣中待了**多久**，車陣移動的方式也會有所影響。如果你遇到很多紅綠燈和圓環，必須走走停停，那毫不意外地，你的肺部所吸入的污染就會顯著增加。你可能只在紅綠燈花了 2％ 的行車時間，但在等紅綠燈時所吸入的污染會佔據吸收總量的 25％。此外，研究顯示，相較於駕駛在順暢的車陣之中，當你一邊敲打手指、一邊等待燈號轉變時，被你的鼻子吸進去的大顆粒狀物（PM10）會多出 40％，更細微的顆粒（PM2.5）則會多出 16％。不過，儘管這些研究看起來很嚇人，它們仍然只能算是牽強的一次性實驗。我們無法真正得知

救護車駕駛員、單車快遞員、貨車或計程車司機、都市通勤族或任何其他人，究竟在週復一週、年復一年、旬復一旬的時間裡累積吸入多少污染——從來沒有人做過這種研究。[33]

對機車騎士而言，以上這些好像都沒什麼好驚訝的，也不太會影響到他們究竟是否要騎車。隨著我們的車在同一時間裡呼出並吸入污染，我們可能會心存一種偏頗的態度——你可能會因為前面那台車感到煩惱，但在你後面的車呢？這種問題並不只是在面對污染時才會出現，我們在處理多數的環境議題時都非常自相矛盾；即便因果其實都是我們的責任，但我們卻無法將因連上果。我們常會覺得，污染永遠都是別人造成的。

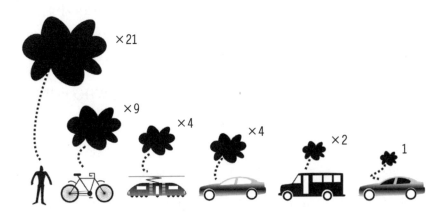

圖 28 就同一趟路程而論，「主動」通勤族（步行及騎單車者）所吸入的有害粒狀物多過「被動」通勤族（汽車駕駛或公車、火車乘客）。圖中數值以關窗的汽車駕駛為基準（吸入量最少），顯示行人、單車騎士、輕軌乘客、未關窗的汽車駕駛，以及公車乘客所吸入的粒狀物質相對數量。資料取自羅伯特·查尼（Robert Chaney）等人於 2017 年的研究，將數值四捨五入製圖。[32]

計程車司機就是一個很好的例子。英國城市里茲的人口看似很多，污染問題也相當嚴重，而當地的計程車司機曾大聲疾呼地反對政府推行每日壅塞收費的計畫，因為雖然該計畫可能會讓交

通污染大幅減少，但（他們怕）也會大砍他們的生計。當地計程車協會的顧問賈維德‧阿克塔爾（Javaid Akhtar）告訴《約克郡晚報》（Yorkshire Evening Post）：「一方面，我們當然在乎健康議題，但另一方面，我們也必須為那些試圖以職業司機身分維生的普通人著想。」[34]

　　但那些司機本身所面臨到的健康風險呢？他們似乎沒有想到這個議題。一般而言，不會有人跟計程車司機提及污染，要不然就是他們不關心，或兩者皆是。一份關於紐約市計程車司機的研究發現，他們對於這項議題的意識「有限」，只有 56% 的人認為自己比非司機者面臨更大的風險。這件事很嚇人，因為根據計程車內的空氣品質測量發現，人們只要在車內待滿 24 小時，其所接觸的粒狀物數量就會有可能會超過安全上限。綠色和平組織曾在北京進行一項研究，發現計程車司機所接觸的有害懸浮微粒（PM2.5）濃度為一般中國人民的三倍，同時也是 WHO 準則的五倍。[35]

　　全職司機未來會不會被現實敲醒呢？研究員已經花了至少 20 年的時間向世人警示這項問題了，但效果甚微。早在 2000 年時，一項針對巴黎計程車司機的醫學研究便發現，他們「高度暴露於汽車污染物質之中」，至今亦然。可惜的是，計程車司機向來沒有什麼遠見——回溯至 1801 年，駕駛馬車的計程車司機在理查‧崔維希克開著他的「噴霧魔王」經過時，朝他猛丟高麗菜菜根、腐壞的雞蛋和洋蔥。不過，這個問題並不難解決。舉例來說，隨著全世界的目光因為 2008 年奧運而緊盯著北京，當地政府將該國的空污控制措施繃得更緊。中國的計程車司機也發現，比起平時，他們所吸入的 PM2.5 懸浮微粒量明顯減少。而「污染對於職

業司機的影響」這項議題，雖然來遲了，但看起來確實也成功讓更多人因此意識抬頭。英國於 2017 年 6 月首次舉行國家空氣清潔日的活動，也促使一群司機發起「空氣清潔計程車隊」（Cabbies for Clean Air），強調都會交通污染議題、愈來愈多人以規範較為寬鬆的 Uber 取代計程車的問題，以及無法負擔環保車輛的現實討論。[36]

〰️ 原地踏步

從蒸汽引擎和核能，再一路到網路，我們這些影響力最深遠的科技在解決舊問題時也衍生出新的問題，而這項事實讓人著實感到非常不舒服。如果要我們相信明天的發明將能夠把今天我們所製造的混亂掃除一空，這種想法或許誘人，卻不符邏輯。那些引頸期盼電動車將帶來充滿希望與光明視野的人請務必記住，「零排放車輛」（ZEVs）這個稱呼其實用詞不當。假如驅動那些車的電力來自傳統的化石燃料發電廠（目前有三分之二的電力正是如此），還是會造成空氣污染，因為那些發電廠仍會產生**大量**粒狀物污染啊。生產電動車的笨重電池需要耗上許多能源，還會造成各種環境破壞，這都是我們出於投機而忽視的問題；而一輛典型的電池電動車，必須行駛高達 12 萬 5,000 公里（8 萬英里）的里程數，才能在二氧化碳排放量一事上與柴油車達成平手。[37]

很有趣卻又有點令人沮喪的一點是，即便所有機車、汽車、公車和卡車皆為純電力驅動，交通造成的空氣污染仍然會是一大公衛問題，正如西班牙研究員弗維歐・亞瑪多（Fulvio Amato）及其同事於最近一本著作裡所闡明。事實上，亞瑪多等人發現，

這些車輛藉由煞車與輪胎磨損、道路表層損耗，以及揚起路面上既有塵土等方式，所產生的大顆粒狀塵（PM10）至少與車輛廢氣所帶來的量相當，而懸浮微粒（PM2.5）的量值也約為廢氣中總量的三分之一。此外，隨著車輪緩慢瓦解，落在道路上的廢橡膠量也十分驚人。例如在美國，每輛車每年產生的橡膠量平均可達 6.8 公斤（15 磅）。世界衛生組織空氣污染顧問、伯明罕大學（Birmingham University）教授羅伊・哈里森（Roy Harrison）表示，在未來短短幾年間，交通活動產生的所有粒狀物質當中，由車輛排氣管而來的佔比只會有 10％。[38]

這類隱形排放也能套用到電動車上，有時候甚至更嚴重，因為若跟條件相當的化石燃料汽車相比，目前電動車的車型重量多出 30％，而且煞車力道需要重上許多，也就會迸出更多塵埃。另一位車輛污染專家法蘭克・凱利教授（Frank Kelly）近日於《衛報》（Guardian）刊登一篇文章，論道：「我們的城市不只需要更乾淨的車，而是需要少一點車……改用電動車所能減少的粒狀物質並不夠。」不像廢氣，這類排放物完全不受控管或規範，勢必會成為未來的一大問題。[39]

假設——就只是假設——我們也有辦法以再生與渦電流煞車（以電磁方式、無接觸地使輪胎降速，取代傳統汽車所使用的摩擦煞車片）等科技來控制這些非廢氣排放物，那最後當全世界都坐在電動車上來回穿梭時，我們是否有辦法自在呼吸呢？不見得。事實上，只要有車，就不可能逃過污染。就算引擎安靜無聲、車子動也不動，就算在這些無馬馬車離開展示間、開始行駛第一公分以前，你仍然處於「龐大的」風險之中。

你有沒有過這種經驗：在你家前院猛地拉開車門，然後吸

入一股新車的迷人氣味？那股味道或許讓你神魂顛倒，但它同時也是一種致命的污染。安娜堡生態中心（Ann Arbor Ecology Center）曾針對新車內的化學物質進行研究，發現了一系列「罪犯照片集」，包括300種塑膠、乙烯基塑料、泡沫、黏著劑、阻燃劑及溶劑，其中更有許多屬於有毒揮發性有機化合物、已知致癌物，亦或具備其他對健康有害的效果。一群波蘭研究員在剛出生產線的汽車採樣車內空氣樣本並測量，發現類似的東西——一團令人震驚、混有250種不同揮發性有機化合物的「雞尾酒」。這些化學物質碰到陽光會大肆解放，伴著你在空中看到的塵埃一同起舞，而當你打開車門時，它們就會填滿你的肺。不過，其中有些物質還算滿無害的，而且要證明車內化學物質會直接危害我們的健康也是非常困難的一件事，雖然它們確實會以其他方式對我們造成影響。美國喜劇演員麗塔・魯德納（Rita Rudner）曾開過一個玩笑，說她能噴一些叫做「新車內裝」的香水來吸引男人；事實上，同一招套用在買家身上也一樣有效。有一些專攻環境擴香的行銷公司一直為不同廠商構思幽微的香水，讓他們能透過冷氣管線將香味默默散佈到精心設計的產品展示間裡。你甚至能買到名為「新車」的空氣清新劑，讓你那台歷盡滄桑的老爺車聞起來好像又變乾淨了。[40]

不管是新車或舊車，只要是車都會製造污染，就連你小時候玩的玩具車也一樣。當我在研究這個章節的主題時，偶然發現一篇鮮有人知的醫學論文，什麼不研究、竟然在探討玩具車的排放污染。玩具車也會帶來污染？如果是電動車的話，那答案就是會。如果你以前有玩過電動火車組的話，那你或許還記得那些碳刷（緊壓在電動馬達上、狀似鉛筆芯的接點），尤其當你靠很近的時候，

就會聞到一股讓人頭暈目眩的味道——那就是粒狀物污染。那些裝有小型電動馬達的玩具車跟真正電動車的污染方式差不多，也會因為耗損而製造「玩具等級」的污染量（比烹煮或抽菸少，但仍有相當程度的份量）。而其中大多為銅排放（一樣來自行進中的馬達），摻有一些能讓測量數值顯得可觀的有機污染物。[41]

沒有什麼東西比擬真玩具更受孩子喜愛了，我們大可以為他們從小培養污染技能嘛。

咳，測試測試

火車耗損

並不是所有現代污染都看得到、聞得到或嚐得到。甚至只要你幸運一點，當你拿著空氣偵測器、在現代都市市中心步行區晃一晃，可能都測量不太到任何東西。我挑了幾個不同的日子，到英國數一數二繁忙的城市——伯明罕——的街上走走，想要捕獲交通污染，但卻完全失敗。

不過，如果你的目標是火車的話，故事的發展就會截然不同。新街站（New Street Station）是伯明罕的大站，位在一處狹小、陰暗的地下通道裡，也是全歐洲數一數二繁忙的車站，每天共計有 600 輛柴油火車在服務 25 萬名乘客。如果我沒記錯的話，它同時也名列最髒車站之中。

但有多髒呢？我知道有一群伯明罕大學的研究員最近做了一項研究，發現這座車站裡的二氧化氮和粒狀物濃度「非常高，而且大幅超出」合法上限。而我用「Plume Flow」偵測器所進行的非正式測量也得出一模一樣的結果。我剛走進車站時，偵測器的污染顯示器閃著橘燈（中等），燈號接著變紅

（高），最後變紫（非常高）。當我坐上煙霧瀰漫的火車、搭著火車回家（程度較輕）時，我的肺在半小時內，就享受到 WHO 針對一小時所訂定的髒污上限。當然啦，搭乘大眾運輸工具勢必對環境有所幫助，但對你自身的健康而言，就不一定會有任何助益了。如果我是個通勤族，每天都必須經歷這趟路程兩遍，那我會滿擔心的。[42]

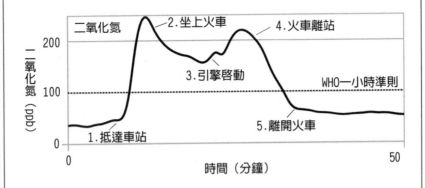

圖 29 圖中，y 軸表示二氧化氮濃度，單位為十億分率（ppb）；x 軸表示時間，單位為分鐘。

■ 怎麼辦？

世界上沒有乾淨空氣這種東西，我們也無法逃過車輛污染。如果你住在紐約或馬德里等大城市卻不開車，是個無私的單車族，或是樸實無華的大眾運輸的忠實愛用者，你可能會很厭惡那些由「自私開車族」引起的窒息感就這樣強加在你身上。但那些力挺開車的遊說團體，就如同美國那群具備政治手腕、支持槍枝的團體（經常大聲疾呼的少數群體，專門扭曲那些不太會明確表達意見的大眾的溫和立場），在政界也大有人脈，非常擅於說服政府：世界應該繼續繞著汽車文化運轉。1987 年，雷根總統於布蘭登堡

門（Brandenburg Gate）發表著名的「推倒這堵牆」（Tear Down this Wall）演說，大讚德國人擁有「豐足的糧食、衣物與汽車——這些美好的物品」。而他朋友——英國首相柴契爾夫人（Margaret Thatcher）——是 1980 年代的另一位風雲人物，也曾談到「偉大的汽車經濟」來辯護「繼羅馬時期以來最大規模的闢路計畫」。不過，這些四輪工具老早就跟那種花言巧語脫鉤了；簡單來說，人們的態度轉變，硬生生的統計數據也不再支持那種主張。[43]

雖然如果把全世界的數據平均來看，汽車擁有率仍在持續攀升，但當我們深究不同國家、不同洲、不同人口群體的統計數據時，我們會開始發現與之大相徑庭的現象——許多人好像不再愛車了。在美國，汽車擁有率於 2005 年至 2015 年之間整體下降了 15%，令人感到不可思議；在歐洲與日本基本上沒有變化，而真正大幅增加的地方只有亞洲（尤其是中國、印度及印尼）和拉丁美洲。[44]

我們除了愈來愈少買車，對於開車這件事的興趣也降低了。英國便是一個典型的例子——在其總計 6,560 萬人口當中，約有 3,990 多萬名英國人持有正式駕照，所以換句話說，每十人當中只有六人「擁有」駕照（含旅居海外者），但例行駕駛的人卻遠低於這個比例。很多有駕照的人是單純無法使用駕照（包括沒有車、住院或坐牢、年長或健康狀況不允許等），另外也有很多人沒在用駕照或僅偶爾使用（例如在倫敦，只有 39% 的成人同時擁有汽車與駕照，卻有 60% 只擁有其中一項或兩者皆無）。有些**真的**有在開車的人，不會主動選擇開車，而是僅在必要時駕駛。但假如有可行的替代方案，有多少人會樂意拋棄他們的車呢？不知道，因為資助交通運輸調查的政府部門與偉大的汽車經濟關係匪淺，

從未問過這道引導性問題。當然，更重要的是，即使是在那 70%會例行性開車的人口當中，也只有非常少數人會整天都坐在駕駛座位上。在英國，大多數人開車通勤的距離低於 16 公里（10 英里），而在美國，人們的通勤時間平均為 25.4 分鐘。簡言之，相較於我們常被導往的方向，開車這件事在我們生活中所佔據的比例其實比我們認為的還要少很多。[45]

我們也知道不同人口群體之間的差異十分顯著。一樣來看英國，開車族群不包括孩童，只有很少數非常年長者仍在開車，而較為窮困的家庭（及非白人家庭）更不可能擁有汽車。此外，在幾乎所有年齡群體當中（介於 17 歲至 106 歲之間），持有駕照的男性人數超過女性至少 10%。雖然持有駕照的人數於 1970 年代中葉至 2010 年代中葉確實整體大幅成長，但自 1990 年代中葉起，男性群體的成長就微乎其微或甚至沒有成長了。事實上，在 40 歲以下的所有年齡群體裡，如今擁有駕照的男性人口皆比 1970 年代來得更少。即便是在耗油量應該很大的美國，汽車駕照的發照數都正在穩定減少。根據邁可·席瓦克（Michael Sivak）和布蘭登·薛透（Brandon Schoettle）於 2016 年進行的一項研究，近幾年內，幾乎所有年齡層的持有駕照人數都呈現下降趨勢，減少幅度從 5%（介於 40 至 54 歲）、最多到 47%（16 歲）都有。唯有較年長群體（55 歲以上）的開車人數有所增加，所以，亨特·湯普森（Hunter S. Thompson）或許是對的——他曾寫道：「老象一瘸一拐地走向山丘、準備死去，美國老人跑到高速公路上，用大車載自己駛向死亡。」不過開車這件事退流行的原因其實不明。舉凡「入門成本」高、能夠避免外出的科技使用率不斷提升、愈來愈多人對道路安全感到擔憂、大眾運輸進步（包括智慧型手機

應用程式的即時路程規劃），以及道路壅塞情況惡化等，全都可能具有影響。[46]

可是平心而論，我們也別忘了，就連不開車的人其實也都仰賴著有在開車的人。非駕車族會搭乘公車、計程車和 Uber，賴以維生的食物也是藉由卡車來會運輸，同時享受著 Amazon 的宅配運送到府服務。當你安全舒適地待在家裡時，以上這些事都必須靠別人在路上奔波才能達成。不過，如果我們把非開車族想成極小群的環保魔人，跟我們毫不相干，那也一樣不公平。因為在他們享受集體駕車經濟的好處時，也同樣分擔了那些對他們毫無益處的自私駕車行為所帶來的成本。假如你的孩子努力地走路、騎腳踏車或自己搭公車去學校，那他們就會被其他那些堅持要開柴油休旅車的家長直接「傷害」，完全得不到任何一點好處。假如我們真的想要把現代城鎮與都市的空氣弄乾淨，非開車族（在某些人口群體中佔了百分之百的人數）就必須要像 20 世紀晚期的那些非吸菸族一樣，開始懂得如何在政治上清楚表達他們的利益。

數以百萬計的死亡與壽命減短事件；鉛中毒所帶來的長遠陰影；愈來愈多證據指出的氣喘、失智症等臨床問題與周遭環境空氣中化學物質的相關性；隨著都市變得愈來愈壅擠而愈來愈惡化的污染，而交通污染更是一項現正上演的悲劇，在亞洲或其他汽車擁有率持續飆高的地方勢必會變得更嚴重。以上這些聽起來都像是人類跟惡魔所達成的協議，為了「偉大的汽車經濟」，這就是我們所付出的合理代價。但我們沒理由要讓這些情況在未來還持續發生吧？環保主義者已經花了 40 年的時間大聲嚷嚷著「油峰」（peak oil）——也就是那些搬弄是非的言論，說我們像是在喝乾空的牛奶盒一樣，正在榨乾地球上最後一點石油供量。但有

鑒於全球性的死亡與慢性疾病案例、舉世皆髒的都市化發展、定期性爆發的石油戰爭，以及人們對於開車逐漸失去興趣等現象，或許來談談「車峰」還更合適。是時候該把清新空氣、乾淨城市與都會健康，設為我們的出發點了。或許讓承受「汽車之難」的對象變得不再是社會，而是汽車本身吧！

第 6 章

中國製造？
Made in China ?

我們如何將污染出口海外以淨化自家空氣

　　當聖誕老公公在 21 世紀進城時，他會把他的馬拉雪橇換成更適合這個將近 80 億人口的世界的東西——一艘長達 400 公尺（1,300 英尺）的貨櫃船（比波音 747 還長五倍）。對西方國家而言，在每年準備要過聖誕節的時刻，迎接至少一艘這種裝載 16 萬 5,000 噸中國製禮物的大型船隻已經成為一種儀式。船上有 1 萬 8,000 台卡車大小的貨櫃、疊了 10 到 12 層之高，而其中任何一櫃都能夠裝得下 4 萬顆蓄電池或 1 萬 3,000 台 iPhone 手機；全部加總起來更是大到足以運輸 10 億罐焗豆罐頭或 3 萬 6,000 輛汽車至地球另一端。[1]

　　在這個全球化的世界，臃腫的貨櫃船是一目了然的證明，沒有什麼比它更能例證人們龐大的消費活動了。全世界的年零售銷售額幾近 30 兆美元，而我們只需要這個數字，就能證明自己是為了消費而活的。不過，我們所買、所用並丟掉的所有東西，其附帶的環境成本——猛吐髒污的工廠、停滯而發臭的河流，以及那些應該是為了脫離貧窮而擠入血汗工廠、一張張悲慘的亞洲臉孔，姑且就不提現正倒數的氣候變遷定時炸彈了——這些都沒有標價。我們被品牌所迷惑、被它們能夠立刻帶來魅力的能力所

引誘，卻沒想到這一切的背後可能隱藏某些代價，更別提為我們付出代價的可能是其他人——我指的正是那些住在開發中國家的人，他們在「他們」的工廠裡製作著「我們」的東西。只要我們能夠回收、將包裝重複利用（這算是相對近期的想法，但人們並不排斥），一切就沒事。沒有髒兮兮的工廠、沒有吐出烏煙的發電廠，眼前所見的只有太陽能發電廠和風力發電機。[2]

這幅畫面有什麼問題嗎？這個嘛，我們把自己的污染變成別人的問題了。相較於那個黑暗的、天空被工廠弄髒的狄更斯時代，我們看起來好像已經把自己的行為變乾淨了，但事實卻大相逕庭。如今，消費與生產分別在地球相對的兩端發生。我們將自己的生產工業「出口」（「外包」）到中國、印度、墨西哥和印尼等地方，把環境問題掃去開發中國家，藏到他們的地毯下，變得眼不見為淨。

淨化我們的行為？

「親愛的，我把污染縮小了！」為政治人物提供了一個好故事。2018 年，有空氣品質檢測公布令人驚豔的數值，發現大多數的污染物質於過去 10 年間減少約四分之一至三分之一的量。結果一出來，紐約市市長白思豪（Bill de Blasio）便迫不及待地誇口揚言：「自工業革命揭開序幕以來，紐約市民從來沒呼吸過這般乾淨的空氣。」多虧 Google，我們很容易就可以發現這種綠色宣言早就被過分熱衷的政治人物、環境監督團體、產業巨頭和輕信謠言的媒體給回收利用很多次了。先前在 2005 年，一份由美國企業研究院（American Enterprise Institute）出版的文章曾提到類似的主張，表示「自工業革命揭開序幕以來，西方城市正享受著史無前例

的乾淨空氣」。如今，全美議會交流理事會（American Legislative Exchange Council；ALEC）依然在其網站上誇耀美國擁有「後工業革命世界數一數二乾淨的空氣與水，不論量度為何皆然」。[3]

以「面值」（face value）而言，這些數據看起來的確很厲害──或許工廠髒污的日子真的已經結束了？現在，在那些仍被我們形容為「工業化」的國家裡，工業對於最根深蒂固的空污形式只貢獻了相較中庸的量（見圖30）。的確，相較於高度工業化國家，開發中國家的粒狀物濃度普遍高了三倍（其中牽涉到各式原因，並非全都跟工業有關）。其中部分解釋正如我們所期待，全世界確實有穩定地變得「比較乾淨、比較綠」。以發電廠為例，美國於 2003 年共有 629 座燃煤發電廠，到了 2018 年下降 47％，只剩 336 座。2007 也才只是不久之前，當時由煤炭產生的電力仍達到美國總電量的一半，但過了 10 年之後，就只剩 30％了。或許，我們真的已經把我們的行為變乾淨了？[4]

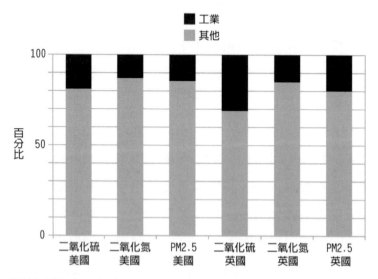

圖 30 相較於其他來源（灰），在美國與英國等國家內，工業（黑）產生的戶外空氣污染相對稀少。不過，這是因為規範良好嗎？還是因為許多污染已經被出口至海外了？資料來源：英國：新農業部（DEFRA）；美國：F. Caiazzo et al./ Atmospheric Environment 79 (2013)。[5]

經濟學家勢必十分樂見我們這樣想。在自由市場經濟典型、精明的分析之中，污染與繁榮兩者密切相關——污染是各國為了獲得經濟繁榮而必須付出的代價，且能讓他們擺脫貧窮，並且（到了最後）能夠在消除污染時絲毫不損繁榮的景況。反正，理論就這那樣。這套理論出自一些倒 U 曲線圖〔專業名稱為「環境庫茲涅茨曲線」（environmental Kuznets curves）〕，它們紀錄了工業革命至 20 世紀中葉之間，歐洲和美國等地區飆高的二氧化硫排放量（即驅動我們的工業化發展的蒸汽引擎和發電廠所嘔出的氣體），一直到近幾十年驟然減少。至於世界上開發程度較低的地方，同一張圖的進度至少延遲一世紀——在亞洲和非洲，二氧化硫排放量仍持續直線上升。但經濟學家迫不急待地跟我們保證，這只是暫時性問題；很快地，開發中國家也會跟著我們其他人的腳步，踏上「綠」磚道路，邁向乾淨的「永續發展」。當他們將「生產」換成「消費」、把「商品」改為「服務」，他們也可以擁有無污染的繁榮。但真的可以嗎？**這幅畫面有什麼問題？**這個嘛，總得有人去做骯髒的工作啊。[6]

　　依現況而論，答案仍然握在全球化手中。姑且不論品牌建立與行銷等細微的文化差異，在當今這個一鍵購物、即時遞送的世界裡，各國根本沒必要設立跨國企業。他們可以在世界上任何最便宜的地方製造東西、在任何可以減最多稅的領土繳稅，並在網路上販售商品，據點就在某個透過 DHL 和 UPS 等服務，就能在一、兩天內將貨物運至別國的國家。對他們來說，地理位置完全不重要。

　　舉福特汽車為例，它是個典型的美國公司，於 1903 年創立於美國當地。它以知名的 Model T 車款成為以生產線大量製造的

先驅，並於 1913 年開啟第一座海外廠（於英國曼徹斯特）。過了一世紀多之後，它已經在超過 200 個國家（幾乎遍佈全世界了）設置 77 座工廠及辦公室據點。近幾年，像通用汽車、豐田（Toyota）、本田（Honda）、寶馬（BMW）和福斯等也將大量的汽車生產線搬離美國，移往墨西哥和中國。回顧至 1920 年代，福特的 Model T 百分之百「美國製造」，而且或許就來自他們公司位於密西根迪爾伯恩、佔地 800 公頃（2,000 畝）的紅河廠區。那裡曾一度為世界上整合最完善的廠區，傲擁自己的燃煤發電站、鼓風爐、煉鋼廠及玻璃製造廠。然而，一世紀之後，雖然美國福特的 Focus 車款仍舊是在密西根製造的，但其零件只有 40％來自美國，另外有 26％來自墨西哥，其餘則來自世界其他地方〔許多運動型車款的情況更糟，例如通用汽車的別克（Buick）Envision 車款，只有 2％的零星零件來自美國〕。[7]

所以說，當我們在談空氣污染等議題時，拿 19 世紀晚期的全國排放量來跟 21 世紀初比較一點也說不通──以前，像福特這些公司的大部分據點都位於單一國家境內，但現在已經沒有人完全被綁定在某個地方了。那些國家和公司都已經不再能同日而語，這種拿雞跟鴨比較的說法因此崩解，前述顯示排放量下降的圖表其實是一種誤導。如果紐約客開著中國製造的車子到處晃，藉由讓中國的城市變得更髒更危險來達成這部分的乾淨成就，那你就不能誇口說紐約自工業革命以來從沒這麼乾淨過──至少如果你摸著良心，事實就是如此。

假如空氣污染不只是個抽象議題，假如我們真的有心想要改善人們的健康、拯救生命，我們必須把整個世界視為一體。現在，我們的消費量並沒有比較少──事實上完全相反。如同我們在上

一章所談到的，一世紀以前，全球的汽車總量大概在 1,000 萬左右，而如今已經躍上 10 億了，數量多了 100 倍。今天的車款或許效能較高，製造過程也更加有效率，並使用鋁材、塑膠等比較輕質的材料。不過，如果你認為它們的總環境足跡不知怎麼地反正就是減少了，如果你覺得——相較於 1,000 萬輛車——10 億輛汽車對地球的影響神奇地來得更好，那就完全是在妄想了。

而我們剛才只討論到車子而已。其他 100 年前尚未存在、但如今搭著「中國製造」運輸容器出現的所有東西呢？我們現在確實擁有效能較好的材料，也有比較環保的發電廠，但當今的地球人口是一個世紀以前的四倍。自 1700 年至 1900 年，地球上平均每人的能源用量（以供伙食、電力與運輸）成長了三倍，在 1900 年至 2000 年之間又再度成長為三倍。如果我們深入探討各家各戶，就會知道原因何在了。根據美國全國住房營建商協會（National Association of Homebuilders）調查指出，美國家庭住屋的平均大小於 1950 年代至 2000 年代之間成長約 2.5 倍。而居住者的消費量更是以往的兩倍。我們的生活規模已經擴展到這種程度了，如果還覺得我們同時能夠在不製造污染的情況下達到這樣的生活，那我也只能說那種想法一點都無法讓人信服。[8]

當我們看到北美的二氧化硫污染圖表，發現其排放量於過去半世紀左右以來已經從 2,650 萬噸減少至 1,179 萬噸時，我們當然可以拍拍自己的肩、滿意地笑一笑。但我們也可以去看一下亞洲的圖表，然後發現在同樣的時間區間裡，同樣污染物的排放量卻從 1950 年的 1,010 萬公噸提高至今天的 5,173 萬公噸。確實，在那些增加量當中，有些顯然源自中國本身財富大量成長的情況。而北美確實也變得乾淨了一些，現在很多製程都變得更加有效率，

這也是真的。可是，就算有這些「資歷」，我們把自己的大量污染轉移至世界其他地方——尤其是中國——卻也是擺在眼前的事實。[9]

⌒ 輪到你了，中國

雖然我們的環境在名為政治的雲霄飛車上經歷了一些顛簸，但相較於以往，大眾對於環保議題的意識也從未像今天這般高漲。政府面臨巨大壓力，必須處理氣候變遷、可再生能源、廢塑料等議題——還有空氣品質。然而，矛盾的是，公眾壓力所達到的效果通常只是空泛的「漂綠」作用，讓人誤以為嚴重的問題已經被適切處理了，但這種現象如果放更長遠來看，卻會妨礙人們找到真正的解法（我在上一章節有提到，我認為這就是柴油門醜聞會發生的原因）。官方數據顯示，我們在減少空污、處理二氧化碳排放、改善回收率上都有所進步，另外還有其他對環境更好的事蹟，但這些數字通常都禁不起更仔細的探究。舉紐約市為例，白思豪那番針對空氣品質的評論從未特別說明：大氣裡二氧化硫之所以大幅減少，是因為人們居家供暖的方式有所改變。事實上，紐約某些地區幾乎就跟世界上所有主要城市一樣，仍有粒狀物、氮氧化物及臭氧等源自交通的污染，這些都是在工業革命之後過了很久才出現的問題。[10]

溫室氣體明顯減少（多以二氧化碳排放為主）通常變成了創意十足的環境會計（按：environmental accounting，旨在評估經濟活動對環境所造成的影響。）案例。根據一些估計數據，中國的二氧化碳排放總量約有四分之一至三分之一源自製造出口商

品的過程，因此那些排放量實在應該算在消費商品的國家頭上。英國便是一個典型的例子——這個世界最初的工業強國公布的官方文件表示，該國 2017 年的二氧化碳排放量約較 1990 年低了40％。但那些搭著貨船進口至英國的貨物呢？它們的排放量卻被記在中國的支出帳目上了。已故的劍橋大學物理學家大衛‧麥凱[8]（David MacKay）教授，於 2009 年受指派為英國能源與氣候變遷部（Department of Energy and Climate Change；DECC）首席科學顧問。當時他便即時指出，英國二氧化碳排放量顯著減少一事，很大一部分其實是「錯覺」。正如 BBC 所報導的，麥凱觀察到：「過去幾十年來，我們的能源足跡已然減少，而其中大多是因為我們把自己的產業出口了。其他國家幫我們製造東西，所以我們才會有調皮搗蛋的中國和印度失控飆升排放量，但那是因為他們現在在幫我們做東西。」他的論點聚焦在溫室氣體排放上，似乎忽略了中國本身國內市場其實也變得愈來愈重要——「他們」也在做他們自己的東西。即使如此，他說得對，中國的總排放量當中，確實有一定的量算是我們的，而這段話也能套用到其他形式的空氣污染上。[11]

最早開始強調這項議題的人包括牛津大學的迪特‧赫爾姆（Dieter Helm）教授，他發現（當時正值 2009 年，他做了一項分析）英國所使用的能源大概有一半（以及其所產製造的碳排放和污染）其實都位於海外——「如果我們把外包的碳排放加回來，

8　大衛‧麥凱在其書著《可持續能源：事實與真相》（*Sustainable Energy Without the Hot Air*）中，提出社會為了處理氣候變遷務必做出的艱難選擇，這將讓後世永遠銘記他的名字。麥凱的書不說「滴水穿石、一點一滴皆有助益」這種老掉牙的環保論述；相反地，凡是跟能源相關的議題，更應該是「洪水穿石」的情況，我們應該做得更多。類似的邏輯也適用於空污的解決方法，例如那些宣稱可以淨化空氣的機器，抑或是植樹計畫。

那英國在過去 20 年間令人讚嘆的減量成績，看起來就不再那麼令人讚嘆了。自 1990 年以來，碳排放量不但沒有下降超過 15％，其實反而提高了 19％左右……無庸置疑地，如果我們把其他歐洲國家與美國的數字重新計算，也會發現類似的狀況。」更近期的分析證實，英國的排放量會顯著減少，有很大一部分是因為「離岸外包」。自 1990 年至 2000 年代中葉，英國宣稱減少的排放量其實都被進口商品所增加的排放量給抵消了（不過在過去十幾年間，英國的排放量確實有所減少，大都多虧了更有效的能源使用，以及穩定轉換至風力等可再生能源的趨勢）。[12]

　　同樣的論述的確能夠套用至其他國家。有兩位服務於美國國家大氣研究中心（US National Center for Atmospheric Research）的科學家曾針對那些數字加以檢視，他們發現假如那些由中國進口的商品改為在美國製造，那美國的二氧化碳排放量便會提高 6％，而中國的排放量則會降低 14％。換句話說，我們不能一味相信官方數據，或是那些不斷被政治人物拿出來說的解釋。而我們最後得出的結論是，如果要處理空氣污染、能源需求，以及氣候變遷這類問題，工程其實比我們以為的浩大許多。過去，我們一直在竄改官方數據，讓我們的成績看起來比實際上做到的來得更好看。[13]

　　麥凱和赫爾姆的論述也在國際科學界得到迴響、達成共識。根據政府間氣候變化專門委員會〔Intergovernmental Panel on Climate Change（IPCC）；由聯合國贊助的國際委員會，成員為研究全球暖化的科學家〕表示，溫室氣體排放量在 21 世紀初期急速增加，光從 2000 年算起，中國與其他成長快速的國家境內的排放量，就已經提高為雙倍。雖然其國內能源使用為主要禍源，但 IPCC 也提

醒：「在製造出口商品與服務的過程中，中等收入國家透過燃燒化石燃料釋放出愈來愈多二氧化碳排放，此情形尤以中高收入國家（例如中國及墨西哥）出口至高收入國家（例如美國及歐洲各國）的案例最為顯著。」截至目前為止，關於氣候變遷的大多討論——像是誰造成最多傷害，所以誰必須採取最多行動——都聚焦在二氧化碳從哪裡**排放**（產生）。然而，愈來愈多科學家與經濟學家開始放眼全球，認知到我們必須去看那些東西最後被**消費**的地方。如此一來，跟製造汽車或鞋子相關的排放就會被算在購買、使用這些東西的國家頭上，而不是製造它們的地方。當我們將焦點放在生產上時，便會高估像是中國這些中等收入國家的排放量，比實際約高出五分之一，並同時低估了美國、歐洲各國等較富裕國家的排放，落差的數值也大抵相當。有趣的是，雖然中國現在所產生的二氧化碳量為美國全國總排放量的兩倍左右，前者的人均排放就只有一半（雖然兩項數值皆仍在快速成長）。[14]

再次強調，這些論述的基礎都是二氧化碳排放，但大致相同的論述也能套用至空氣污染的話題。只要我們特別去看中國及其空氣品質就會很清楚了。中國官方針對國內規模最大的其中約338座城市進行檢測。2010年，約有三分之二的城市被視為受到污染；同年，由於空氣污染而早逝的中國人估計高達120萬名。到了2017年，情況進步了不少，但若將這些城市視為一體，其空氣被記錄為乾淨的天數仍然只有該年的75%（在北京更僅有55%）。雖然空氣污染並沒有被特別列為中國主要致死原因的其中一項，但我們無法確定該國內到底有多少起癌症、心臟疾病、中風等相關死亡案例其實是由長期髒空氣所致（我們在第八章會再回來討論這個話題）。[15]

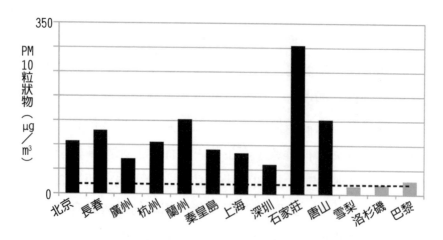

圖 31 相較於世界上其他地區的主要城市（圖中右側灰柱）及 WHO 準則（虛線），
　　　大部分的中國大城市（圖中左側黑柱）受污染的程度依然十分嚴重。圖中所
　　　示的 PM10 粒狀物單位為 μg/m³；資料來源：世界衛生組織環境空污資料庫。

　　我們並不清楚西方消費者導致中國空氣變髒的程度究竟多
高，但過去的確有少數幾項研究曾嘗試估計。根據一支由北京大
學林金泰所率領的國際團隊表示，在該國空氣污染總量當中，來
自生產「中國製造」工廠的污染比例，大致落於 17 ～ 36％的區
間。而在「外國排放」的污染中，僅美國就佔了其中五分之一左
右。[16]

　　那我們該怪誰呢？到底是那些將工廠、職位和污染外包的
企業，還是那些毫無經過思考、以優惠價格搶購牛仔褲和鞋子的
消費者？他們從未停下來思考「他國製」標籤背後的意涵。既然
世界現在已經改變這麼多了，那有沒有什麼值得信賴的替代方案
能夠取代這場遊戲呢？對消費者或生產者而言，全球化有沒有任
何回頭路？假如你是 Gap、H&M、Nike 或其他一百家這種跨國
企業，秉持著不切實際的國際化品牌價值參與競爭──於是你的

產品在標籤以外跟別人基本上沒有差別——但如果哪天「心存倫理道德的消費者」突然開始嚷嚷喊冤、批評生產者，那你該怎麼辦？你會在美國生產你的鞋子、大肆宣揚這件事，然後以較高價格賣給較少人嗎？就算你的消費者遍佈全世界 200 個不同國家也一樣？還是你會繼續將生產線和污染外包至境外？因為你知道，就算你不這麼做，你的競爭者仍會持續外包，然後搶走你的顧客。其實，數字本身似乎就會說話了。根據周悅（Yue Maggie Zhou）與李曉陽的一項研究顯示，於低工資國家製造、進口至美國的商品比例，從 1992 年的 7％ 已經提高至 2009 年的 23％。而在同一時段內，美國製造業所產生的空氣污染降低了 50％。雖然離岸外包並不能完全解釋這個現象，但如果要說這些事件完全毫無關聯，似乎也太沒說服力。[17]

　　另一個值得注意的點是，雖然只要提到外包，我們就會想到中國，但其實，類似的論述也適用於印度、巴西、印尼、墨西哥、越南、柬埔寨、菲律賓，以及許多其他出現在「某某地製」標籤上、遭到西方工廠大舉移入的國家。某方面來說，印度的情況比中國來得更加糟糕，而且他們的結局可能更慘。世界前十大污染城市皆位於印度北部，而比起中國，印度有更多人居住在人口密度高且重度污染的地區。在印度全體人口當中，約有 77％ 的人正在吸入比 WHO 準則高出四倍濃度的有害懸浮微粒（PM2.5）；假如他們能夠符合該準則的建議濃度的話，印度一般民眾的壽命就能延長 4.3 年（住在北方邦和德里等重度污染熱點的人甚至可以多活更多年）。有趣的是，中國位於印度的「下風處」，所以只要印度的空氣變差，中國為了淨化未來所做的任何努力，其成效都有可能被削弱。如果他們不再努力一點改用可再生能源，中國

和印度的成長趨勢所畫出的未來藍圖將會是高度污染的景象。依據國際能源署（International Energy Agency）的《2018 年世界能源展望》（2018 World Energy Outlook）報告：「若欲滿足其不斷提升的需求，中國在 2040 年以前必須擴增其電力基礎建設，規模應相當於美國現今電力系統，而印度須擴增的規模，則應與現今歐洲聯盟相當。」[18]

貧窮或污染？

支持自由貿易的經濟學家可能很快就會跳出來說，中國透過從世界其他地方進口產業，再將廉價商品出口回去，而大有獲益。在 1978 年至 2008 年這完整的 30 年期間，他們經歷了重大的經濟改革，國內生產毛額每年皆創下超過 10％的成長（速度約為美國、英國及世界整體成長的三倍）。這般發展的直接結果就是，中國於聯合國世界發展指數（UN World Development Index；為收入、教育程度及預期壽命等項目的綜合評量）的排名由 108 進步至 72，中國家庭收入提升超過 5％，（依據不同估計）更使大約 2.5 億至 4 億人脫離貧窮。另一方面，於 1978 年至 2001 年之間，中國鄉村地區處於絕對貧窮的人口比例從 41％降到只剩 4.8％，因而讓世界整體貧窮人口也大幅下降。在進行經濟改革以前，中國比較偏向是自給自足的國家，只有 10％的財富來源為進出口貨物。但改革之後，他們於 2005 年所賺得的財富總額當中有幾乎三分之二是來自國際進出口貿易。如今，世人普遍將中國視為「世界經濟引擎」（engine of the world economy；上 Google 查詢這串詞組，會得到 25 萬筆紀錄）。從鋼鐵、棉花、菸草和汽車，到可

再生能源與煤炭，中國主宰了許多世界最重要的產業；而在這些產業裡，美國現在只落在第二名或第三名的位置，在後面氣喘吁吁地追著。[19]

　　毫不意外地，伴隨著這般快速工業化發展的還包括沉重的環境代價。舉例來說，光在 2000 年到 2005 年之間，中國的能源消費就成長了大概 70％；其中 75％的成長來源為燃煤。燃煤意味著要採煤，而後者的代價同樣很高──中國採煤礦工的死亡率約為美國的 37 倍。到了 2002 年，也就是中國主要經濟改革啟動的四分之一世紀過後，中國境內三分之二城市的 PM10 粒狀物質濃度直逼世界衛生組織標準數值的三倍。雖然他們在 1990 年至 2002 年之間已經成功將二氧化硫平均濃度降低 44％，但依然超出他們原先希望在這段時間內成功減少二氧化硫及 PM10 煙粒生產量的目標。[20]

　　如今，中國似乎正在努力大步邁向淨化的目標。他們擁有世界最大規模的太陽能發電廠，其風力發電廠的動力能量比其他所有國家都來得多，同時更是美國的兩倍（雖然若以人均風力動力來計算的話，他們大概只排在世界第 20 名）。他們計畫要在 2020 年以前將 3610 億美元的資金投入可再生能源（過程中能夠創造 1300 萬個綠色職缺）。此外，他們也針對國內製造最多污染的工廠制定了一套嚴謹的程序──現在已經有 8 萬多座工廠因為不符合標準而受到罰款、控告或完全關閉等處罰。[21]

　　即便如此，該國仍有累積已久的有毒「前科」必須擺脫，而且依照其他數據顯示，他們至今對煤炭依然忠誠不渝。光在 21 世紀裡，中國燃煤發電廠的數量就增加為五倍之多，佔目前全球燃煤發電廠總運轉功率的一半，而且在世界上所有正在興建中的新

燃煤廠當中，有三分之一位於中國。正當世界上其他人都在慶祝他們於 2018 年大砍 81 億瓦由落伍的燃煤發電廠產生的骯髒能源時，中國幫倒忙地又把 430 億瓦加回全球帳簿裡，同時還核准了總值 450 億人民幣（66.4 億美元）的全新煤礦坑。這一切都預示著糟糕的空氣品質。根據 2018 年的「全球空氣狀況」（SOGA）報告指出，燃煤仍是中國空氣污染的最主要來源，每年估計造成 37 萬人死亡。而在中國所有與 PM2.5 懸浮微粒相關的死亡案例當中，工業污染源（多仰賴燃煤火力發電）也是其中一項主要死因（約為因 PM2.5 致死總人數的 27%）。[22]

中國完美地演繹了娜歐蜜・克萊恩（Naomi Klein）於她 2014 年暢銷全球的著作《天翻地覆》（*This Changes Everything*）裡提到的一點：「這些政府被迫在貧窮與污染之間做出抉擇，最後都選擇了污染，但他們不應該只有這兩個選項。」既然經濟圈那麼愛把污染描繪成「為了脫離貧窮必須付出的值得代價」，那這邊也要提醒你一項極其重要的事實，空氣污染與水污染常對最貧窮的群體帶來最沉重的打擊。幾年前，一份世界銀行報告曾提到：「環境污染不成比例地重擊中國境內經濟發展較為落後的地區，而那些地區的貧窮人口亦佔比較高……若以人均基礎進行比較，空氣污染對於寧夏、新疆、內蒙古與其他低收入省份所帶來的影響，明顯高過廣東及其他東南方各省等收入較高的省份。」[23]

貧窮和污染從來不缺統計數據，但我們應該相信哪些才對呢？哪些數字才是最重要的？是在中國經濟改革期間，每年因為空污而致死的那 100 萬人？還是成功脫離貧窮的那幾億人？這兩者真的會互相抵銷嗎？如果你是住在西方國家的消費者、穿著中國製造的鞋子邁開步伐，你會因為知道自己出口的錢財讓一些較

窮的人變得稍微有錢而感到心滿意足嗎？還是……你會因為自己或許害了那100萬人死於髒空氣而感到羞愧不安？但更有可能的情況是，你就跟我和其他大多數的人一樣，根本不知道自己造成了什麼環境與社會代價。

　　謝天謝地，有些研究員已經在嘗試要找出答案了。一項精彩的近期研究試著釐清直接由西方國家消費所導致的「中國製造」粒狀物污染到底為中國當地及世界其他地方（因為污染會隨著風傳播）的死亡人數帶來哪些差異。這支由北京清華大學張強所帶領的研究團隊審視了2007年的歷史資料，發現在所有因PM2.5懸浮微粒而致死的345萬人當中，約有22%（76萬2,400人）可歸因於甲地生產、乙地消費的商品與服務。他們又進一步仔細檢視中國的情況，發現該國有10萬8,600起死亡案例，跟那些由西歐、美國消費的中國製造商品相關。另一方面，藉由風力從中國傳播至國外的污染，則造成6萬4,800人早逝。這項研究最引人注目的發現是，相較於那些由空氣遠距散播的污染，國際貿易對人們健康所帶來的影響更為重大。[24]

　　隱藏在這種分析裡的一個陷阱是，我們可能會妄然假設，甲地的某種損失能夠由乙地的另一種收益完美補償，換句話說，就是在玩零和遊戲。降低貧窮究竟是否能夠抵銷污染致死人口？對中國和美國而言，人們是否都認為在中國製造污染比在美國製造來得更好？當我們去思考這些問題時，我們的道德觀或許聽起來有待商榷，但情況其實更加複雜。這種環境、社會、經濟三向平衡的關係，有時候會缺乏最基本的邏輯效度，因為它們在比較的並不是同樣的東西。簡單來說，中國不是美國；中國對煤礦的依賴程度高出許多，他們的工廠效率一向較為低落，而它們對於工

人的防護要求也相對寬鬆。因此，若將生產特定產品的工廠從美國或歐洲外包給中國，比起條件一致、生產同樣產品的西方據點，很有可能會製造出更多污染。

英國新經濟基金會（New Economics Foundation）差不多在10 年前曾做過一項分析，發現中國工廠所產生的二氧化碳排放量約為製造相同產品的歐洲工廠的三倍（而且我們可以斷言還有非常多其他種類的污染）。勞倫斯柏克萊國家研究室（Lawrence Berkeley National Laboratory）也針對煉鋼進行了一項更近期的分析，發現中國每製造 1 噸鋼所排放的二氧化碳量是德國或美國的1.25 倍，更是墨西哥時的兩倍。而這些研究都沒有包含全球化商品運送至世界各地時所衍生的排放量及污染（目前大概佔了全球溫室氣體排放的 5％，且預計將於 20 至 30 年後成長為兩倍或四倍）。[25]

◠◡ 至於空氣之外

當我們將工廠還有讓它們能夠運作的發電廠移到地球的另一端時，我們出口的東西並不只有空氣污染。回溯至 1990 年代初期，綠色和平組織很快便跳出來說，像英國這些國家幾乎不太注重他們在自己國內傾倒的污染，以及——多虧了高聳出眾的大煙囪——那些被他們散佈至國外的污染。針對英國故意不去處理自己大批產出的空氣和水污染，綠色和平為英國冠上一個家喻戶曉的稱號——「歐洲的骯髒鬼」（The Dirty Man of Europe）。大概在同一時間，綠色和平等團體因為另一波新趨勢而開始大肆宣傳「毒性殖民主義」（toxic colonialism）與「垃圾帝國主義」

（garbage imperialism）等概念——那就是，把富有世界的廢棄物丟到較貧困的國家，而這項趨勢至今仍在持續延燒。最近，綠色和平組織將焦點放在中國嚴重的水污染議題，其中也提到部分污染是源自於他們為西方企業代工「中國製造」商品。[26]

中國自 1980 年代晚期起開始迅速推動工業化，重創了該國境內的河川。2000 年代初期，在中國七大流域當中，被評估為不宜人類使用的水質佔了半數多一點的比例，北部工業地區的水質尤其慘不忍睹。2009 年，綠色和平組織將矛頭指向西方國家的消費活動與它們對中國南方珠江三角洲的影響；珠江三角洲是世界上最大的都會地區〔常被暱稱為「世界工廠樓層」（world's factory floor）〕，當時該區域的生產量幾乎佔中國全國的三分之一。中國綠色和平運動的計畫經理陳宇輝（Edward Chan）表示：「全世界消費者使用的『中國製造』產品，是以珠江付出高昂代價所製造。如果我們的採樣結果顯示一般工廠在中國的情況，那表示中國的水有著很大的問題。」[27]

當我們用完那些買來的中國製造衣物跟鞋子、智慧型手機跟電腦、尼龍毛牙刷跟聚氯乙烯（PVC）洗碗槽架之後，我們會怎麼處理它們呢？頗大一部分被我們直接送回它們原本來的地方；有時甚至又搭上一開始幫我們運來這些商品的貨櫃船的「無人」回程航班。雖然有一條國際法叫《巴塞爾公約》（Basel Convention），原意是要阻止有害廢棄物的跨境貿易活動，但工業化國家依然持續將大量垃圾出口至發展中國家，尤其是用過的舊智慧型手機、筆記型電腦，以及其他電子產品。根據聯合國統計，單就電子廢棄物來看，現在地球上每人每年都會製造大概 7 公斤（15 磅）的量。全世界的電子垃圾總重量相當於八座埃及金

字塔，而且其中包含了 1,000 種不同物質，從相對無害的金屬、塑膠及玻璃，到高毒性的鉛、汞和鎘都有。而這些還只是電子廢棄物的部分。[28]

當西方國家在慶祝自己寫下了不起的回收率成績時，開發中國家正苦惱於該怎麼處理全世界穩定累積的垃圾。其中有些垃圾確實是被回收了，但有更多被送入垃圾掩埋場或焚化爐裡，進一步造成土壤、空氣及水質污染。與此同時，開發中國家在面對毒性殖民主義時也變得愈來愈明智，最後終於開始起身反抗。中國於經濟大躍進期間經營一項高獲利副業超過 25 年，也就是進口並幾乎回收了全世界多達一半的塑膠垃圾。不過，他們在 2017 年突然改變策略，禁止許多不同種類的廢棄物進口「以保護中國的環境利益及人民健康」，頓時使世界各地的資源回收計畫陷入混亂。起身表態開始變成一股潮流。在菲律賓，杜特蒂（Rodrigo Duterte）總統堅持，「絕對正確」的加拿大總理特魯多（Justin Trudeau）必須將他們六年前（依據《巴塞爾公約》）非法傾倒於菲律賓的 69 箱貨櫃量的垃圾（應該是要回收的塑膠，但據稱摻有其他家庭廢棄物）拿回去，因此贏得環保界的盛譽。[29]

另一個「漂綠」——環保主義的表面功夫——的例子是，有些從西方國家出口的「自我感覺良好的回收物」抵達開發中國家後，發現其實是無用垃圾，對整個地球或人類根本沒有任何益處。而這種事實在有很多例子——就舉我們西方人突然開始熱衷於電動車的情況為例吧。假如你被「零廢氣排放車款」的論述說服而買了一輛電動車，那你很可能會先賣掉原本那台舊的化石燃料車。那麼，那台舊車會跑去哪呢？如果不是被跟你住在同一個國家的人買去的話，那它就很有可能被出口到烏干達（平均進口車齡超

過 16 年）或肯亞（99%的進口車輛為不符合歐洲、日本或美國等地二手車標準者）那些地方。因此，你換車的舉動其實並沒有真的阻止那輛髒兮兮的舊車繼續在路上跑，反而是將那輛舊車移轉至其他地方，然後再額外加上一台電動車。這就是出口污染的另一個例子。此外，隨著這些車輛透過一些可疑的互連管道出口至非洲，它們在當地港口就會被添滿骯髒劣質的柴油或含鉛汽油，整個情況就變得更加糟糕——這種作法在歐洲等地是絕對無法通過規定標準的。[30]

　　西方國家的發電廠、工廠與垃圾焚化廠之所以能夠比以前產生更少空氣污染，其中一個原因在於它們裝了「洗滌器」，可以將原本會被排入空氣中的烏煙和灰燼攔截下來。乍聽之下，這好像是一項傑出的進步，但別忘了，那些被擋下來的粒狀物質仍得被處理掉。那麼，像是焚化灰燼的那些東西後來怎麼了呢？過去，其中一部分就只是很單純地被運至海外。1986 年 8 月發生了一起特別惡名昭彰的案件。當時，一艘名為「可汗海號」（*Khian Sea*）的船隻由美國費城啟航，裝載了 1 萬 4,000 噸有毒灰燼，被一連串的國家拒絕入境，包括百慕達、多明尼加共和國、荷屬安地列斯群島、幾內亞比索、宏都拉斯、摩洛哥、塞內加爾、新加坡、斯里蘭卡，以及葉門。最後，（據信）那些灰燼被傾倒在海上。任職於加州大學聖塔芭芭拉分校的「毒性殖民主義」專家——大衛・納吉布・佩洛（David Naguib Pellow）教授——形容這起事件為「國際環境種族主義猖獗的例子，隨後也成為全球環境正義運動的前期訓練場」。[31]

　　1992 年《巴塞爾公約》（全名為《控制有害廢棄物越境轉移及其處置巴塞爾公約》）之所以會成形，其動力正是源自於這類

事件。不過，雖然這項協定或許真的成功控制了某些最惡劣的廢棄處置型態，但從我們前面討論到的例子來看，就能清楚發現較富有的國家仍然持續以各種偷偷摸摸的方式將各種污染出口至他國。所以，你真的知道你的所有「回收物」去了哪裡嗎？或者，你最近一次丟掉的電腦最後跑到哪裡去了？我必須很羞愧地說，我真的一點頭緒也沒有。[32]

進口與出口

　　即使中國嘗試退回西方國家的垃圾，但他們無法拒絕與西方國家進行貿易。如前所述，他們官方正在盡己所能地轉向可再生能源，並且史無前例地積極監督水質與空氣品質。他們願意這麼做實在值得慶幸，因為「中國製造」污染的影響範圍遠超出該國本身——事實上，中國也正以各式各樣的途徑，將污染出口至海外。

　　正如我們在前面章節談過的，空氣污染不分國界，它不只會從一地飄到另一地，更會在各大洲之間飄移。雖然西方消費國家將工廠和污染出口至中國，但極其諷刺的是，盛行風又會把部分直接往反方向吹「回」去，飛越至太平洋彼岸。根據一項由中國、美國及英國的科學家共同執行的研究指出，美國西部各地空氣有多達 11% 的煤煙粒狀物和四分之一的硫酸鹽原先是由中國所排放出來的。此外，多虧了那些跟我們的運動鞋、牛仔褲一併於「中國製造」的一氧化碳和氮氧化物，洛杉磯每年都因此多出一天陷於霧霾之中的日子。另一項近期研究也發現，美國西岸之所以會長期面臨有害臭氧污染，其中一個原因便是橫跨太平洋、從中國

飄來的大量臭氧。[33]

　　有些中國出口的污染特別可議。位於中國東北方的河北是污染數一數二嚴重的省份。在全國十大污染城市當中，有七座就位在河北省內——如果你知道光是這地區的鋼鐵產量就多達全美國所生產的兩倍，也就不會感到太過意外了。中國針對淨化河北的長期策略包括將煉鋼廠、玻璃廠及水泥廠遷至海外——非洲、東歐、亞洲其他地方，以及拉丁美洲。換句話說，在進口了世界各地的污染長達幾十年後，他們現在準備要把污染出口出去了。[35]

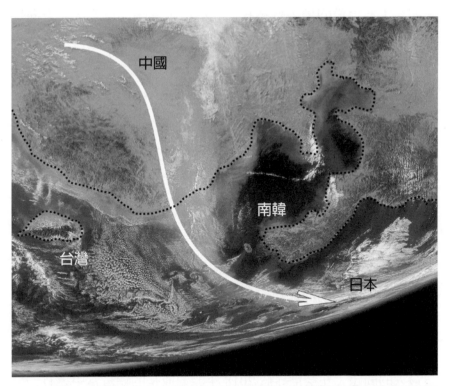

圖 32 中國出口污染的途徑。這張衛星影像取自美國太空總署海洋廣域視野觀測項目
　　（SeaWiFS），你可以在圖中看到一大條帶狀霧霾，由中國東部越過南韓、行
　　經日本，再往外飄向太平洋。圖片來源：美國太空總署。[34]

目前已經有數百萬名中國人民藉由為其他國家製造商品賺錢而脫離貧窮，但他們也只是暫時先把錢存起來，為了以後在更窮困的開發中國家進行長期海外投資做準備。其中的危險之處在於中國實際上可能將污染出口至其他國家。最近，中國－拉丁美洲永續投資計畫（China Latin-America Sustainable Investments Initiative）的寶琳娜·嘉頌（Paulina Garzón）與亞馬遜觀察（Amazon Watch）組織的萊拉·薩拉查－洛佩茲（Leila Salazar-López）於《紐約時報》發表一篇觀點評論。文中指出，中國已經提供 2500 億美元左右的開發貸款給非洲、加勒比海地區及拉丁美洲國家了。可惜的是，雖然我們看得出來中國在自家環保方面投注了不少心力，但根據嘉頌與薩拉查－洛佩茲的說法，這筆投資當中有很大一部分其實是被拿去資助一些環保標準十分可議的計畫，例如開採煤礦、石油，或是建設開速公路。另一方面，光在非洲地區，他們就已經出資興建至少 50 座全新燃煤發電廠，而中國企業目前更紛紛在其他 17 個國家廣建燃煤發電廠。[36]

金盆洗手？

　　由西方遷至東方的產業移轉趨勢仍持續進行中，這也意味著我們前面討論到的問題有可能會在接下來的幾十年內更加惡化。根據預測，世界能源消耗量到了 2040 年時將增加大約三分之一，而其中三分之二會發生在發展迅速的亞洲經濟體身上。中國為今日最大的問題（在全世界於 2018 年能源成長的總量當中，有三分之一發生在中國），但印度有望成為明日更大的問題。儘管中國正在採取一些重要行動以使能源系統達到「去碳化」目標，但他

們的煤炭用量仍等同於世界上其他地方用量的加總。而且他們未來的用量也不會減少太多；可再生能源反而會被拿來供給他們未來絕大部分的**額外**新能源耗量。隨著中國野心勃勃地計劃將自身經濟由產品導向轉為服務導向、將工廠出口至他國，並為海外「骯髒」的基礎建設計畫提供投資資金，我們可以預期中國當前的污染問題勢必也會如實地出口至世界其他地方。[37]

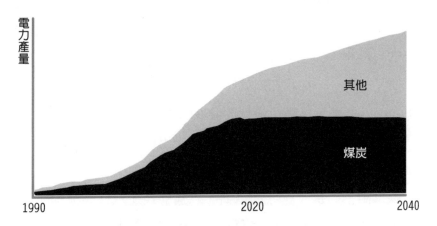

圖 33 煤炭的終結？沒那麼快。2015 年，中國幾乎有四分之三的電力源自燃煤；到了 2040 年，該數值預計將稍微低於原先的一半。不過那並不代表中國的煤炭用量將只剩一半，而是意味著該國大量**額外**能源的主要來源將為可再生能源。我們可以斷言，中國在 2040 年燃燒的煤炭量仍然會跟現今不相上下。資料來源：美國能源資料協會（Energy Information Administration；2017）。[38]

　　像這類由長期全球化危機所帶來的問題，往往是那種將「向下競爭」（按： race to the bottom，指的是將工資、福利、各項控管標準等經濟活動參數皆降低，以求競爭力的作法。類似台灣的「cost down」）經濟優先於社會與環境考量的自由貿易，最終無可避免的結果。要挑出國際貿易體系的荒誕之處實在太簡單了。新經濟基金會便曾提醒道，當英國於同一年內從加拿大進口 47 噸

的吸塵器，卻將 34 噸類似的吸塵器往反方向出口，那麼必須為此來回運輸付出環境代價的只有住在這顆星球的未來世代了。另一方面，那些大聲嚷嚷、支持自由市場的經濟學家甚至經常論道，我們應該更大規模地將全世界的污染出口至開發中國家。哈佛大學前校長羅倫‧桑默斯（Lawrence "Larry" Summers）在出任世界銀行首席經濟師的期間，曾寫下一份惡名昭彰的備忘錄，辯稱道：「將大批有毒廢棄物傾倒於工資最低的國家，這種作法背後的經濟邏輯毫無瑕疵，我們必須正視它……我一向認為，非洲國家被污染的程度根本還不夠；相較於洛杉磯，他們的空氣品質大概非常廉價又差勁……你我知道就好，但世界銀行難道不該鼓勵人們，將更多的骯髒產業移轉至最低度發展的國家嗎？」[39]

隨著這種態度大行其道，空氣污染出口的問題短時間內不可能被處理乾淨。在世界各地散播污染的舉動所引發的道德問題就跟「碳抵銷」一樣（在非洲植樹，以彌補長途飛行等活動所造成的環境破壞）。我們不但沒有為自己所造成的問題負責，反而試圖篡改帳目來隱藏問題（計算生產這些問題的國家的排放量）、把問題掃到別人家的地毯下（將髒兮兮的工廠出口至世界各地），或是用漂綠的方式加以掩飾（強調中國積極投入可再生能源，卻忘了說他們對煤炭的死忠）。對許多環保主義者而言，「永續發展」是一種矛盾，也具有先天性缺陷的妥協，會一如既往地使商業合法化，包括被我們視為理所當然的「中國製造」消費。不過，到頭來，「中國製造」污染根本不是在中國製造的——而是透過我們自身的行動與選擇，在**我們的**心中產生。除非我們好好去處理這件事，否則我們將永遠無法徹底解決開發中國家的空氣污染問題，以及其所導致的那數百萬起死亡案例。

青天思維？

歷經了 30 年孜孜矻矻的經濟革命後，中國的空氣變得多糟糕，基本上是他們的國家機密。2008 年到來的北京奧運順其自然地為此劃下了一個句點。這座城市「遠近馳名」的髒空氣會對體育表現有何影響？此外更重要的是，對世界最頂尖的運動員又會有什麼影響？當世人的目光都移向北京時，中國人投注大量心力使他們的首都變乾淨（包括 —— 講最簡單的 —— 關閉鄰近六省的工廠）。單就奧運進行期間，粒狀物污染就下降了約三分之一，雖然說會有這般進步很大一部分是因為天氣變化推了一把啦。但根據 2009 年發表的研究顯示，當年仍然是史上污染最嚴重的奧運賽事。

儘管他們瘋狂地想要淨化空氣，但卻沒有維持太久。在 2010 年至 2017 年期間，國際媒體仍能找到各種理由在頭條登上「北京」和「空氣末日」（airpocalypse）這兩個詞以各種方式排列組合的標題。接著，2017 年，中國對空氣污染全面宣戰 —— 總理李克強宣誓：「我們會讓我們的天空再次變藍。」同年年底，就連綠色和平組織都因為北京的粒狀物質濃度下降了「54% 這麼一大截」感到驚豔不已，並且指出：「由於污染減少，2017 年，全國約有 16 萬起早逝案例被成功避免。」那是一項很了不起的成就。

所以，是什麼促使這番轉變的呢？懶惰的西方媒體很愛引用美國駐北京使領館以及他們的公開推特（Twitter）帳號「@beijingair」。該帳號自 2008 年起，皆會每小時發佈北京污染程度的原始檢測數據。2010 年，有一次，他們發佈了一則聲名遠播的「糟糕透頂」（Crazy Bad）報告，逗樂了國際大

眾，也讓中國人感到十分丟臉。但說真的，會有這番改變，當然大部分的功勞要歸給中國人民本身的努力，他們並沒有比別人更享受呼吸髒空氣啊。

　　情況能有所轉變有很多背後的原因，包括由上而下及由下而上的努力。首先，中國政府開始採取更嚴苛的法律與更精確的空氣監測，並制裁成千上萬座污染最嚴重的工廠，及推動交通禁令及國家空氣品質計畫。由下而上的草根行動包括社會運動家馬軍所經營的公眾環境研究中心（Institute of Public and Environmental Affairs；IPE）—— 他們自 2006 年起便開始發佈空氣與水污染源的即時數據，如今更與政府機關及外國企業密切合作。如果能找到折衷點 —— 政府與人民之間互相信任，並達成有效雙向合作 —— 那將會是中國打贏這場與污染的長期抗戰的成功關鍵。

　　目前為止，他們的努力真的都有得到應有的回報。2013年至 2017 年之間，在中國主要城市當中有 74 座城市的多數主要污染物質平均濃度下降了四分之一至二分之一。雖然這些進展又因為該國對於煤炭忠誠不渝的仰賴而有所抵扣，但不論如何，這番成績仍舊非常了不起。最近，任職於歐洲執委會及倫敦經濟學院的環保經濟學家托馬斯‧史托克（Thomas Stoerk）分析了中國的淨化進度，並拿去跟後工業革命時代的英國進行比較，發現兩國污染的初始高峰十分雷同。不過英國花了 20 世紀絕大多數的時間才使其污穢空氣的量值（從1900 年左右的高點）大幅下降。但中國於 1980 年達到最高峰之後，卻只花了短短幾十年就認真地猛趕進度，成功再現當初英國的淨化成就。隨著他們投注大量資金以淨化其產業、能源與交通運輸，中國的清澈天空將拯救數百萬條性命。光是這

一點，努力淨化的行動就已經有足夠的正當性了，不過，經濟數據也讓一切變得更加合情合理。中國政府便曾經做過一項估計——若將 2013 年至 2017 年期間為了淨化所付出的成本加總，大約落在 1.75 兆人民幣（1,760 億英鎊）的鉅額，但其中所獲得的收益甚至更加驚人，約為 2 兆人民幣（2,020 億英鎊）。總之，不論怎麼看，中國全新的青天思維確實非常有道理。[40]

第 7 章

室內安全？
Safe indoors?

為什麼室內的空氣污染比戶外還糟

　　安德魯‧馬維爾（按：Andrew Marvell，英國 17 世紀詩人、諷刺作家及政治家。）曾發表一段著名的形容，將墳墓描述為「美好僻靜的地方」，就跟我們多數人心中對於家的理解一樣。而當我們想到空氣污染時，通常腦中浮現的是從大煙囪湧出、或由汽車排氣管噴出的團團烏煙；只要我們把自己關在安全的室內，這些問題就不會對我們造成影響了吧。然而，我們沒有意識到的是，在我們的住所、辦公室、學校、工廠與所有類型的室內空間，**裡面**的污染其實有可能具備同等的致命效果，有時候甚至比戶外更嚴重。全世界因為空氣污染致死的案例中，約有半數其實是由室內髒空氣所導致。大部分尤其是開發中國家居民為了烹煮及供暖而燃燒粗劣的燃料所致。不過，室內空氣污染在世界上較為富有——應該也比較乾淨——的地方，例如北美洲及歐洲，同樣是一大問題。

　　我們來試想一下。除非你的工作場所剛好在戶外，不然你大概有 90％的時間會待在完全密閉的室內環境。那你在裡面會做什麼呢？或許你會窩在燒柴爐旁（室內、外的粒狀物來源），吃著你剛才用瓦斯爐（產生豐富氮氧化物與粒狀物的來源）加熱的食

物。你可能還會穿著襪子在你家幾個月前新鋪好的木地板和地毯上走來走去；它們通常都會「排氣」（釋放出製造過程中攜帶的揮發性有機氣體）。又或許，雖然你朋友一直叨唸、你自己也知道這樣不好，但你還是繼續抽菸——就好像一支小型的個人煙囪，呼出（我們稍後就會討論到）的粒狀物比一台柴油引擎還多。或者，你家的燃氣鍋爐保養得不好，會有值得令人起疑的一氧化碳量外漏？你也可能很熱衷於自己動手做 DIY ？那些塗料、罩光漆、蠟漆和黏膠，全都會散發出讓人頭暈的氣體，也就是有毒的污染。或許你很勤於做家事？家中瀰漫著清潔產品、抗菌噴霧、防蛀劑，甚至還有空氣清新劑，你最好是連呼吸都不要。至於讓你自己保持乾淨這一方面，體香劑、香水、洗衣精、乾洗手液，甚至連你新買的浴簾都是會污染空氣的東西。假如你聞得到一些氣味，然後那個東西又是從工廠製造出來的話，那它就很有機會是一種污染。[1]

　　以全世界來說，不論年齡或性別，家庭空氣污染為第八大死因，接續在高血壓、抽菸及戶外粒狀物污染（名列第六）等項目之後。每年都有 380 萬條性命因為家庭空污導致的各種方式提早結束。正如你所想，這些早逝案例絕大多數與呼吸相關（27％為肺炎、20％為慢性呼吸道疾病，而 8％為肺癌）。至於剩下的部分，27％與心臟疾病相關，另外 18％則是由於中風。令人意外的是，比起飲食習慣不佳、飲用酒精及缺乏運動等其他更常被警告要注意的事情，有毒室內空氣的殺傷力其實更強。據估計，光是在歐洲，有毒室內空氣每年就導致將近 10 萬人提早辭世。但**室內污染的影響究竟為什麼會如此嚴重？**重點在於我們的總暴露量，因此（綜觀全世界），死亡率之所以會這麼高，是因為有太多人

居住在遭受污染的住宅裡（我們之中約有 30 億人會於室內燃燒燃料），且開發中國家等地住宅內污染程度太高（可高達 WHO 準則的 10 至 20 倍），此外，現代人幾乎時時刻刻都待在室內。[2]

說了這麼多，但除了提出那些聽起來很驚人的數據，把所有室內空氣污染的形式混為一談其實對事情不一定有什麼幫助。就讓我們來一一審視其中某些污染類型，稍微深入一點來探討它們的問題。

生火燃料

在這個時代，我們多數人都沒辦法比車子走得更遠，因此「試著穿我的鞋子走個一哩路」的建議——要別人從自己的視角出發、思考事情的慣用語——就變得稍嫌未經思考了。但如果跟你說這句話的人是一位馬賽婦女呢？那你可能會發現自己要走的路已經不只是「一哩」了；你必須走上三至四倍的距離，以便能夠一次取得 45 公斤（100 磅）的木柴，然後再走一樣遠的路回來。而在這之前，你已經先徒手擠了 10 至 15 隻乳牛的奶（早上 5 點 30 分）、走到更遠的地方取水、生火並確保它持續燃燒、照顧你的丈夫和家庭，然後在心中一一把所有每日待辦事項打勾完成。在世界上許多地方，每週花上超過 20 小時去蒐集木柴或其他生物量燃料以維持家裡的火不滅是一件頗為正常的事。[3]

但當然，並不是所有開發中國家的居民都過著這般——以被寵壞的西方標準來說——嚴峻、極端的生活。不過，全世界大約有 30 ～ 40％的人口（高達 25 億人）依然仰賴著在室內燃燒不乾淨的燃料維生（其中約有 80％的人會燃燒生物量燃料，例如木

頭、泥煤、農作廢料及糞便,而以中國為主的其餘人口則會燃燒煤炭或木炭)。在某些國家裡,於室內燃燒燃料的活動無所不在、非常普遍。舉例來說,在較貧困的非洲國家中,有超過 90％的人口以此方式生活。人們大多使用簡易爐灶或三石爐(將烹調鍋具平衡放置於三塊大石頭上,並於中間生火;此簡單的方法可追溯至新石器時代)。這種原始的燃燒活動,會吐出細小的 PM2.5 煤煙微粒,且濃度可高達 WHO 準則的 100 倍(但通常是 6 ～ 20 倍啦)。而那些烏煙——雖然對於紀錄原住民族部落的電視節目而言似乎是種別緻迷人的背景布幕——大概每分鐘能導致三人死亡(每年全世界約有 200 ～ 400 萬人因此喪生)。[4]

這些數據有如一記警鐘。由燃燒固態燃料所產生的煙是貧窮國家裡前四大致死或致病的原因,每年奪走**超過 100 萬名孩童**的性命,而且大多是五歲以下的幼童,其中許多案例尤其是在很不舒服的肺炎症狀中死去(因為該疾病夭折的孩童有半數是由於室內煙粒污染而致)。較貧困國家的五歲以下幼童死於空氣污染(多為室內空污)的機率為較富裕國家同齡兒童的 60 倍。在 1990 年至 2013 年這四分之一世紀期間,許多國家的情況已經大有進步。舉例來說,五歲以下幼童死於家庭空氣污染的機率已經減少 60％左右了。但即便如此,多虧了全球人口高齡化等因素,每年的總死亡人數仍維持在差不多的水平,落在令人咋舌的 300 萬左右。而另一方面,同樣在那幾年之間,家庭空污所衍生的經濟成本,也提高約 60％。這些數據皆來自世界銀行與華盛頓大學健康數據評估中心共同進行的一項研究。依照他們的計算,家庭空污每年造成低收入及中等收入國家約 1.5 兆美元的無謂損失,以及 940 億美元的虛耗人工成本。[5]

不過，這些數據有個麻煩的地方，它們把許多狀況天差地遠的國家混為一談，平均數值的過程使得細節受到抹滅，讓我們很難去釐清這項複雜的問題到底哪裡比較嚴重、哪裡狀況比較好。假設我們有辦法再把數據拆細一點，輔以健康影響研究所（Health Effects Institute）的《全球空氣品質報告》資料，那我們便能看到，在面臨家庭空污的那 25 億多人口當中，光是住在印度（5.6 億）和中國（4.16 億）的就有 10 億人了。雖然印度比中國還要小，但它的問題顯然比較大，有高達 43％的人口暴露於室內有毒空氣當中（大多源自生物量燃料之燃燒）；相較之下，中國只有30％（當地以煤炭為燃料的作法愈來愈盛行）。而在更為貧窮、規模更小的開發中國家內，被影響到的人數遠低得多，但暴露於有毒室內空氣的人口比例卻看起來高出許多。舉例來說，奈及利亞有 71％的人民暴露於室內髒空氣之中，而在衣索比亞、坦尚尼亞與剛果民主共和國，該數值則高達 96 ～ 97％。[6]

　　正如同把不同國家混為一談是一種誤導的作法，如果我們只說有數百萬「人」的健康和生活由於室內空污而大打折扣也同樣沒什麼幫助，因為其中某些人所肩負的重擔比其他人來得更多。那些蒐集木柴、讓鍋子裡的湯水持續煮沸的馬賽婦女，也會跟她們的孩子一起蹲在爐灶邊，吸入令人窒息的烏煙——事實上，在開發中國家內較貧困的區域，女性和幼童所面臨的風險最高。幾年前，修‧華瑞克（Hugh Warwick）與艾莉森‧多依格（Alison Doig）曾針對開發中國家的室內烏煙污染發表一篇非常具有開創性的報告，指出：「假如一名孩童暴露於室內空氣污染，那他得到急性下呼吸道感染的機率就會提高為二至三倍。而使用生物量進行烹煮的女性得到慢性支氣管炎等慢性阻塞性肺病的機率也會

變為四倍。中國女性的肺癌案例，與使用燃煤爐灶的習慣直接相關。」[7]

當我們忙著解開這些糾纏在一團的平均數與總數時，另外還有一點也值得拿出來說，那就是在家燃燒燃料所製造的污染其實不只一種。細小的煤煙顆粒是引起人們顧忌最主要的來源，但它們絕不是唯一的問題。如果我們在家中燃燒更不乾淨的煤炭種類，那就會產生二氧化硫——基本上，那就是導致倫敦大霧霾事件發生的原因。一氧化碳是另一個潛在風險，會由通風不良、或其他方面設計不良的爐灶冒出。在 2018 年初的頭兩個月裡，4 百名中國人由於裝置不良的天然瓦斯爐灶外洩一氧化碳氣體而喪生；可悲的是，當初他們會把燃煤及燃柴爐灶換掉、改用天然瓦斯爐，是因為後者對健康明顯比較有益。室內燃料燃燒不全而造成的一氧化碳中毒事件，連在較富有的國家裡都是一大問題。舉例來說，在美國，一氧化碳中毒每年大約會奪走 400 ～ 500 人的性命，並送超過 1 萬人進醫院。不幸的是，他們的症狀通常會被跟其他疾病搞混，因此又被趕出醫院、送回家中，然後症狀很快便再度復發。[8]

即使你沒有在馬拉威使用三石爐烹煮晚餐，而且家裡還裝有一小顆敏銳的一氧化碳警報器，也千萬不要以為自己已經完全免疫於室內燃料燃燒的風險。根據煙霧污染專家馬汀・得尼康普（Martine Dennekamp）及其同事的研究指出，一道在你家廚房可能會有的瓦斯爐可以使室內二氧化氮濃度提高 1 ppm。這可能聽起來不多，但其實約等同於背景濃度的 50 至 100 倍，也是你在戶外高交通密度區域的兩倍左右。那你喜歡烤蛋糕時的那股濃郁、療癒香氣嗎？只是想提醒你一下，你在烘焙時可能會產生二

氧化氮，而且濃度幾乎跟霧霾一樣。不只如此，科羅拉多大學波德分校（University of Colorado Boulder）的瑪麗娜·萬斯（Marina Vance）與同事也做了一項類似的研究，發現只要你把肉類和蔬菜拿去烤，在廚房產生的 PM2.5 濃度（在你煮飯的期間）就會高過你在印度、中國污染最嚴重的工業城市裡所接觸的。最後，如果你在煎炒東西時不小心稍微煮過頭、把鍋底燒焦了，那你就要小心所謂的「鐵氟龍流感」（Teflon flu；即聚合物煙塵熱）了。正如其名，高溫破壞平底不沾鍋塗層所釋放出來的化學煙塵會讓人體出現類似流感的症狀，甚至曾有研究證實它會導致寵物中毒。這一切可能聽起來很嚇人，但實際上，說這麼多只是要提醒你，養成煮飯時保持良好通風的習慣，尤其當你是用瓦斯爐來煮飯。[9]

　　好消息是──事實上是一個超好的消息──源自固態燃料燃燒的室內空氣污染問題，在接下來的幾年到幾十年內，看起來應該會有所改善。根據健康影響研究所發表的《全球空氣品質報告》指出，過去 25 年以來，於室內燃燒燃料的人口比例已有顯著減少。舉南亞地區為例，在 1990 年時，約有 90％的人口一直在吸室內燃燒產生的有毒空氣，但該數值如今已經掉到 50％以下了。此外，東亞、中亞、拉丁美洲、北非與中東地區的情況也都有所進步。不過，在許多位於非洲撒哈拉以南的地區，使用固態燃料升起家中火堆及爐灶的家戶比例卻少有改變，或甚至毫無改變。[10]

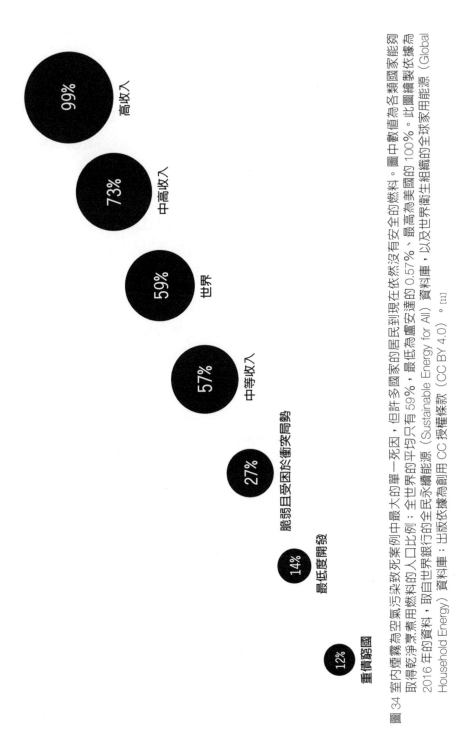

圖 34 室內煙霧為空氣污染致死案例中最大的單一死因，但許多國家的居民到現在依然沒有安全的燃料。圖中數值為各類國家能夠取得乾淨烹煮用燃料的人口比例：全世界的平均只有 59%，最低為盧安達的 0.57%，最高為美國的 100%。此圖繪製依據為 2016 年的資料，取自世界銀行的全民永續能源（Sustainable Energy for All）資料庫，以及世界衛生組織的全球家用能源（Global Household Energy）資料庫。出版依據為創用 CC 授權條款（CC BY 4.0）。[11]

咳，測試測試

瓦斯烹煮

使用（天然氣）瓦斯烹煮會釋放出驚人的二氧化氮量，且勢必會對我們的健康造成傷害。舉例來說，假如你有氣喘，許多研究皆已指出瓦斯烹煮會讓氣喘更加惡化。

我想我應該要用「Plume Flow」空氣偵測器快速做個測試，看看我家爐具的比較變化。首先，我將瓦斯爐的四口全部打開，轉至大火，讓它們燒個 15 分鐘左右。你可以從下圖中看到，這麼做會使二氧化氮的量遠超出 WHO 年均準則（也就是你一整年平均下來仍在安全呼吸範圍內的最高量值），而且因為我故意不開窗戶，所以濃度維持了幾個小時後依然處於超標狀態。說實在的，我覺得使用瓦斯爐煮飯 15 分鐘的風險非常小，我並不會太擔心（我在這裡吸入的二氧化氮量比我在第五章裡坐在那列火車上所吸入的還要低上四倍）。但如果你在廚房工作呢？你一整天都持續吸入這麼多的二氧化氮的話怎麼辦？你務必得確保空間中裝有抽風扇，還要檢查環境是否夠通風。[12]

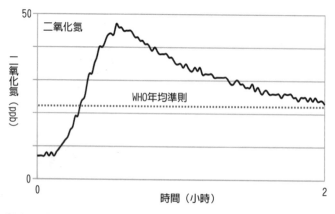

圖 35 圖中，y 軸表示二氧化氮濃度，單位為十億分率（ppb）；x 軸表示時間，單位為小時。

保持乾淨的麻煩之處

假如「愛乾淨」可以跟「虔誠」相提並論，那我們一定可以上天堂。現在就去看一下我們洗臉盆下方的櫃子，稍微列舉一下有：體香劑、洗髮精、香皂、刮鬍泡、香水、抗皺乳霜、防曬乳、髮膠和髮蠟、角質軟化美容液、空氣清新劑、洗衣精、洗衣粉、消毒劑、牙膏、漱口水、洗面乳、去黴噴霧、水垢清潔劑、漂白水、嬰兒用濕紙巾、抗菌噴霧、除蠅劑，以及馬桶清潔錠等。許多家用產品都保證自己能夠殺光「99.9%的病菌及細菌」，鞏固了「清潔即為勤做家事、美化居家環境的高尚之舉」這個謊言。但現實中，清潔這件事堪比一場永無止盡的居家越戰，持續進行中但也持續受到誤導，有時候甚至只是在攻擊幻想出來的敵人，而且是我們永遠打不贏的那種。此外，更多虧了這類產品的各種化學物質成分，在長期累積下來的「陣亡」名單中，除了灰塵、病菌、霉、歲月與體臭，還有一項是我們的健康。

現在我們單純只談空氣污染——關於居家清潔、DIY 及個人護理產品的最大問題在於其中許多產品都會釋放高濃度的揮發性有機化合物（VOCs；就是那些迫不及待蒸發到空氣中讓我們感到頭昏腦脹的東西）。在戶外，雖然揮發性有機化合物會跟空氣中其他東西進行化學反應，進一步形成臭氧、霧霾及懸浮微粒等滯留於空中久久不散的長期污染，但它們本身通常消散得頗為快速。

但室內的故事的走向就完全不同了——揮發性有機化合物完全無處可去。假如你在廚房裡擦鞋油，那股臭味在接下來一整天內可能都消散不去，完全端看你家通風好不好。只要你在暖氣片上塗亮光漆，就得忍受那股令你頭暈的揮發性臭味好幾天、甚至

是好幾個星期。根據美國國家環境保護局的調查，室內的揮發性有機化合物濃度「穩定」比戶外高上 2 ～ 10 倍，情況已經夠糟了。不過，一旦你在家使用去漆劑的話，這個舉動可是會使室內揮發性有機化合物濃度於接下來的數小時裡持續維持在正常背景濃度的 1,000 倍。雖然你可能會以為世界上那 10 億輛車所用的汽油和柴油才是產生最多揮發性有機化合物濃度的來源，但其實並不然。任職於科羅拉多州波德環境科學合作研究所（Cooperative Institute for Research in Environmental Sciences）的布萊恩・麥當勞（Brian McDonald）及其團隊分別比較汽油及含有揮發性有機化合物的居家產品的排放量，對研究結果感到相當震驚。我們所使用的汽油與柴油（重量）約為居家產品的 15 倍之多，但居家產品所產生的揮發性有機化合物排放量佔了總量的 38％，而汽油與柴油只佔了 32％；此外，由前者衍生的二次污染（臭氧及粒狀物質）跟後者一樣多。以上說的這些皆至關重要，因為其中有些揮發性有機化合物會對我們的健康造成各種短期、長期的影響，範圍從頭痛、噁心反胃、失憶、間歇性暈眩，一直到永久性肝臟、腎臟與神經損傷，甚至還有——你大概很難把它跟 20 年前上漆的暖氣片聯想在一起——各類癌症。[13]

說到這裡，我們大概會預期像亮光漆這類東西都會散發臭味，然後我們就會採取簡單的預防行動，將我們暴露於其中的機率及風險降到最低（我因為在家 DIY 而長年有嚴重的頭痛問題，之後只要情況許可，我都會用盡一百萬分的力氣去買低排放的水性塗料）。不過要察覺家庭空氣污染並不是永遠都這麼容易，因為居家產品通常都會添加人工香味，所以它們所造成的傷害常會被一些好聞的味道給掩蓋。舉例來說，在日常污染的面前，衣服

就跟海綿一樣；當我們以高溫洗烘衣時，那些污染會汽化並飄到空中，即使我們只用像水這般無害的東西來洗也一樣。洗衣精、洗衣粉跟烘衣紙的設計中都會故意加入花香來欺騙我們，其中便常會混入揮發性有機化合物。華盛頓大學的安妮・斯坦曼（Anne Steinemann）教授曾研究過各式家用洗淨劑、清潔劑與其他個人護理用品，包括一些把自己形容為「環保」或「天然」的產品。她發現它們平均會釋放出 17 種揮發性有機化合物，包括高達八種有毒或有害的化學物質，一旦接觸就沒有所謂安全濃度可言。這樣聽起來，乾淨衣物的味道還很吸引人嗎？那去乾洗店取回洗好的衣服的時候呢？當你把罩在衣服外的套袋拆掉時，你聞到的那股味道並不是在向你保證衣服洗得多乾淨；那是四氯乙烯，最有名的效果就是使動物罹患癌症。假如這樣還沒引起你的擔憂，為那些幫你洗衣服的人設想一下吧。他們暴露於這些化學物質之中，罹患膀胱癌、腎臟癌及其他癌症的風險高達一般狀況的九倍，同時幾乎是罹患心臟疾病風險的兩倍。[14]

即便沒有那些居家清潔、個人護理產品的臭味，你家依然是許多潛在空氣污染產生的溫床。舉例來說，寵物的毛髮與皮屑可能會引發氣喘，以及各式過敏反應。塵蟎也一樣；你可以在寢具、地毯、軟墊傢俱甚至是你的泰迪熊上看到塵蟎四處蠕動、啃食你的老皮屑。區區 1 公克的灰塵裡就含有大約 1,000 隻塵蟎；以此類推，你家床墊上所有的灰塵，便成為數百萬隻這種生物的舒適小窩。黴菌是另一種過敏原，會在廚房和浴室等溫暖、潮濕的地方蓬勃發展，或者如果你做了一些如在暖氣片上將濕襪子晾乾之類的蠢事，它們就會出現在你家其他地方。根據我的計算，當我們在室內晾衣服時，光是一桶普通的衣服量大概等同於以非常慢

動作的方式潑灑幾公升的瓶裝水至空氣中。一項近期研究發現，有 87％的蘇格蘭家庭會在冬天時將洗好的衣服晾在室內。而在四分之一受試家庭裡的室內黴菌量足以造成肺部感染及免疫系統損傷。[15]

如果你現在對這些關於室內空氣污染的真相感到難以招架的話，做什麼都可以，但千萬不要坐下來點香氛蠟燭來紓壓。根據《星期日泰唔士報》（The Sunday Times）的一項小型研究，燃燒香氛蠟燭會使你的房間充滿危險的 PM2.5 懸浮微粒，導致家中的 PM2.5 濃度攀升至 WHO 準則的四倍，最高濃度甚至不比那令人窒息的德里街道差到多少。[16]

咳，測試測試

蠟燭

蠟燭看起來很舒服，但它們對健康的影響多大呢？我有讀過一些實驗室測試，但我決定自己也來做做看。我把空氣偵測器架設在廚房裡，點燃一根普通（無香味）教堂蠟燭，然後等待。短短幾分鐘內，我的「Plume Flow」就偵測到顯著的 PM2.5 懸浮微粒濃度，約為 $50 \mu g/m^3$，幾乎相當於印度海德拉巴市區的年均濃度，亦即馬德里的五倍、倫敦的三至四倍。

危險嗎？還好。蠟燭熄滅後，我大概吸了 30 分鐘的煙，但海德拉巴的居民每天都吸著這樣的空氣一整天。另一方面，我之前跟一個人住在同一間房子裡過，她每天晚上都會在浴缸周圍點 10 根左右的蠟燭、泡在水裡好幾個小時來放鬆。我真的會三思是否要這麼做──那會讓家裡的空氣比街上的空氣來得髒上許多啊。那個人最後死於失智症；那種疾病會因為空氣

污染而惡化。不過,我並不是在說蠟燭的煙害死了她,畢竟她一生都住在繁忙的城市裡,但誰知道呢?蠟燭可能也是導致她健康衰退的其中一項因素。

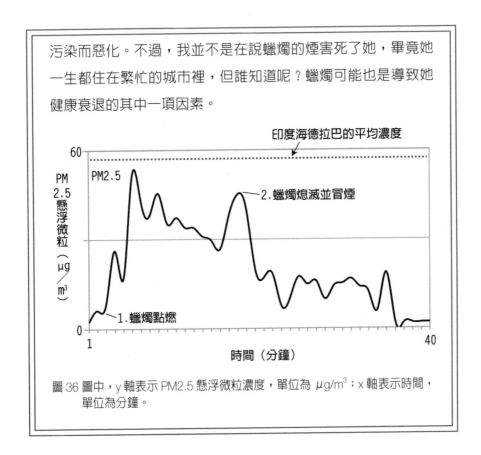

圖 36 圖中,y 軸表示 PM2.5 懸浮微粒濃度,單位為 μg/m³;x 軸表示時間,單位為分鐘。

🌥 內建污染

你想把空氣污染逐出家中的嘗試注定會是一場敗仗,因為它們打從一開始就內建在屋子的構造裡了。想一下那些傑出的建築材料,人們長年使用,但最後卻發現它們並不是那麼美好。我們在第三章和第五章看到的鉛大概是名聲最臭的例子——什麼事情都可以怪到它身上,包括殺人案件與未成年懷孕發生率飆高等現象,甚至是羅馬帝國的衰退及殞落。或是石棉呢?古時候,人們認為這種來自岩塊的礦物纖維是絕佳的絕緣體及阻燃劑,以至於篤信佛教的阿育王(King Ashoka)於兩千多年前自豪地將具有

防火效果的石棉巾作為禮物送給他的朋友——錫蘭國王。如果時空是現在，錫蘭國王可能會將這個舉動視為污辱，馬上打給他的人身傷害律師（如果你在搜尋引擎裡輸入「石棉」，勢必會被一堆法律顧問公司的廣告轟炸，說要幫你打賠償官司）。只要我們不要去碰石棉，它本身其實完全沒問題，但石棉一旦受到侵擾便會釋放出粉塵纖維，只要吸入便會傷到我們的肺，並提高肺癌、間皮瘤（一種會攻擊身體器官內壁的癌症）等更嚴重病症的罹患率。[17]

除了我們的家和我們用來清潔房子的東西，置於家中的傢俱和配件也是來源之一。如果你是拼裝傢俱的「鐵粉」，請舉手？自己動手組裝的合板書櫃、櫥櫃、超耐磨地板等類似產品（以塑合板、纖維板與膠合板製成）皆由樹脂類的黏膠接合；而這類黏膠的基本成分為甲醛（也會釋放甲醛），是一種用來保存屍體的刺鼻化學物質，同時也會讓還活著的人加速腐敗、辭世。最佳情況是甲醛會讓你變得淚眼汪汪、感到噁心想吐；最糟情況是暴露於濃度奇高的環境可能會致癌。幸好，雖然在這類木質產品的甲醛的濃度在製成之後的一、兩個禮拜裡會變得很高，但之後便會相當快速地下降（這算是個好消息，除非你在傢俱店工作）。[18]

不論你是花了幾千元去買一張新地毯，或是把發霉的舊浴簾換新，購物為你帶來的喜悅也會為你帶來著實的長期痛苦。我們大家都能很快就認出新地毯的氣味，雖然它可能具有富裕、奢華的意涵，但其實它就只代表了系統性的室內揮發性有機化合物污染。這種過程的專業說法為「釋放氣體」（off-gassing），亦即被用來製造地毯的有毒化學物質緩慢地消散至空間之中。包括3M 思高潔（Scotchgard）那種頗具爭議的去污劑、可疑的抗菌防

腐劑，還有聚氨酯、聚氯乙烯等塑膠底墊──成分為令人討厭至極的異氰酸鹽、有機錫和苯二甲酸酯類──以及各種討人厭的黏合劑。如果你覺得地毯是用羔羊毛那種可愛的東西製成的，再重新想一次吧。事實上，一些地毯和小方毯的填充物有高達40%的成分為源自燃煤發電廠的骯髒飛灰，更含有砷、鉛及汞等有毒物質。[19]

相較之下，跑去沖個澡聽起來好像是你現在所能想到最乾淨的事了，但如果你有用淋浴簾的話，事情就絕非你所想的那樣了。熱水會沖下塑料的揮發性有機化合物，再讓它們蒸發，而簾子本身（正如其設計的用意）會把它們封在你所處的大量溼空氣之中，所以你不得不吸入它們。美國健康、環境及正義中心（The Center for Health, Environment and Justice）曾做過一項研究，發現全新的聚氯乙烯浴簾「具有潛在毒性」，光是在開始使用的第一個月內就會釋放至少108種揮發性有機化合物，而且其濃度比綠色建築法規的建議量高出16倍以上。有一款常在超市能夠找到的浴簾尤其帶有大量揮發性有機化合物，甚至多到堵住那些科學家的儀器，導致他們的測試最後提前結束。[20]

既然我們聊到居家產品，有一件事值得好好記住──它們並不是只有在使用時才會產生污染；事實上，它們在空氣污染方面的影響範圍可說是「從搖籃到墳墓」。我們在上一章節探討到「中國製造」類型的污染對當快速發展中國家替世界上其他地方製造廉價的一次性居家商品時，其中究竟藏有哪些隱形成本。而對於建築工、木工、鋪地毯工與其他工地工人來說，當他們把那些閃閃發亮的全新產品（剛製造出來時所產生的污染最為嚴重）送入我們的居家環境時，他們必須付出的健康代價仍為未知。除此之

外，當我們的家裡擺有會釋放氣體的傢俱和配件時，住在屋裡的人也得付出代價，而更令人感到驚訝的是，其實打從我們出生的那一刻起，這一切就已經開始了。例如現在很流行的一種作法——重新上漆、裝修育嬰房，以迎接新生兒的到來——一項近期研究卻發現這對嬰兒而言是很重大的室內空氣污染源，何況嬰兒比我們更容易受到這些空污的影響。受訪的家長當中，有三分之二的人在孩子出生之前就已經將育嬰房打理完成，但假如他們有先去看這項調查的結果，或許他們就不會如此大費周章了。另外，一群日本研究員也做過類似研究，發現甫落成與近期內重新翻修的學校教室也會使學童暴露於潛在風險之中。更確切來說，這類建築竣工之後，在接下來長達兩年的時間內，該空間裡的甲醛及揮發性有機化合物濃度都可能會對人體造成危害。[21]

⌒⌒ 進進出出

　　即使在最好的情況下，建築物依然是充滿空隙的的盒子，所以室內與戶外污染的差異其實有點過於武斷。或許你真的不太待在戶外，但如果你把窗戶大大敞開，那你基本上就是在家「裡」吸入戶外污染。另一方面，如果你是透過空調系統、熱回收（heat-recovery）或全熱交換（energy-recovery）通風系統（藉由熱交換器，以悶熱的外流氣體暖化較低溫的內流氣體）進行通風，大量的戶外污染就很有可能會被過濾設備阻擋下來（好消息），但同時這類系統也可能變成塵蟎滋生的溫床，增加呼吸困難的風險（壞消息）。就算你的房子密封性與通風都很好，有些污染物質依然有辦法入侵成功。像是細小的懸浮微粒（PM2.5），它們

小到有辦法輕輕鬆鬆地從戶外鑽進室內，但顆粒較大、較為粗糙的粒狀物（PM10）在過程中遭到攔阻的機率就比較高了。至於反應性高的化學物質，好比臭氧和二氧化氮，它們在進入室內以前則會先轉化成其他東西。你在室內面對的懸浮微粒濃度可能是戶外的三分之二，但只要窗戶有關好，室內的較粗粒狀物質、二氧化硫、臭氧及二氧化氮的濃度就會顯著較低（不過如果你剛好跟雷射印表機或影印機待在同一棟建築裡，做好心理準備，你所接觸到的臭氧與粒狀物濃度將會顯著提高）。[22]

　　通風是改變一切的關鍵，包括我們所處的建築物有多常換新空氣、程度多大。一項美國研究發現，窗戶打開時間佔四分之三的人所接觸到的戶外懸浮微粒約為窗戶幾乎永遠緊閉者的兩倍——這似乎不太令人感到意外，但假如你住在城市裡、靠近繁忙街道，然後又沒有辦法享受奢侈的空調設備，那真的是一則壞消息。而且重點不只在於你家裡有多少污染存在，還包括它們到底待在室內多久（換句話說，就是暴露其中的時間）。室內空氣的替換速度決定了室內污染會累積或消散，並進一步左右我們的健康出問題的機率。但這其中有一個困難之處——通風的需求代表我們其實也在不知不覺中平衡了室內與戶外的污染。因此，如果你為了將自己暴露於戶外粒狀物質的機率降至最低，而堅決不打開市區公寓或辦公室的窗戶，其實也是在增加室內二氧化碳等氣體的濃度。在二氧化碳濃度沒有超標的情況下，可能會造成思考遲緩（最佳情況），也可能導致骨骼及腎臟問題等各種更加嚴重的健康問題（最糟情況）。[23]

　　當然啦，在戶外污染闖入室內的同時，室內污染也會傳至戶外——提到這個，當我們在講原始室內爐灶所產生的煙霧等問題

時，如果真的可以把這類污染移轉至屋外、消散於空氣中，聽起來是個不錯的計畫。但另一方面，如果大家都在同一時間將室內污染吹至戶外，那就會造成嚴重的環境污染，有些甚至還會跑到其他建築物裡，再度回到室內。1952 年的倫敦大霧霾事件的部分原因就是有人在家中燃燒煤炭，但我們現在卻已經忘記當年那件慘案的教訓。如今過了半世紀，由**室內**燒柴爐所造成的戶外空污，在世界上許多城市（包括倫敦）儼然成為愈來愈嚴重的問題。根據丹麥生態理事會（Danish Ecological Council）的一項報告指出，一台符合環保標章的新型燒柴爐（生產於 2015 年之後）所產生的 PM2.5 懸浮微粒幾乎是一輛柴油卡車的 30 倍，而一座較舊型的爐灶（約於 1990 年製造）所產生的量則高達 170 倍（其他研究曾提出不同數據，但大家普遍同意燒柴爐比柴油引擎所製造的污染嚴重許多）。我工作的其中一棟建築裡有一台舊式的中央供熱汽爐，會吸入所在空間的空氣，也會透過牆上具有通風效果的「通風磚」一併吸入戶外花園的空氣。可惜，就在鍋爐吸進空氣的同時，它也會吸入鄰居家中燃煤爐灶所製造的**戶外污染**，其量值跟柴油引擎所產生的不相上下（這就是為什麼我把燒柴爐形容為室內污染源——就算你家的燒柴爐不會污染到自家，也還是會污染到別人的家）。[24]

另外有些偷偷摸摸闖入室內的戶外污染形式比較不那麼明顯。例如從建築物底下土層中滲入、並在地下室和較低樓層累積的氡氣——它佔據肺癌死亡總人數中的 10% 主因。不過，由於它是自然發生的污染物質，我們無法完全消除它，但我們可以在家裡裝置泵浦，防止它提升至有害的濃度，或是利用一種叫做防氡新結構（RRNC）的建築技術從土壤中「抽空」氣體，再以無害

的方式把它排至屋子周遭。只要我們注意到氡的存在，要解決它就變得相對容易了。

感謝配合不抽菸

　　目前，在我們多數人有生之年能夠注意到室內空氣品質改善最多之處，源自於人們遠離抽菸的大規模社會變遷。如果你年紀大到還記得 1970 和 1980 年代，你可能會想起當年去餐廳時運氣不好，旁邊坐了一對情話綿綿的情侶，不斷對著彼此臉龐吐煙的畫面（多浪漫啊！），或者——情況或許更糟——你可能會像一隻被困在實驗室裡的米格魯一樣困在火車吸菸車廂裡，無意之中成為一項遠距離被動窒息實驗的受試者。當時你有沒有停下來想過自己吸入的到底是什麼？舉例來說，你知道在香菸的眾多有害化學成分當中，煙草會從肥料中吸收一種叫做釙 210（^{210}Po）的放射性物質嗎？它最有名的事件，是有人用它來暗殺俄羅斯異議人士亞歷山大·利特維年科（Alexander Litvinenko）。好吧，或許你不知道，但香菸製造商早在 1959 年時就知道了。[25]

　　幸好被迫吸二手菸的時代已經差不多結束了，但能走到這一步也是歷經了好一段漫長血淚史。1950 年，英國流行病學家理查·多爾（Richard Doll）與奧斯汀·希爾（Austin Hill）的研究正式確立香菸與肺癌之間的關聯性。多爾的其中一個舉動相當知名——他在研究進行到三分之二時戒菸了；當時他發現香菸是第一次世界大戰後造成「由肺炎致死的案例數量驚人增加」最有可能的原因，而非他原先設想的路上交通污染。在那之前，香菸廣告一直以來的基本論調都圍繞在人們以為香菸對健康有益。1949

年，就在多爾發表研究的前一年，有一家香菸大廠找來 11 萬 3,597 名健康專家進行一項調查，所以他們可以大放厥詞地說：「抽駱駝牌（Camel）的醫生比抽其他牌香菸的還多。」儘管成堆的證據指出香菸所帶來的健康風險，但那些品牌在 1960 年代到 1970 年代初期仍一直被廣告成某種「時髦」象徵。多虧他們幾十年來強力建立品牌形象，到了 1990 年，六歲的孩子們甚至能像認出米老鼠般輕易認出駱駝老喬（Joe Camel 駱駝牌香菸的吉祥物）。[26]

到了 20 世紀末，大眾都已經接受抽菸對身體不好的事實，但二手菸〔又稱為環境菸草煙霧（environmental tobacco smoke；ETS）〕又是完全另一回事。如今我們知道，香菸在密閉空間悶燒所製造的粒狀物污染為一台空轉柴油引擎的十倍；即使如此，關於二手菸的爭議一直到千禧年之後仍然持續延燒。世界衛生組織、美國國家環境保護局、法國國家癌症研究院（Institut National du Cancer）等許多備受尊崇的科學及醫學單位都曾提出非常具有說服力的公衛論證，支持頒布大規模的室內吸菸禁令（強調二手菸與肺癌等疾患之間的關聯性）。與此同時，有錢的菸草企業因為害怕獲益會繼續陷落，便開始贊助各種研究，希望可以打破「對非吸菸者有害」的說法，而這個舉動也獲得那些嚷嚷不休的自由主義者的支持，尤其是因為他們非常厭惡所有會抑制他們自由的事情（包括以有毒的香菸煙霧殺害他們自己及其周遭的人的自由）。[27]

根據世界衛生組織，每年約有 800 萬人死於與菸草相關的疾患，其中光是因為二手菸而去世的人就高達 120 萬。這些嚇人的數字提供壓倒性的論述給各地禁止室內吸菸的法令，並於 1990 年

代至 2010 年代之間橫掃了全球大多地方。如今，多數國家都有他們自己限制室內公共場所吸菸的方法。而所有的禁令就這樣揭開一場浩大的全球實驗的序幕，最終成功比較出二手菸於實驗前後對健康的影響——這對流行病學家而言是一件可喜的事；醫護人員只需要在那邊靜待實驗結果即可。在每個國家裡、每次研究中，醫生都發現公共衛生呈現顯著進步，而這些皆能直接歸因於人們再也不需要於公共場所吸入菸草煙霧的現況。一份發表於 2016 年的「考科藍」（Cochrane）文獻整理（針對特定議題、詳盡分析所有與其相關的各種醫學證據）收錄了來自 21 個國家的 77 項不同研究，發現心血管疾病及其他菸草相關疾患發生次數呈現顯著減少，其中最明顯的成效落在非吸菸者群體。該份報告最後總結道，要證實吸菸禁令的正當性可說十分容易。[28]

圖 37 在許多國家於 1990 年代開始執行禁菸或吸菸限制之前，人們將公共場所吸菸視為一件擾人的事早就有超過一個世紀的歷史。此畫作繪於 1880 年代（按：圖中文字原為英文）；資料來源：美國國立醫學圖書館（US National Library of Medicine）。[29]

你正舒服地坐著嗎？

在絕大部分的時間裡，我們都在幾近完美密封的盒子裡生活、工作與呼吸，並以此消磨生命。而跟我們同在這空間裡的是那些濃度高到對我們毫無益處的化學物質。或許對我們多數人而言，這其實一點也不重要。不過對某些人來說，這一切在將來卻會變得重要至極。

如果你能聞到特定化學物質的味道，那把它吸到身體裡應該對你沒有任何好處──這段話算是足以讓我們依循的適切經驗法則，畢竟我們的鼻子有嗅覺也是有其道理存在的。被我拿來打擊冰箱上黴菌的清潔劑（「萬用抗菌噴霧：殺光家中所有細菌」），罐子背面寫了一大串警告，包括：「請勿吸入薄霧。僅於戶外或通風良好區域使用。若不慎吸入，請將相關人員移至新鮮空氣之中，並保持呼吸順暢。」我剛才在浴室找的空氣清新劑警告說：「僅於通風良好空間使用。」我的水垢清除劑跟我說：「請勿吸入噴霧。僅於通風良好區域使用。」而我的洗衣精也寫著類似的警告標語。

以上這些可能會讓你啞口無言，同時也可能會讓你感到窒息。對於那些住在較窮困國家的人──他們因為自身行為而必須承受家庭空污之苦──我們為之感到憐憫，但至少當他們利用骯髒的室內空氣溫和地自殺時算是有合理的藉口，因為不管怎樣，他們總得煮飯保暖。可是，我們其他人到底有什麼理由要用那些我們根本不需要、而且也很容易避免的化學物質來毒害自己呢？當我們用如此輕浮的方式揮霍我們所擁有的相對乾淨的空氣時，那些住在較窮困國家的人會怎麼想？

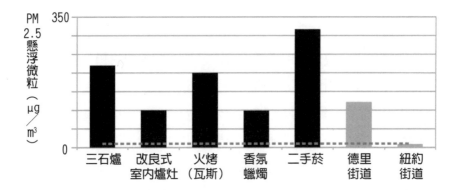

圖 38 我們可能會在室內吸入的東西。圖中左側（黑柱）：三石爐、開發中國家的改良式煮爐，甚至是西方國家的瓦斯爐所製造出來的 PM2.5 濃度皆與世界上污染程度數一數二嚴重的城市的戶外平均濃度不相上下。同樣地，香氛蠟燭與二手菸可能也比我們想像的還要糟糕。圖中右側（灰柱）：以德里與紐約市 PM2.5 戶外平均濃度作為參考值。虛線為 WHO 準則建議上限（所有數值的單位皆為 μg/m³）。[30]

塵歸塵

　　當那些被「鎖」在建築物裡的污染突然出乎意料地抵達其生命的終點時，它們會以一些戲劇化的方式重新出現於世人面前。

　　紐約市的世界貿易中心（World Trade Center）耗時 25 年進行規劃，又花了四年時間才終於落成。可是它卻因為全世界史上最大膽的恐怖攻擊，在短短兩小時內就完全崩毀。所有經歷過 2001 年的人永遠都不會忘記雙子星大樓陷於熊熊火海的驚悚畫面，它有如高聳煙囪一般冒著烏煙，最後終於在駭人而濃厚的翻騰煙灰之中轟然倒塌。當年恰好在事發地點附近的 50 萬人應尤其印象深刻 —— 不幸如他們，不得不吸入那些粉塵。

那天有將近 3000 人於四波攻擊中喪生，另有超過 6000人受傷，但這些都只是一切的開始。從那天起，不知道有多少人在雙子星大樓倒下的過程中吸入了那些肆虐曼哈頓下城的有毒煙霧而死。由海蒂·鄧可—費雪（Heidi Dehncke-Fisher）執導的紀錄片《塵歸塵》（Dust to Dust）追蹤了這起災難後續的影響。當大樓及其內部完全轉變為 180 萬噸瓦礫時，那一團又一團的有毒雞尾酒將總共約 2,500 種污染物質散播至紐約市各個角落，包含 400 噸的石棉、9 萬噸噴射機燃料（共計產生200 萬噸碳氫化合物）、90 噸的鉛與鎘，以及 42 萬噸粉末化的混凝土（其中大多變為致命的懸浮微粒粉塵）。

當時，市長魯迪·朱利安尼（Rudy Giuliani）為了避免持續恐慌演變為歇斯底里的狀況，堅稱「空氣品質安全、可接受」。同時，時任美國國家環境保護局局長的克莉絲汀·托德·惠特曼（Christine Todd Whitman）也聲稱：「好消息是，我們這段時間以來所採樣的空氣樣本，其數值都維持在無須擔憂的範圍內。」隨後更向紐約市民保證，空氣「很安全，而他們的飲用水也很安全」。

然而，故事漸漸開始浮現不同走向。攻擊發生的五年後，約有 1 萬多名急難救護人員與其他相關人員接受一項醫學研究檢測，其中約 70% 患有呼吸道疾病。此外，當年參與攻擊後續處理的工作人員約為 7 萬 5,000 人，而又再過了十年之後，其中 3 萬 7,000 多人被診斷健康出狀況，並有超過 1,100 名人員因為曾經暴露於那些有毒粉塵之中而喪生。根據《新聞週刊》（Newsweek）於 2016 年的報導，這些工作人員當中約有5,441 人左右至少罹患一種癌症。事實上，在當年的那 40 萬人或那些暴露於九——事件塵埃的人員之中——從勇敢的第一

線救難人員至備受驚嚇、四處逃竄的路人 —— 沒人知道究竟有多少人已經受到影響，或是會在接下來的幾十年內受到影響，只能端看癌症等疾患需歷時多久才會現身。

圖 39 2001 年 9 月 11 日，在曼哈頓的世界貿易中心附近，第一線救難人員僅戴著簡單的防護面罩，搜查被有毒塵土與碎石覆蓋的紐約警察小隊警車。數以千計的九一一第一線救難人員在那之後罹患癌症。圖引自美國國會圖書館。

雖然到了最後，紐約居民由因惠特曼誤導大眾而對她提出指控，但在 2008 年，聯邦上訴法院表示她「無責」。即便如此，紐約眾議員傑瑞·納德勒（Jerry Nadler）隨後馬上發表一篇聲明稿，堅稱惠特曼應有罪責：「儘管所有證據皆指出當年的空氣其實極為危險，但她向大眾保證空氣為安全狀態，實為誤導，導致成千上萬名居民、工作人員與第一線救難人員受傷，甚至還有一些死亡案例，全皆由於他們無謂地暴露於世界貿易中心大樓倒塌時所釋放的有毒化學物質所致。」隨後又過

了十年，也就是攻擊事發 15 年多以後，惠特曼終於在《衛報》一篇訪談中勉強拼湊出一個道歉：「對於人們生病的事實，我感到非常抱歉。」她說：「對於人們處於垂死狀態，我感到非常抱歉。假如我和國家環境保護局在某方面來說造成了以上這些事件的發生，我很抱歉。當時，我們已經在有限的知識背景下做了最大的努力。」

即便如此，這場戲劇性的建築大火所製造的有毒空氣污染似乎還是沒有讓人學到教訓。2017 年 6 月，當西倫敦一座高聳的住宅大廈——格倫費爾大樓（Grenfell Tower）——竄出可怕的火光時有 70 人喪生，另有差不多相同數量的人因此受傷。不過對那些高濃度的有毒火災殘渣所帶來的隱憂，包括空氣與土質污染，有關當局卻只輕描淡寫地帶過或甚至忽視。2019年 4 月，當火焰穿破聖母院時，同樣的狀況再度發生；這次，大火約釋放出 300 至 460 噸富有高毒性的鉛至巴黎上空。即便報告顯示附近地面的鉛濃度高達巴黎安全標準的 1300 倍，但警方仍向當地居民堅稱沒有安全疑慮。而正如同九一一事件，我們要到許多年以後才會知道有關當局的保證是否合理——又或者——許多人的生命是否被置於危險之中。[31]

第 8 章

折磨我們致死
Killing us softly

空氣污染如何傷害我們的健康

癮君子至少是自願選擇吸煙，但我們其他人根本沒機會挑選我們所吸入的污染；事實上我們可能甚至不知道污染的存在。如果你是一位孕婦，你大概不會想要抽菸，但假如你剛好是在鹽湖城（Salt Lake City）有了寶寶，那麼空氣污染提高你流產風險的程度其實就跟抽菸差不多。如果你是一個在倫敦長大的 12 歲少年，當地的髒空氣（大多來自交通）會讓你在 18 歲時受到憂鬱症之擾的機率顯著提高。或許你想要到安大略省悠哉渡過退休時光？但許多研究已指出，只要你吸入混有粒狀物質、二氧化氮和一氧化碳的典型都會污染，那你遇到心智衰退與失智症的風險便會高過他人。即使你只是去一趟醫院都會陷入更大的危險，原因很簡單——因為大部分的醫院都位於污染程度高於常態的城鎮。當我們愈仔細研讀證據，就愈會得出這個結論：呼吸就像是在玩一場槍枝已上膛的俄羅斯輪盤，而每一道槍管都潛伏著一些邪惡的東西。[1]

空氣污染與健康湊在一起時總能變成一些恐怖的頭條新聞；以下只是從世界各地挑出來的一小部分精選。在中國，髒空氣每年都會提早奪走 110 萬條人命；在印度，污染使平均壽命減少 1.7年之多；歐洲需要付出的代價為 40 萬起早逝案例，而附帶的經濟

成本每年則為 1.6 兆歐元（1.43 兆美元）。另外，在非洲，家庭污染每年導致 58 萬 1000 人提早離逝世（光在南非，因此致死的比率就佔了總死亡人數的 7.4％）。相較之下，澳洲的情況約為前述數據的三分之一──早逝案件的比例為 2.3％──雖然看起來似乎不多，但仍然是道路意外致死人數的兩倍。平均來說，世界上多數孩童都會由於吸入髒空氣而在未來被砍掉 20 個月的壽命；在撒哈拉以南非洲幾乎會被砍掉三年，但就算是在較富有的國家，該數值仍有數個月之多。至於死亡──顯然是空氣污染最糟糕的部分──更是我們在新聞報導中所看到的經濟影響一大主因（「空氣污染耗資全球經濟上兆美元……」），但在我們必須承受的苦難之前，這些都只是冰山的一角。[2]

如果以上這些聽起來讓人感到很陰鬱，其實也大可不必。在黑暗、骯髒的空氣污染硬幣的另一面還是有很多非常正向的研究，顯示只要我們最終下定決心要淨化我們的行為，我們其實能夠防止太多條性命被奪走，同時也能避免不少苦難，有些改變甚至幾乎能馬上見效。

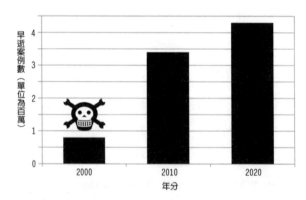

圖 40 針對戶外空氣污染導致早逝的案例，世界衛生組織（WHO）不斷提高其估計值。目前的數值（每年 420 萬起早逝案例）高達 20 年前的五倍以上。不過這並不代表全世界的污染程度為以前的五倍，或死亡人數提升五倍，而是代表我們愈來愈瞭解髒空氣的真正致命影響。[3]

空氣污染物質會對我們帶來什麼傷害？

我們在室內或戶外各處會「啜飲」到不同的污染有毒雞尾酒，但基本成分大同小異，包括粒狀物質、氮氧化物、臭氧、二氧化硫、一氧化碳與揮發性有機化合物。我們已經以各種角度切入、探討過這些東西，現在讓我們更仔細瞭解一下它們對健康有什麼影響。

■ 粒狀物質

我們認為，在 21 世紀由於空氣污染致死的案例當中，超過 90％的死因為泥土、灰塵、煙粒、沙粒及其他微觀尺度的粒狀物質。這就是為什麼有很多關於髒空氣影響的統計只聚焦於粒狀物質的影響（將它視為整體污染的代表），而這也是為什麼這些相同的統計數據其實只保守估計了空氣污染的整體死亡人數。在開發中國家，絕大多數的粒狀物質源自烹煮、供暖及照明時在室內燃燒生物量；已開發國家的來源則多半為交通、工業、農耕或燒柴。[4]

粒狀物質的大小為人類毛髮直徑的幾分之一，重量輕到能夠靈巧地穿梭於空氣之中。尺寸最小者可以在空中待得較久、傳播較遠，同時也能鑽入我們肺部更深層的地方，並像氧氣一樣進入我們的血管，最終儲存於心臟和大腦裡。雖然它們如此微小，但依然比建構出這個世界的原子大上許多（一顆 PM2.5 懸浮微粒約比最小的氫原子大上 2 萬 5,000 倍，或比一般的蛋白質大 250 倍）。想像它們的最好方式，大概是一輛邪惡的微觀運貨卡車，運輸有毒的重金屬、受污的煤煙顆粒，以及所有你應該不希望它

闖入你體內任何部位的東西。

那它們會造成什麼傷害呢？幾十年前，兩份指標性的醫學研究（即哈佛的「六大城市」與美國癌症協會的研究）確立了人們對於粒狀物質的認知：隨著戶外粒狀物質污染增加，早逝的案例也會愈來愈多，死因尤以心血管問題（為死於粒狀物質案例當中的最大宗）與肺癌為主。不過在我們生命不同階段，粒狀物質污染也會跟不同的健康問題產生關聯，包括流產與低出生體重嬰兒、童年氣喘與肺炎，以及晚年糖尿病與失智症（我們稍後會再更深入討論這些事）。可怕的是，我們發現 PM2.5 懸浮微粒其實在濃度遠低於準則建議時就會開始傷害人們的健康（而且甚至以相對最寬容的 WHO 準則來看，世界上幾乎所有主要都市都還超標）。研究人員如今普遍同意，PM2.5 沒有所謂的下限，也就是低於該標準就會安全無虞的數值。此外，研究也已經發現，相對於其他污染，只要我們稍微暴露於懸浮粒狀物質就會對健康造成影響——我們甚至不用吸 20 年的柴油廢氣就會面臨非常實質的傷害了。[5]

■ 氮氧化物

有鑑於粒狀物質對於全球健康的巨大影響，尤其是在六大城市與美國癌症協會的研究之後，醫學研究將主要焦點放在粒狀物質身上，以致日常污染中的其他有毒物質相對之下變得有點被忽視，雖然這都是可以理解的。最近，英屬哥倫比亞大學的丹妮絲‧伍丁（Denise Wooding）及其同事做了一項實驗，指出聚焦粒狀物質的作法可能會誤導我們。他們針對有過敏症狀的人進行測試，看他們對一般的柴油廢氣（粒狀物質及其他污染物質）或仔細過

濾之後的廢氣（除了刻意增加氮氧化物之外，其他污染物質都被大幅減少）會有什麼反應。令人意外的是第二種對於參與實驗的受試者的影響顯著較高，伍丁因此結論道，「關於所有有害影響，粒狀物質不一定是唯一或最主要的兇手」。[6]

正如我們前面已經討論過的，氮氧化物並不只會由柴油引擎產生。一般而言，只要我們在空氣中燃燒燃料，就會製造出氮氧化物（混合了氮氣與氧氣），涵蓋範圍包括汽車引擎與發電廠、露營煮爐，甚至還有週末的燒烤派對。氮氧化物就跟粒狀物質一樣，跟我們生命不同階段中會遇到的各種健康問題都有強烈的關聯性。一份近期研究指出，每年新增的 400 萬起童年氣喘案例可能就跟氮氧化物有關。在這些案例裡，有 64％ 發生於市鎮或都市，而讓人感到不安的是，92％ 事發地點的二氧化氮濃度甚至低於 WHO 準則。[7]

■ 臭氧

比起其他主要污染物質，臭氧相較不為人知，在全球可能死因的熱門排行榜中悄悄地落在第 33 名，遠低於一般戶外空氣污染（第六名）與室內污染（第八名）。儘管如此，它仍是一個主要殺手；根據健康影響研究所的《全球空氣品質》年度報告，單就肺部疾病來看，每年一百萬起死亡案例中有幾乎四分之一能歸咎於臭氧。臭氧不只會導致慢性呼吸問題，也牽涉到各式各樣的短期、長期健康問題，包括肺功能一般衰退現象、童年氣喘與動脈粥狀硬化（動脈阻塞導致心臟病發作與中風）。一項針對美國 95 處都會區在 1987 年至 2000 年之間死亡案例的重要研究發現，相對短期的臭氧暴露時間與提早離世的現象之間具有關聯性。而跟

其他主要污染物質不同的是，臭氧濃度在世界上許多地方都正在顯著成長，不論是已開發國家或開發中國家皆然。部分原因在於交通量增加導致更多二氧化氮排放（臭氧主要是由二氧化氮及揮發性有機碳氫化合物所組成），另外一項原因則是氣候變遷（環境變溫暖有利於製造臭氧）。[8]

■ 二氧化硫

　　直至 20 世紀中期，燃煤產生的二氧化硫普遍被視為最致命的日常空氣污染。悲慘的是，1952 年的倫敦大霧霾事件為我們提供史上第一項科學證據，證實霧狀的二氧化硫污染（當時濃度達到正常濃度的五倍，在狀況最糟的地區甚至為十倍）與死亡率（亦被發現時間相當接近）兩者之間的關聯性。英國政府科學與工業研究部（Department of Scientific and Industrial Research）的厄尼思・威金斯博士（Ernest Wilkins）於 1953、1954 年所執行的分析清楚揭示了二氧化硫的威力。威金斯將倫敦於 1952 年 12 月事發當下的煙霧與二氧化硫濃度繪製成圖，並加入第三張圖表顯示每日死亡人數。他所得出的結果為三個顯著的尖峰，全都排列整齊，並集中於 1952 年 12 月 7 日災害最為嚴重的那天。[9]

　　而這些不幸的倫敦人究竟是怎麼死的呢？有一項理論表示，我們只需要短暫暴露於高濃度的二氧化硫當中，其所帶來的影響就會跟慢性支氣管炎（呼吸道緊縮，並出現咳嗽或哮喘症狀，跟肺氣腫與氣喘病患的症狀相同）類似。此外還有另一項理論──20 世紀下半葉，當各式空氣清潔法案逐漸控制住英國等國家的空氣污染時，二氧化硫再度回到檯面上，成為酸雨的主因之一。而這個現象進一步導向另一個潛在的健康影響。在倫敦大霧霾事

件期間，高濕度及高濃度的二氧化硫很有可能產生高濃度的含硫「酸霧」。吸入這些酸霧，以及黑煙與二氧化硫，可能也是 1952 年倫敦那成千上萬起死亡案例的部分人死因。[10]

■ 一氧化碳

多虧了公共宣傳的效力，我們很多人家裡都會在牆壁上裝置電子一氧化碳偵測器，當炊具、燃氣鍋爐、燒柴爐及其他「不完全燃燒」（在氧氣過少的環境中燃燒燃料）來源出問題時就可以提醒我們。一氧化碳是數一數二簡單而容易理解的污染物。一氧化碳的化學式為 CO，跟二氧化碳 CO_2 有很多相似之處，但殺傷力強得多。氧氣能在我們體內循環，是因為氧氣和紅血球裡一種富含鐵質、叫做「血紅素」的東西結合。而一氧化碳會干擾這個程序；事實上，一氧化碳搶奪血紅素的能力約為氧氣的 200 倍，使血液將氧氣攜帶至大腦及其他器官的動作變得更加困難。現在，即使我們大家都頗清楚室內一氧化碳污染的風險，但多數人卻仍不知道大多潛伏於室內的一氧化碳其實源自汽油和柴油引擎。在不同國家裡，道路運輸所噴出的一氧化碳佔空氣中一氧化碳總量的比例不同，但範圍大概落在 40％（法國）至 86％（印度德里）之間。我們可能隨隨便便就把這件事拋諸腦後了，但替你身邊住在都市裡或有孕在身的朋友想想吧——發育中的胎兒尤其容易受到高濃度一氧化碳的影響。[11]

■ 揮發性有機化合物

空氣污染的相關討論常會輕描淡寫地帶過揮發性有機化合物（以碳為基底、隨時都會蒸散的化學物質）。又因為「揮發性」

和「有機」這兩個詞涵蓋了非常多不同的物質，人們對混淆它們可能造成的傷害其實也不意外。

先講其中一個極端的例子，如果我們吸入大量相對無害的揮發性有機化合物，例如檸檬烯（存在於柑橘類水果中的天然香精，常用於居家清潔劑當中），那只會稍微刺激到呼吸道，或甚至毫無刺激。美國國家環境保護局認為檸檬烯安全無虞，基本上沒有毒性（雖然美國自 1958 年起便把它登記為一種殺蟲劑，並於 1983 年將它登記為狗用及貓用驅蟲劑）。而在另一個極端，有害的揮發性有機化合物包括苯、萘（按：「萘」音同「奈」）等化學物質。人們曾經一度在學校科學實驗室裡快樂地大量使用苯，但現在我們已知苯會造成白血病等血癌。萘是一種潛在致癌物，可能會對眼睛造成刺激、引發頭痛，甚至有損害眼睛、導致腎臟停止運作等作用。由於苯在已開發國家裡是一種汽油添加物，大氣中約有 80% 的苯來自汽車廢氣、從加油站冒出的臭氣與廢車場等。不過，由於多數人大部分時間都待在**室內**，一直到最近全球開始「鎮壓」公共場所吸菸行為之前，多數人吸入的苯絕大部分都是來自二手菸煙。[12]

〰️ 日常健康問題與空氣污染之間有何關聯？

多數人都能理解空氣污染會造成呼吸問題 —— 兩者的關聯頗為明顯 —— 但這只是一切的開端。當有毒粒子被送到我們的血液裡，在我們的體內四處流竄時，它們可以造成各式內部傷害。舉例來說，誰想得到髒空氣會跟糖尿病或失智症有任何瓜葛呢？根據世界衛生組織，空氣污染是許多非傳染性日常疾病（即那些

不會從別人身上感染到的疾病）的「重大危險因子」。事實上，跟空氣污染相關的健康問題要花上好幾頁的篇幅才能全部列舉完成。[13]

頭痛、認知功能衰退、低智商、失智症

高血壓、中風、動脈粥狀硬化、血癌

白內障、失明

心臟病發作、心臟疾病、心律不整

肺癌、慢性呼吸道疾病、肺炎、氣喘

乳癌

糖尿病

流產、低出生體重、早產、生長停滯

生育問題、精子問題、體外人工受精失敗

圖 41 備受攻擊：空氣污染與許多不同健康問題有關。

　　要把空氣污染中的成分及污染所造成的健康問題各自列成一張表其實很簡單，但如果要把它們兜在一起就比較困難了。每項污染物質都有可能導致許多問題，因此要從我們吸入的有毒物質中特別挑出特定健康問題的確切成因實在非常困難。到頭來，我們並非住在整潔、單純的化學實驗室裡——要在混亂的真實世界裡以科學逐一拆解的難度高出太多了。假如把因果關係連起來真的那麼簡單，處理污染就會變得容易許多。舉例來說，煙霧瀰漫的室內烹煮行為會釋放粒狀物質、一氧化碳、多環芳香烴碳氫化合物（PAHs）、二氧化硫、二氧化氮等物質，並可能導致（或複雜化）呼吸問題、生產困難、心臟疾病、氣喘、睡眠失調、憂鬱症與頭痛等問題。以上敘述同樣能套用到交通污染——這種有毒的雞尾酒可能會造成許多不同的健康問題。與此同時，眾所週知，

菸草的燃煙包含 7,000 種不同成分 —— 假如你有足夠敏銳的儀器可以偵測，說不定會得到更多種。至今，我們依然不知道它們各自運作、彼此結合，或是跟其他室內、戶外污染物質混合在一起時會有什麼效果。我們在此的真正挑戰是，要從那片具備最高風險的化學大海中撈出那一根又一根的針。[14]

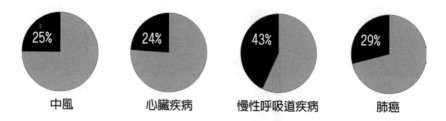

圖 42 在那些被我們歸因於其他事物的死亡案例當中，其實有很大一部分是由空氣污染造成的，包括：四分之一的中風及心臟疾病死亡案例、幾乎半數的呼吸相關疾病（慢性呼吸道疾病）死亡案例，以及略低於三分之一的肺癌死亡案例。繪圖根據為世界衛生組織所提供的數據。

　　同理，那些最嚴重的健康狀況 —— 從心臟疾病到乳癌、從糖尿病到失智症 —— 都非常複雜，我們對它們的認識也少得可憐。我們至今依然不知道它們背後確切的機制為何。這就是為什麼醫學科學家小心翼翼地稱它們為「危險因子」而非「成因」。愈來愈多人將空氣污染視為許多不同病症的重要危險因子，但那不見得代表空氣污染就是主要成因或獨自導致那些問題。事實上，空氣污染可能會加劇一些牽涉到一種或兩種以上危險因子的惡化機制。例如我們都知道，空氣污染並不會造成花粉熱，但絕對會使症狀加劇。

■ 呼吸問題

雖然空氣污染可以透過皮膚偷偷鑽進我們體內，但大部分其實是從我們「敞開的前門」鼻子或嘴巴吸入。根據美國肺臟協會，我們每天大概會吸入 9,000 公升（2,000 加侖）的空氣（足以填滿 150 桶汽車油箱），而我們體內的呼吸道總長約為 2,400 公里（1,500 哩；相當於從莫斯科到布魯塞爾、或是洛杉磯到休士頓的距離）。此外，每天還會有 100 兆左右的分子自由進出我們的身體，其中更包含一些具有絕對毒性的東西。而有鑒於它們移動的路途之遙，它們確實有很多機會可以在途中搗蛋。[15]

它們所造成的傷害包羅萬象，包括簡單地刺激呼吸道到氣喘、呼吸道感染，甚至是慢性呼吸道疾病、肺炎，以及呼吸道癌（包括鼻咽癌及肺癌）。在較窮困的國家裡，吸入烹煮與供暖活動所產生的木材燃煙很可能會導致感染，而燃燒煤炭、木炭等較髒的燃料跟癌症之間的關聯性更強烈。我們多數人都會自動把肺癌跟香菸聯想在一起，這是情有可原的——香菸佔 90% 的肺癌死亡案例數以及 22% 癌症總死亡案例數。不過，現在多數國家的抽菸人數都正在減少，家庭空氣污染反而被視為愈來愈嚴重的威脅——有 17% 左右的肺癌死亡案例是因為開發中國家的骯髒室內爐灶煙霧。不過，雖然它如此危險，但我們還是必須適切看待香菸的風險。舉我所居住的英國為例，即使只是在戶外完全開放的公車站空間抽個幾分鐘的菸都是違法的；如果你膽敢以身試法，馬上會遭到旁人的兇狠眼神訓斥。可是我們卻可以開著一輛柴油公車前往同一個公車站，然後在那裡停多久都沒關係，不斷吐出一團又一團的污染也不會有任何人對我們眨一下眼睛。比起二手菸，戶外空氣污染所奪走的性命多出太多，尤其是戶外二手菸，但無人

對此提出警告，也很少法律可以立刻根治這項問題。[16]

綜觀全世界，肺炎是死於家庭空氣污染案件的一大死因（在死於室內空氣污染案例當中，約有 27％可歸咎於肺炎，每年總人數略高於 100 萬人）。原因是肺炎是造成五歲以下幼童死亡的最大（傳染性）死因（其中有 90％發生在低收入與中等收入國家中）。雖然肺炎是由細菌、病毒和菌類所造成，但也會因為骯髒的室內空氣而嚴重惡化。根據世界衛生組織，家庭污染實質上使肺炎罹患率雙倍成長，並導致 45％的五歲以下肺炎死亡案例發生。[17]

如果你是在較富有的國家中長大，確實可以比較容易躲過危機，但無法完全避開。一項大規模的長期研究特別針對居住在南加州污染地區的孩童，發現他們的肺部成長大約停滯了 3.4 ～ 5％——但人們卻常常忽略這種令人震驚的醫學影響（一般來說，我們到底要怎麼發現污染正在讓孩子的肺部縮水？）。比較難忽略的是童年氣喘。雖然造成氣喘的原因非常複雜多元，但我們已經知道小時候曾暴露於交通污染是很關鍵的因素之一。氣喘已經證實能夠致命，此外，雖然要把暴露於交通的事實連結特定死亡案例其實非常困難，但現在也已經有愈來愈多人試圖找出兩者的連結。2019 年，來自倫敦的九歲艾拉‧季希－戴布拉（Ella Kissi-Debrah）於急性氣喘發作後過世，隨後她的家人展開一場勇敢且非常堅決的法律行動，希望找出死因究竟是不是他們家附近的高濃度空氣污染〔艾拉住的地方只距離倫敦繁忙的南環路（South Circular Road）25 公尺／ 80 呎遠，而她已經受癲癇發作所苦長達三年，為此曾進出醫院共計 27 次〕。在一篇媒體聲明中，她的媽媽羅莎蒙（Rosamund）表示：「假如可以證實艾拉是

被污染害死的，那政府就得被迫正視並注意這個隱藏但致命的殺手正在大砍我們的孩子的壽命。」[18]

■ 問題的核「心」

呼吸相關的健康問題其實並不是人們死於戶外空氣污染的主要原因——這項事實聽起來可能滿意外的。根據世界衛生組織，多數案例（80％多）其實是由缺血性（與血流相關）心臟疾病與中風所造成。此外，每年也有 100 萬人由於**室內**空氣污染所引發的缺血性心臟疾病而提早辭世；有鑑於此，當我們想瞭解髒空氣究竟何以成為「業績這麼好」的全球殺手，心臟顯然至關重要。

令人擔憂的是，我們不見得要高度暴露於污染才會引起心臟問題。一項近期研究針對居住在南非開普敦的女性，發現即使只是接觸到低濃度的二氧化氮或苯等揮發性有機化合物，都會增加其他心血管問題的危險因子。同時，空氣污染也可能引發一些瞬發問題，例如心律不整（心跳不規律）與心臟病發作。科學家曾在一項巧妙的研究裡監測胸腔內裝有去顫器的人吸入各種不同污染的情況，包括二氧化氮、二氧化硫、臭氧，以及 PM2.5 懸浮微粒。他們發現，若 PM2.5 穩定增加（相當於逐漸惡化的都市空氣品質），那心房顫動的機率便會相對突然增加。同樣令人擔憂的是，這份（美國）研究所測試的 PM2.5 濃度比美國國家環境保護局所建議的濃度還要低上許多。[19]

我們還沒完全瞭解髒空氣傷害健康心臟背後的確切機制，但已經有研究發現家庭空污和各式心血管危險因子之間的關聯性，包括發炎、高血壓及動脈硬度。最近有一份研究探討受污染的墨西哥市裡死於交通事故的 63 名年輕人。他們找出了一種可能機

制，是關於一種富含鐵質的磁性奈米粒子（直徑小於 200 奈米，亦即小於典型細菌或電腦晶片裡的電晶體的尺寸）。此外研究人員也發現，深埋於它們心臟肌肉組織內粒線體的粒子，是居住在污染程度較低處的控制組受試者的兩倍。而他們認為，這些粒子跟「早期且重大」的心臟受損有關。所以說，空氣污染是不是在我們的心臟裡，植入了小型的定時炸彈？[20]

而跟心臟疾病不同的是，中風是世界上數一數二重大的殺手，每年都有超過 620 萬人死於中風。根據世界衛生組織，死於心臟疾病的案例有 12％是由家庭空氣污染所引發，而空污的主要來源是人們以固態燃料與煤油烹煮。另外有些近期研究發現，隨著交通污染（二氧化氮與粒狀物質）以相對較小的速度增加，我們在中風發作之後死去的機率也顯著增加。而一項針對倫敦超過 3000 位中風患者所進行的研究，發現粒狀物質增加的幅度即便不太明顯，仍會導致死亡風險提高 52％；相較之下，如果二氧化氮以相同的幅度成長，也會使死亡風險提升 28％。換言之，假如你哪天在某座城市中風，那麼，在不搬至他國的情況下，搬到國內其他空氣較好的地方療養應該是一個不錯的點子。[21]

■ 與癌症的關聯

在空氣污染傷害能力的研究中，美國先行流行病學家亞頓·波普及其同事於 2002 年所發表的報告堪稱最驚人且最具說服力。這篇人稱「美國癌症協會研究」的報告蒐集了大約 50 萬名成年所做的問卷，並將問卷資料與受試者居住地的空氣污染紀錄相互比較。波普藉此發現每當 PM2.5 懸浮微粒增加 $10 \mu g/m^3$（有點類似從污染程度較低的洛杉磯搬到污染較嚴重的莫斯科），死於肺癌

的風險就會提高 8%。[22]

如今，肺癌和空氣污染之間相關的事實一點都不令人感到意外，尤其因為人們在過去幾十年來早就已經知道肺癌和菸草燃煙之間的關係了。不過，我們現在也開始發現還有其他更讓人感到驚訝的癌症也跟我們吸入的空氣有關。首先，有許多因素都有可能提高女性罹患乳癌的風險，包括年紀（與 DNA 損傷）、家庭病史、酒精、抽菸、缺乏運動及肥胖等，但以上這些仍無法解釋絕大多數的新個案，抑或是為何都會地區的患者數量如此地高。而現在有愈來愈多證據指出有另一種可能的解釋是乳癌和空氣污染之間的關聯性。一項主要研究囊括來自九個歐洲國家的 7 萬 5,000 名女性，發現一些「暗示性證據」顯示乳癌和PM2.5、PM10 及二氧化氮之間有所關聯，即使該證據的說服力仍稍嫌不足（沒有「統計上的顯著性」）。但至少最近已經有十幾項其他研究發現二手菸與大腸直腸癌之間的關聯；此外這些研究也認為，其他形式的空氣污染（化學物質成分與菸草燃煙類似）應該也跟那些癌症有關。[23]

■ 腦力流失

空氣污染會讓我們變笨嗎？在髒空氣的有毒化學物質面前，我們的腦袋會因此變鈍嗎？這是我在本書的開場介紹時提出的一個半開玩笑的問題。但現在確實有許多醫學研究人員正在探討污染會對大腦帶來什麼影響，而且似乎也真的開始發現空污和大腦損傷之間的關聯性，以及空污讓人逐漸變笨的現象，以他們用的禮貌術語來說——「認知功能衰退」——或是我們用白話所說的，記性不好、智商受損，還有考試成績較低。

最近有一項大型研究，找來不同年紀的中國受試者共 2 萬 5,000 名，分別來自 162 個幅員遼闊的縣。他們發現空氣污染和口說測驗表現較差之間有所相關。如果暴露於空氣污染（二氧化氮、二氧化硫及粒狀物質）的時間較久，影響就會較大；此外，口說技巧所受到的傷害會比數學能力來得嚴重，而男性所面臨的風險會比女性高，其中，年紀較長、教育程度較低的男性（64 歲以上）所受的影響最為顯著。該研究的作者同時也發現，大量空氣污染的效果等同於人們減少一年接受教育的時間，但對年紀最長、教育程度最低的男性所致的腦力損害更相當於喪失數年的接受教育時間。雖然那群作者相信污染可能導致心智衰退——阿茲海默症及其他類型失智症的風險因子，但其中的原因仍然未知。如前所述，最近研究發現人類心臟內所貯藏的有毒磁性奈米粒子，它或許可指出污染與各式心血管問題之間的相關機制。而研究如今也在人類大腦中發現相同的粒子，所以那或許可以讓我們有點線索，知道髒空氣究竟是如何讓我們變笨的。此外，空氣污染的奈米粒子也會提高腦癌的發病率。[24]

　　一些有趣的新研究已經從認知相關的基本測試（即我們的腦袋如何像電腦一樣處理資訊），轉而探索空氣污染的影響是否會傷害我們的心理健康。不少近期研究發現，如果我們暴露於空氣污染當中，可能會產生最嚴重的精神病疾患狀況，包括憂鬱症及思覺失調症。然而其中的關聯性究竟為生物反應（污染中某些有毒物質，或許會引發腦部發炎或干擾神經傳導物質）或心理反應（被污染的都會環境造成壓力及焦慮心理加劇，並進一步導致心理健康問題），或是兩者皆有涉及，目前依然不明。[25]

　　而在腦中發生的事情——這邊講的是心理健康出狀況的情

形——並不會一直只待在那裡；心理健康問題可也會造成重大社會問題。正如我們在第五章看到的，經濟學研究學者瑞克・納文已經花了好幾年的時間測試他的理論，亦即環境鉛污染（來自車輛燃料與油漆添加物等）及各種社會問題之間的關聯性。現在也有愈來愈多討論範圍廣泛的學術研究探討空氣污染透過損害人們的心理健康造成社會問題的普世性解釋。最近，有一份研究針對將近 9,500 座美國城市進行調查，發現空氣污染的型態能確實地預測出六種主要犯罪類型。研究指出，污染會加劇焦慮，導致缺乏倫理及有罪的行為。引用作者群的用詞：「空氣污染不只腐蝕人們的健康，也有可能污染他們的道德。」[26]

空氣污染如何使我們生病？

究竟是怎樣的基礎生物機制，將骯髒氣體與粒狀物質連結至如此廣泛的日常疾患？

舉例來說，粒狀物質究竟是如何導致心臟或肺臟疾病的呢？如前所述，PM10 會在上呼吸道被過濾掉，但 PM2.5 與較小的粒狀物質有辦法通過那層防禦闖入血液，並深入腦部及其他器官。但在那之後，事情就開始變得不太明朗了。好比說，我們知道粒狀物質可能會破壞血液和大腦之間的屏障、使神經系統變得容易遭受其他攻擊，並且可能提高罹患阿茲海默症和帕金森氏症等疾患的風險。我們也知道人類大腦和心臟的深處已經發現源自污染的磁性奈米粒子的蹤跡。不過，有毒粒子穩定而緩慢的入侵，究竟是如何誘發心臟疾病、肺癌、憂鬱症、失智症，或是數不清的其他問題，至今依然是個謎。

如果我們想瞭解污染是透過什麼過程惡化呼吸問題，或許還比較簡單——例如肺炎，這種傳染性疾病主要是由細菌、病毒和菌類所致。污染在這個例子中所做的事，似乎是使我們呼吸道內的免疫反應變弱，讓入侵者能夠更輕易地攻擊我們的呼吸道，進一步提高肺炎及其他呼吸道感染的風險。

不過個別的身體細胞到底是如何被污染損壞的？一種可能的機制為氧化壓力（oxidative stress），在這過程中，入侵的化學物質會有效地突破細胞的防禦，進而造成毒性影響，包括DNA損傷、基因突變，然後就是癌症等疾患。近期研究指出，如從交通噴出來的粒狀物質富含鐵質，確實能以這種方式運作。

也有人探討過不少其他機制。其中有些研究團隊曾經調查粒狀物質和污染氣體是否會造成端粒（細胞染色體上的「帽子」）損傷。人們相信，端粒的長度是老化的關鍵，較短的端粒似乎跟慢性疾病與早逝相關，而許多研究現在已經發現，暴露於空氣污染中的人，會有比預期更短的端粒。假如污染真的會加速生物性老化，那或許就能解釋為什麼有些受到污染影響的人會提早辭世了。[27]

誰受害最深？

目前為止，我們已經檢視了空氣污染如何從兩個面向傷害我們的「三角關係」，包括污染裡的成分和它們所帶來的傷害，另外，我們也討論到常見健康狀況，並將它們連回二氧化氮及粒狀物等不同污染物質。現在我們必須來看一下哪些人最容易被污染

傷害，並進一步討論那些趨勢是否能讓我們更瞭解污染。長話短說的版本是：污染會對所有人造成影響；不過殘忍的真相卻是，受害最深的人往往是最沒有能力應對污染的群體。根據世界衛生組織總幹事譚德塞博士所言：「最窮困且最邊緣化的人正首當其衝地承受著這些負擔。」[28]

在所有人當中，最脆弱、最無能為力的是那些尚未出生的無辜胎兒。污染早在胎兒出生前整整九個月就開始執行它的致命任務——或許甚至更早，因為有證據顯示臭氧會搞亂男性精子的數量與品質。不管你怎麼想，舒服地窩在子宮裡的寶寶其實一點都不安全，因為他的媽媽會吸入污染，接著，污染會經由媽媽的肺部進入她的血流與胎盤，然後再進到寶寶的身體和大腦。髒空氣會提高流產的風險，其程度就跟抽菸的影響一樣嚴重，也會提高死胎及早產的機率。此外，髒空氣也會增加嬰兒出生時呈現低出生體重的風險；這問題是心臟疾病、糖尿病與其他嚴重病症等各種終身疾患的一大風險因子。最近，一項大型研究調查了超過 50 萬名英國寶寶，結論道，來自道路交通的空氣污染會造成寶寶生長停滯；其中，約有 3％的低出生體重案例跟嚴重的 PM2.5 懸浮微粒污染相關。而這項發現也經過其他研究證實，其他研究更提到，當二氧化氮等污染物質的濃度穩定提升時，將導致寶寶出生體重低、出生身高縮短，並使頭圍縮小。[29]

即使在孕期時處處充滿污染，有些孩子也不會表現出任何身體不適的反應，但有些孩子所受到的損害會一路帶到童年，甚至更離譜的案例則會終身深受其害。如果父母讀了兩項關於波蘭和紐約市兒童的研究結果將會警鈴大響。那些孩子還在媽媽子宮裡時，便一直暴露於多環芳香烴碳氫化合物污染當中（來自日常

來源，包括交通廢氣、發電廠，以及二手菸等各式室內污染），而研究發現，他們到五歲時，智商會比一般低四分。真正令人感到震驚的在於受到影響的兒童數量。根據聯合國兒童基金會（UNICEF）——為全球兒童設立的慈善機構——大概有 1,700 萬名一歲以下的嬰兒所吸入的有毒空氣污染程度比 WHO 準則所建議的高上六倍，其中絕大多數（1,200 萬名或 70%）居住於南亞。不過住在富裕國家的孩子也會受到污染影響，而且常常是以非常令人反感的方式發生。早在 2001 年時，美國自然資源保護協會（NRDC）便發現有數百萬名搭校車通勤的美國兒童，吸入的有毒柴油廢氣是坐在前方車內乘客所吸入的四倍，同時也是他們在戶外空間所吸入的八倍。直到（2013 年）國家環境保護局終於發布「乾淨校巴」（Clean School Bus）計畫資助車輛換新之前，已經過了十年的時間。即便如此，據估計，如今在美國仍有 25 萬輛髒兮兮的老舊校巴在路上跑。[30]

　　而 WHO 本身也告訴我們，全世界約有 90% 的孩童正在吸入有毒空氣；93% 的孩童正暴露於尤其危險的 PM2.5 懸浮微粒當中，其中 98% 的年紀小於五歲，而且基本上，幾乎所有五歲以下的兒童都暴露於 PM2.5 當中。這件事真的非常重要，因為比起成人，兒童更容易受到空氣污染影響。當孩子還小時，他們大多時間都會待在媽媽身邊（而在開發中國家裡，這些媽媽大部分的時間都在室內爐灶旁呼吸烏煙）；當孩子年紀稍長時，他們會開始花比較多時間待在戶外（此時，環境中的戶外污染就成為較大的風險了）。直到青春期以前，他們的小小肺臟都還在持續成長，所以，若以體重單位來看，相較於成年人，他們每一單位都會以更高的比率吸入更多受到污染的空氣；非常不嚴格來說，我們可

以這樣想，他們所吸收的污染在他們的小小身體裡濃度會變得更高。此外，他們的免疫系統也還沒發育完全，無法適當地保護他們免於污染傷害（或抵禦入侵病菌；這些病菌在污染的幫助之下會更容易進入他們的體內）。當成年人因為氣喘等呼吸問題而請病假時，可能會在財務上有所損失，又或者他們的公司會負責埋單，但當孩子向學校請病假時，他們的教育權益就會受到影響，那可能會進一步對他們的一生帶來嚴重的連帶效應。[31]

而當然，污染並不會隨著童年結束而停止；當我們年紀愈來愈大，就會變得愈來愈容易受到影響——在所有人當中，受到PM2.5懸浮微粒危害之風險最高的族群為年長者與中年人。我們在前面已經看到，污染跟經典的晚年健康問題相關，例如心臟疾病、心臟病發作、糖尿病、慢性呼吸道疾病、肺癌及中風。我們認為，對於老人家的健康而言，髒空氣已經成為愈來愈重要的風險因子，這並不只是因為有些污染類型正在崛起，也不只是因為我們愈來愈瞭解污染，而是因為全世界的人口正在老化，而老人家的免疫系統功效會變差，且多數傳染性疾病（例如瘧疾）的風險現在正在下降——即便COVID-19新型冠狀病毒爆發，整體趨勢仍是如此。至於全球公共衛生，流行病學家現已指出一項驚人轉變——幾十年前，年幼兒童的傳染性疾病案例（例如瘧疾、天花）主宰了死亡人數的統計數據；如今，年長者罹患的非傳染性疾病（例如心臟疾病、中風等與空氣污染密切相關者）是世界上愈來愈嚴重的問題。關於空氣污染是如何影響老人家的，我們所知道的仍然非常稀少。不過，空污會造成阿茲海默症及其他類型失智症的證據已經慢慢變得愈來愈穩固。一份近期研究針對13萬1,000名英國患者進行調查，追蹤過去七年間發生於他們身上

的事；其中，患者年齡介於 50 至 79 歲之間，而相較於居住在污染程度最低的五個地區的受試者，那些住在污染程度前五名地區者罹患失智症的比率高出 40％。另一篇近期論文回顧了 13 份分別來自加拿大、臺灣、英國、美國及瑞典的研究，並總結道，只要人們暴露於空氣污染（PM2.5 懸浮微粒、二氧化氮及二氧化碳）的機會提高，便會增加失智症的風險，雖然確切原因仍然不明。[32]

　　不幸的是，世界上許多地方至今依然會以性別為基礎來歧視他人，因此空氣污染也以這種方式進行區分時，應該也不是什麼令人驚訝的事，即便事實上沒有哪一個性別在生物本質上比別人更容易受到污染影響。在開發中國家裡，以生物量烹煮、照顧孩童的負擔大部分依然落在女性身上，而那也恰是空氣污染這負擔的所在。這就是為什麼有不少研究發現，相較於較窮困國家的同齡男性，女性罹患呼吸相關疾病及肺癌的風險顯著較高，而這個現象可能也會連帶影響她們孩子的健康與福利。令人驚訝的是，有些類型的室內空氣污染也會基於完全相同的理由將西方女性加以區分開來。正如同我們在上一章節所看到的，瓦斯爐（燃燒存在於氧氣中的天然氣）會在我們煮飯的空間內製造大量二氧化氮污染——這就是為什麼在那些仍然由女性準備食物的國家中，女性也比較有可能出現跟污染相關的呼吸道疾患症狀。[33]

大為「流行」

2020 年，當 COVID-19 新型冠狀病毒鎖死全球經濟，空氣污染專家看了他們的試算表後鬆了一口氣。當時全世界的報紙都渴望報些好消息，於是紛紛報導了空氣污染「大幅」減少的新聞。德里出現了新奇的藍天、倫敦可以清楚聽到鳥兒在歌唱，而住在加德滿都的人們幾十年來首度能夠看見聖母峰的身影。在全球疫情這場愁雲慘霧的末世景象中，以上這些新聞看起來相對美好。任教於萊斯特大學的污染專家保羅‧孟克斯教授（Paul Monks）告訴《衛報》：「我們現在看到的會不會就是當我們未來改為低碳經濟時可能會看到的景象？並不是要對那些喪生的案例表示不敬，但這場疫情可能同時也在如此糟糕的情況裡帶給我們一些希望，讓我們看到自己可以達到什麼境界。」

其他人就沒有這麼樂觀了；他們表示空氣污染並沒有完全減少。雖然有些污染物質確實大幅下降（像是來自交通的二氧化氮及 PM2.5 懸浮微粒），但其他還是維持原樣，或甚至有所增加（尤其是臭氧）。室內污染、由農業活動產生的氨，以及野火製造的粒狀物質等方面也沒有任何進步。綜觀全世界，成千上萬座發電廠仍然持續將二氧化硫和二氧化碳吹入高空之中。此外，許多人則聚焦於瞬間「污染反彈」的現象。澳洲墨爾本大學的化學家蓋比爾‧達‧席爾瓦博士（Gabriel da Silva）表示：「隨著經濟復甦，後續衍生的突增排放量，很有可能會讓環境……陷於有史以來最糟糕的情況。」

此外，科學家也開始揭發病毒和空氣污染之間更加複雜、令人擔憂的關聯性。奇怪的是，髒空氣似乎是 COVID-19

感染、住院及死亡等案例的一大幫凶。一些分別來自歐洲、美國和中國的研究發現，暴露於污染之中，可能會使死於 COVID-19 的機率提高 6～15%。我們該如何解釋**生物性質**的病毒與其實屬於**化學性質**的髒空氣之間的明顯關聯性？它們之間真的有因果關係嗎？還是我們想要找出某些關聯性的決心其實只是一種似是而非的說法，重現了古老的瘴氣理論——髒空氣會散播疾病？

雖然這方面的科學在幾年內不太有可能真正確立，但人們最近也已經迅速地指認出三種可能機制。如同我們在這個章節所提到，長期暴露於空氣污染幾乎可能對我們身體的所有部位帶來浩劫，尤其是我們的心臟和肺部。死於 COVID-19 的案例約有三分之一原本就有心血管或呼吸道疾病，這其實並非巧合。除了這個本質上為「長期」的影響，似乎另外還有兩個短期影響。髒空氣可能會刺激我們的呼吸系統、使之發炎，也可能會弱化我們的防禦力，讓病毒等東西輕易入駐。最後，同時也是最有意思的是，科學家發現證據指出，空氣污染粒子可能會幫助運輸飄在空中的微小 COVID-19 病毒到遠方，甚至遠超過應該能讓人們保持安全的 2 公尺（6 呎多）「社交距離」界線。

此外，空氣污染是否有助於解釋為什麼黑人及其他少數族裔（BAME）群體罹患 COVID-19 的風險顯著較高？數據顯示空氣污染對於某些族裔群體有所歧視，舉例來說，假如你是住在美國的非裔或拉丁裔，你就會因為住在人口密度高的貧困都會社區內而有更高機率會在生命中很長一段時間吸入空氣污染——這就可以解釋為什麼你社群裡的人們最終染上致命病毒的風險會比較高。有些人認為，這類的社會因素是一種隱性的環境種族主義。

我們需要花上好幾年進行嚴謹的科學研究才能夠理出以上這些複雜的關係。與此同時，我們想問的問題是，當全世界好幾億人同時被關在家，我們的地球究竟有沒有在「封城」期間取得任何環境上的進步，但這同樣也是一個複雜的議題。有些城市臨時想出一些大膽的計畫，鼓勵人們走路和騎單車，另外有些城市則強制野心勃勃的空氣清潔區域暫時停止實施。而雖然許多人可以在家工作，但那些必須通勤上下班的人都避免搭乘公車和火車，導致汽車交通量竄升。

在這場「大為流行」的疫情中，我們學到了什麼？有三件事特別突出。首先，雖然世人對於 COVID-19 疫情的規模大感震驚與詫異，但我們似乎對於空氣污染的駭人問題開始變得不那麼敏銳了——到頭來，因為空氣污染而喪生的人數依然多出許多啊。第二，不管是直接或間接，空氣污染對於全球公共衛生所帶來的巨大影響可能遠超出我們目前已知的明顯影響。第三，同時也是比較正向的一點是，我們從疫情可以看到，只要我們下定決心，我們就可以非常迅速且巨幅地讓空氣變乾淨。其中的挑戰在於該如何積極主動地進行淨化，而不是等著致命病毒「伸出援手」。[34]

起死回生

目前，我們有成千上百份關於空氣污染和健康的流行病學研究；具有重要地位的美國國立醫學圖書館「公共衛生」（Pubmed）資料庫列有超過 3 萬 6,000 份醫學論文和期刊文章曾提及污染或

與污染直接相關。而這每一份研究都是一片片小拼圖，在過去這幾十年間逐漸拼湊出一幅驚人但相當清晰的大圖。空氣污染不只是像我們大家已經懷疑已久般會對肺部造成傷害，事實上，它幾乎會對人體內的所有器官帶來破壞。

不過也不用為此感到絕望。我們在這個章節裡面讀到的大多情況，雖然看起來的確很誇張、令人感到憂愁，但其實出乎意料地，它們也算是好消息。污染確實奪走了數百萬條性命，但如果把污染清乾淨，就可以拯救數百萬條性命。我們有很多機會可以讓世界上許多人的生活變得更好。記得，每年都有大概 1000 萬人因為空氣污染而提早辭世，但其中有些人其實可以活更多年，也有更多人的生活其實可以改善許多。很棒的是，就像我們停止抽菸就可以帶來如此即時的好處一樣，所以說，在這些「公共衛生干預措施」當中，有些作法（例如減少 PM2.5）對健康帶來的好處其實也能夠馬上於社會上見效。

那我們還在等什麼呢？

黑暗中的光點

空氣污染研究常常就像一片蒼涼的荒地，但在這之中，也有很多樂觀的地方是我們有辦法達成的。以下只是一些例子：

- 世界銀行估計，他們於近幾年內投資於乾淨烹煮與供暖的 1.3 億美元，已經讓來自 13 國共計 1,100 萬人受益，其中包括中國、衣索比亞、肯亞、印尼、塞內加爾及烏干達。

- 假如全南非能夠遵守該國既有的空氣品質標準，每年就能夠拯救 1 萬 4,000 條提早逝去的性命，並達到 140 億美元的經濟效益，相當於南非國內生產毛額的 2.2%。如果能達到 WHO 準則的話，則可以拯救 2 萬 8,000 條生命，並獲得上述經濟效益的兩倍以上。

- 中國（正如我們在第六章所看到的）最近在淨化空氣方面投資了大約 2,260 億美元。光於 2017 年，此項投資就已經回收超過 2,570 億美元的收益，並拯救 16 萬起早逝案例。

- 至於英格蘭和威爾斯，根據估計，比起消除所有道路交通意外及吸入二手菸的事件，其實 PM2.5 污染若能顯著減少（10 $\mu g/m^3$）能夠拯救更多條性命。光在威爾斯，如果單純將市區速限從每小時 50 公里（每小時 30 英里）降至每小時 30 公里（每小時 20 英里），每年就能避免大約 120 起因 PM2.5 懸浮微粒污染而死的案例。

- 在高地瓜地馬拉，於家中裝置煙囪，能使孩子暴露於一氧化碳的機率減少 50%，並進一步讓肺炎（奪走年幼兒童性命最主要的殺手）發病率大幅降低。

- 在美國，亞頓‧波普的美國癌症協會報告當中（確立細小粒狀物質與肺癌之間的關聯性）有一個正向的發現，那就是

PM2.5 懸浮微粒於 1980 年至 2000 年期間已經大幅減少。如果將這項觀察發現轉譯一下，相當於人們平均又多活了兩到三年之久。

- 同樣也是在美國，由空氣清潔法案所帶來的效果是每年已經拯救了大概 20 多萬條早逝的生命。

- 一份歐洲研究發現，如果將 PM2.5 減少至 WHO 準則，就相當於延長人們壽命兩個月（西班牙馬拉加）至將近兩年（羅馬尼亞布加勒斯特）的時間。

- 將污染減至 WHO 所建議的濃度，每年能在歐洲阻止超過 6 萬 6,000 起童年氣喘新案例發生。

- 在巴西聖保羅，若將 PM2.5 減至 WHO 的標準，每年就能避免 5,000 人離世，價值據估相當於 151 億美元。[35]

第 9 章

腳踏實「地」
Down to Earth

空氣污染重新踏上地面會發生什麼事？

　　我們最擔心髒空氣的部分顯然是它們對人體健康的影響。不過，當太空人從外太空回望地球時，他們所看到並不是地球上的幾十億人萬頭攢動，而是一抹抹藍綠色的大地與海洋。全球有70%的面積皆覆蓋於水面之下，而儘管我們已經盡己所能地四處鋪設鋼筋及混凝土，但剩下的土地仍有很大一部分是多達 3 兆棵樹木的家。正如我們前面已經討論過的，空氣污染並不單只涉及氣體，其中包含許多灰濛濛的粒狀物質一同飄動。那些被我們拋入大氣的空氣污染物質多數能套用「凡是有起……必有落」（萬有引力法則）這句話。事實上，髒空氣不只對我們自身健康有直接影響，我們也要考量到它們也會影響海洋、湖泊、河川、樹木及作物。而以上種種都有可能再進一步牽涉到我們本身的糧食和飲用水，對我們的健康形成間接影響。[1]

　　科學家使用「污染落塵」（deposition）一詞來描述空氣污染自行落回地表的方式。醫界甚至有一個稱作「肺部沉積」（pulmonary deposition）的用詞，專門描述人類肺部在吸收空氣的過程如同菜瓜布般發生阻塞的情況。透過乾燥的空中塵埃，以及雪、霧或雨，污染落塵可能會導致各式各樣的環境破壞，影

響範圍包括我們在路邊植物看到的灰樸樸葉子到「死區」（dead zone）。死區為海洋之中毫無生命存在的廣大區域，其中最大的一片（位於波羅的海）現在已經跟愛爾蘭的國土等大。而目前為止，最廣為人知的污染落塵例子正是酸雨——那就讓我們從酸雨切入吧。[2]

⌒ 紫色的雨

回溯至 1840 年代，梭羅坐在麻薩諸塞州康科德的瓦爾登湖畔，思索著為什麼「一場輕柔細雨，便能讓草地變得更加綠意盎然」。當時的他怎麼可能會想到，工業規模的空氣污染已經開始讓「輕柔細雨」變酸、使草地變為土黃色了？在 20 世紀期間，農藥、熱衷游泳的惱人觀光客、外來種魚群入侵與氣候變遷全都對水體帶來負面影響——就是那原本被梭羅形容為「清澈到連 25 或 30 呎深的底部都能輕易望穿」的水質啊！到了 1990 年代初期，任職於威斯康辛大學的生態學家瑪喬莉・溫克勒博士（Marjorie Winkler）發現水質已經變得不像梭羅時期那麼清澈，而且酸性明顯提高，營養度也大幅上升（過度施肥）。雖然人們嘗試許多方式想要解決這個問題，但水質至今依然仍未成功復原。[3]

「我想，如果它變成粉紅色，就代表它是酸性的。」這應該是我們在學校裡最先學到的一些化學知識。酸性物質會讓中性石蕊試紙「臉紅」，轉為怵目的粉紅色或紫色，而鹼性物質（某種程度上來說，聽起來好像比酸性物質友善，但其實它們能夠造成的傷害程度也不相上下）則會將中性石蕊試紙漂為藍色。此外我們應該也都學過，如果要測量不同酸性物質和鹼性物質的強度，

要測量它的酸鹼值（pH）指標。傳統上，酸鹼值的範圍由 1（電池用酸）開始，一直到 14（燒鹼——我們可能會用這種強鹼來通排水管）；理論上，純水就落在正中間，酸鹼值為中性的 7。雖然酸鹼值指標很實用，但其實也很容易誤導人，因為它背後的計算機制不是線性，而是**對數**。如果是在線性的尺上，每往上爬一公分（約為半英寸），那就單純只是一公分，但在對數尺度上，數值每加一刻度，就代表往前跳了 10 倍（10，接著是 100、然後 1000，依此類推）。那就酸鹼值來看，數值每減少一個刻度，酸度就會增加 10 倍，而每增加一個刻度，就代表鹼度增加 10 倍。因此，酸鹼值為 3 的醋，比酸鹼值為 7 的純水酸上 1 萬倍。

那麼，究竟要怎麼把那些從天上滾下來的雨或雪酸化到足以使石蕊試紙轉為粉紅色呢？一般雨水會流過空氣中的二氧化碳，因此早在工業時代以前，它們原本就屬於微酸性的物質，會產生弱性碳酸，酸鹼值約為 5.6（相當於牛奶咖啡或茶的酸度）。不過，當空氣中充斥著那些來自發電廠煙囪、交通排氣管的二氧化硫及氮氧化物時，酸雨就會吸收這些氣體，衍生出硫酸或硝酸。它們的酸鹼值就會顯著地變強許多，約落在 4 的位置，大概等同於柳橙汁的酸度。這聽起來或許沒有太糟，但如果你是一條鱒魚，你可能不會想要整天都泡在沒有稀釋的柳橙汁裡游來游去。對多數魚類及其他淡水動、植物而言，只要酸鹼值遠低於 5 就太酸了（輕量級的蝸牛在酸鹼值 6 時就會出局，硬派的青蛙可以撐到酸鹼值約為 4 的程度）。[4]

事實上，梭羅仍在世時，人們就已經知道酸雨的存在了。早在 1852 年、《湖濱散記》（按：Walden，又譯《瓦爾登湖》）出版的前兩年，蘇格蘭化學家羅伯特・安格斯・史密斯博士（Robert

Angus Smith）就已經發現酸雨現象。史密斯博士當時是政府的「鹼監察員」（alkali inspector；即污染核查員），於英國著名的雨都曼徹斯特蒐集各地樣本並比較。他發現雨水中的酸性物質及都會污染之間具有簡單明瞭的關聯性：「我們發現，隨著雨水樣本愈接近市中心，其所含有的酸性物質比例便會異動。」接著史密斯博士也觀察到，「空氣中存有游離硫酸的事實，正足以解釋印花布品與染色布品為何會褪色、金屬為何會生鏽、百葉窗為何會變質」，以及石材建築為何會被侵蝕。20 年後，他針對酸雨主題出版了史上第一本相關書著《空氣與雨》〔*Air and Rain*，書籍全名為《空氣與雨：化學氣候學的起始》（*Air and Rain: The Beginnings of a Chemical Climatology*）〕。[5]

不過，又要再過一個世紀，等到 1960 年代初，金‧萊肯斯（Gene Likens）及其團隊於新罕布什爾州的哈伯德布魯克實驗林（Hubbard Brook Experimental Forest）進行大量的廣泛科學研究之後，酸雨的概念才開始廣為盛行。而人們正是在這座實驗林中，首度確立了那些飄越國界、有時甚至是洲際的大規模都會污染，以及那些酸到足以徹底摧毀一整個生態系統的雨水，兩者之間具有明確關聯性。1963 年 7 月 24 日，研究團隊於哈伯德布魯克取得史上首件雨水樣本，酸鹼值為 3.7；就酸度而言大概接近醋的程度。相較之下，根據萊肯斯與同事的估計，在工業革命以前，雨水的酸度應該輕微許多（酸鹼值約為 5）。[6]

下酸雨後發生的事比我們狂搖瓶子裡的醋來得更加複雜且微妙。在湖裡，彼此之間高度相關的動、植物網絡（淡水生態系統）會為了因應當地環境而產生整體變異，包括當地岩石、土壤的地質組成，還有它們所吸收的營養量等條件。可想而知，降雨量同

樣至關重要。注意，這裡的關鍵字是「生態系統」——當酸化現象開始使某些物種減少，**那麼**食物鏈的其他部分也會漸漸受到影響，即便牠／它們對於酸化的水質本身並不那麼敏感也一樣。此外，在某些情況下，酸化也會溶出鋁、鎂等金屬物質，而這些物質會溶解至水中，並很有可能會直接毒害到魚類和其他物種。

可以即時治酸雨的簡易「OK 蹦」為浸灰法（liming），也就是將鹼性的石灰岩鏟入湖泊和水池中，以中和部分酸性物質，提升酸鹼值到更接近中性。不過，淡水水體跟花園裡的池子不一樣，並不是封閉、獨立的系統。因此如果要運用浸灰法，必須不斷重複實施，間隔時間可能是幾週或幾年為單位，取決於水體本身多常自行淨化。當然啦，浸灰法並不會讓酸雨的降雨量變少，但也不失為一個不錯的暫時解方，可以防止淡水生態體系完全崩潰。此外，這種做法也能為我們爭取時間，讓更長期的解方生效，也就是減少發電廠的二氧化硫排放量。

有鑒於已受到酸雨影響的淡水湖、水池及河流的數量，對酸雨的最大受災戶而言，浸灰法算是龐大、而且非常昂貴的工作——例如挪威，當地的酸雨問題最早於 1970 年代初期開始浮出檯面。過去，挪威一度面臨全國三分之一左右的土地皆受到酸雨侵蝕。到了 1990 年代中期，從天上落下的「醋」，已經將挪威境內幾乎 50 條河川內的鮭魚全數消滅或帶來嚴重破壞。如此大規模的重創能夠替我們解釋英國（其粗糙的燃煤發電廠為斯堪地那維亞酸雨的主要成因）與挪威（接受方）兩國之間的一場重大外交爭執。回溯至 1993 年，挪威的環境局局長索比約恩·伯恩森（Thorbjørn Berntsen）的知名事蹟之一，就是為英國於減少二氧化硫排放量一事上的失敗而辱罵當時英國的環境局局長約翰·格莫（John

Gummer）為「廢物」（drittsekk）。由這起事件可以看出挪威努力壓抑的巨大挫折——在事發近 20 年前的 1976 年時，挪威空氣研究所（Institute for Air Research）的布理尤夫・歐塔（Brynjulf Ottar）便已經提出警告，來自化石燃料發電廠的「大量〔酸性物質〕可以被運送至數千公里遠之外」，導致「河川與湖泊裡的生物遭受重創」。[7]

在超過四分之一世紀後的當今，雖然英國已經幾乎關閉國內的所有燃煤發電廠，且相較於過去，二氧化硫的排放量也已經少之又少，但源自交通的二氧化氮仍意味著硝酸雨依然是一大問題。挪威還在用浸灰法處理國內的河流與湖泊，尤其是在南部地區，每年大概得花上 9,000 萬至 1 億挪威克朗（1,200 萬美元或 1,000 萬英鎊）。不過值得慶幸的是，在所有受影響的河流當中，約有半數已經達到不錯的成效——其中有 12 條河現在已經確定沒問題了，另外還有 10 條河裡的鮭魚數量也正在恢復當中。

雖然斯堪地那維亞的酸雨惡名昭彰，但那裡可不是世界上唯一受到酸雨影響的地方。只要二氧化硫與二氧化氮排放量夠多的地方都可能降下酸雨，這儼然已經成為世界各地的問題了——從美國東北部（相關研究由哈伯德布魯克發跡）到東歐，再到中國、印度和南非（高度仰賴燃煤發電的新興工業化國家）皆然。史上曾有一度的情況是，德國和波蘭境內約半數、瑞士境內 30% 的森林皆受到破壞（雖然當時的問題頗為複雜，酸雨並非單一成因）。酸雨問題最嚴重的巔峰可追溯至 1979 年，當時《紐約時報》曾報導：「阿第倫達克山脈（the Adirondacks）與加拿大的酸化程度，已經造成魚群減少或遭致摧毀」，而這全都多虧了「與醋相當酸度的降雨」。所幸，相較於 1970 年代，美國東北部如今的降雨

酸度已經弱化 10 倍左右了。事實上，酸雨問題於 1990 年代初至 2016 年期間有很大的進展，光就阿第倫達克山脈地區而言，酸化湖泊的數量就減少了 59％。不過，至今大概還有 6％的湖泊仍為酸性，而且再加上最近的壞消息——污染控制又開始鬆懈——於是問題現在又開始回歸了。[8]

回到歐洲，酸雨在 1970 年時幾乎稱不上是問題。但到了 1985 年，被科學研究採樣的森林中有多達半數呈現出明確的葉片受損跡象，而全歐洲更約有 14％的森林受到影響。至於中國，據估計，截至 2007 年為止，酸雨每年所造成的作物損害皆使該國必須消耗 100 億元人民幣（約相當於今日的 50 億美元），而其他類型的損害每年則會耗掉 70 億元人民幣。不過在那之後，雖然該國仍為燃煤發電廠的死忠粉絲，現在它們的二氧化硫排放量也已經大幅減少——幅度約為 75％。但在印度，故事就截然不同了。根據美國太空總署，印度的二氧化硫排放量在同一段時間內增加了超過 50％，而這也解釋了為什麼該國近幾十年各地降雨的酸度都變得更加嚴重。目前印度是全世界最大宗的二氧化硫排放國。[9]

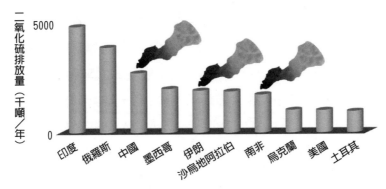

圖 43 印度位居世界二氧化硫排放量之冠，因此也很有可能是世界酸雨之冠。圖中顯示之二氧化硫排放量單位為千噸／年。資料來源：2005 年至 2018 年美國太空總署臭氧監測儀全球排放編目（Global NASA OMI Catalogue of Emissions）。[10]

從金屬粉塵到塑膠雨

只要空氣污染的成分包括有毒化學物質，那麼粉塵當中勢必也會包含有毒化學物質。現在躺在你家窗戶上曬太陽的「粉塵」——看它源自何方、旅行途徑為何——有可能包含那些在發電廠中燃燒過的有毒鎘和汞、人們在替老舊畫作拋光時所產生的鉛、來自焚化爐的致癌戴奧辛及呋喃（furan），以及氯丹（Chlordane）、地特靈（dieldrin）與靈丹（lindane）等農藥、除草劑殘留物，甚至可能還有早就被禁用的化學物質的殘跡，好比多氯聯苯（polychlorinated biphenyls；PCBs）跟惡名昭彰的殺蟲劑 DDT。[11]

像汞（於環境中，被轉化為甲基汞、二甲基汞等毒性尤其強烈的形式）和鎘等重金屬，再加上砷和氟等其他有毒的化學物質，都會從燃煤發電廠和都會廢棄物焚化爐等地方進入到空氣裡。這些地方的高聳煙囪先是把污染拋至幾百公里之外，然後污染再飄回地表，以重金屬「落塵」的形式沾上作物或玷污河川與湖泊。落至北美五大湖區的汞當中大概有 50～80% 的量其實並非如我們所想般來自陸地，而是源自這類空氣污染。而在紐西蘭，來自白島（White Island）和魯阿佩胡山（Mount Ruapehu）等活火山的天然污染也是汞的另一大來源。[12]

這個問題有多大呢？多虧了人類，西元 2000 年空氣中的汞含量是 1990 年的三倍以上。一旦汞進入生態系統，它會隨著食物鏈層級提高而產生生物累積的現象（濃度逐漸變高），對於人類與其他位於食物鏈頂端的動物形成莫大威脅。正因為有毒化學物質以這種緩慢、穩定的方式滲入環境中，又能夠持續留存長達數十年，所以（舉例來說）直到現在，雖然佛羅里

達沿海地區已經超過 40 年沒有排放有毒廢棄物的活動了，但當地居民還是被警告不要食用貝類海鮮。2017 年，一條虎鯨被沖上內赫布里底群島（Inner Hebrides）海岸，人們在牠體內發現非常高濃度的多氯聯苯，儘管多氯聯苯早在幾十年前就已經被禁用了。如今，在那些已經不再仰賴燃煤發電的國家裡，這類排放物的問題已經不像以前那麼嚴重了。不過舉凡中國、韓國、俄羅斯、波蘭、南非和奈及利亞等許多國家，燃煤活動、工業、交通運輸、集約農業與普遍的都市化現象仍持續製造髒空氣，重金屬落塵至今依然是一大問題。[13]

你平常在煮菜、吃水果之前，會先把蔬菜、水果洗過一遍嗎？我們大多以為清洗蔬果的目的是要洗掉農藥，但就算我們小心謹慎地挑選有機農產食用，還是很有可能會連著空氣污染殘留物一併吞下肚。例如多環芳香烴碳氫化合物（PAHs）會從森林大火、燃燒化石燃料的引擎和發電廠、花園篝火、香菸、室內烹煮、居家燒柴爐，以及更多其他來源進入空氣裡，而部分的多環芳香烴碳氫化合物會以落塵的形式回到地表，落在我們所吃的食物身上。[14]

目前在環保議題方面，人們主要聚焦在塑料廢物的問題（這麼做也是對的）。不過，雖然日常消耗性產品（牙刷、筆、瓶蓋等各種用品）在這個議題之中算是最顯而易見的指標，但細小的塑料碎片──塑膠微粒及纖維──現在也同時以肉眼看不見的方式從**空氣**釋放至環境之中。科學家的一項近期實驗是在德國漢堡設置 1 平方公尺大小的採樣範圍，計算從空中落至地面的污染；結果他們每天總共可蒐集到 512 塊「憑空冒出來」的塑料碎片。最近位於科羅拉多的美國地質調查局

也進行了另一項研究，在降雪和雨水樣本中發現微塑膠纖維、顆粒及其他碎片。這種「塑膠雨」現在在世界各地層出不窮，另一支德國研究團隊甚至也在北極的降雪中發現微塑料的蹤跡。[15]

⌒ 氮之藍調

多虧天上的髒空氣，酸性物質並不是唯一會落至地表和水面的東西——氮和氨也會。從表面上來看，氮氣好像再自然不過了，畢竟它可是佔了我們此時此刻吸入的空氣的五分之四的比例；此外，它也是促進植物成長的關鍵元素。當氮以平常的氣體形式（N_2）出現時，基本上不太會發生任何化學反應，所以對植物跟更廣泛的生態系統而言其實沒有什麼影響。如果它呈現比較活躍的形式（例如硝酸離子 NO_3^- 或氨根離子 NH_4^+），就會變成強效肥料；這時，當它隨著雨水大量落至地面，便會造成過度施肥的現象，也就是所謂的優養化（eutrophication；取自希臘詞彙，意思為「營養充分」，算是一種委婉說法）。在淡水湖泊和海岸地區，優養化會使水體缺氧，滋生大量藻類（進而產生「有害藻華」與「赤潮」現象）或植物性浮游生物，導致其他生命形態窒息。再極端一點的話，最後可能會變成所謂的死區。全世界範圍最大的死區之一位於墨西哥灣內，每年皆以大約 1 萬 4000 至 2 萬 1000 平方公里（5000 ～ 8000 平方英里）的幅度大規模成長，差不多相當於美國紐澤西州的佔地大小。[16]

這些不受歡迎的肥料大多源自水污染（像是營養豐富的污水、灌溉用水逕流），但在空氣污染中，那些以氮為基底的分子也是另一重要來源。其中大多數來自農牧用地，因為富含氮的肥料及動物排泄物會將氨氣散播至高空中。另外有一部分則源自於燃燒生物量的活動與都會區污染，甚至交通工具噴出的氮氧化物也有所貢獻。你可能會覺得這些規模其實不大，但事實上，若把各種燃燒化石燃料的活動加起來，它們排放至環境中的活性氮總量大概是我們所使用的肥料總量的五分之一。因此，儘管我們可能看不太出來骯髒的柴油車與住家附近排水溝上漂浮的那層綠色黏液之間的關係，但由市區交通等活動所產生的二氧化氮確確實實地「有助於」遠方的湖泊與河流形成藻華。雖然沒有很直接的關係，但汽車廢氣的確也是一種不受歡迎的肥料。[17]

聽到藻華或赤潮，你可能不會感到太過擔心，覺得它們就只是一些危言聳聽的新聞標題，而且似乎跟我們住在內陸——甚至很可能是都會區——的生活距離很遠又毫不相關。不過，任何足以造成水污染的事物遲早都會演變成值得擔憂的問題，因為它們很可能會影響到我們的飲用水或灌溉用水。在整個 20 世紀的期間，美國境內河流的氮濃度成長了三至十倍，連帶使飲用水的氮濃度大幅提升，有時候甚至高到足以造成危害。以最極端的狀態來說，如果飲用含氮量過高的水，對人體健康的影響可能包括各類癌症，甚至可能導致一種稱為「藍嬰症」（Blue Baby Syndrome；即氧化血紅素血症）的罕見疾病。藍嬰症一般好發於六個月左右以下的幼童，成因是血液中過量的氮使大腦缺氧，有時候可能會演變為腦傷或腦死。[18]

〜〇 生長之痛

空氣污染落回地面的疑慮之一是對植物的破壞，尤其是我們賴以維生的農作物。舉例來說，酸雨能夠改變土壤結構上的平衡，大幅改變在不同特定地點生長的植物種類，降低繁盛物種的多樣性，並使最後僅存植物的生產力下降。雖然不同物種對不同污染物質會有不同的忍受度，但二氧化硫、二氧化氮、煤煙粒子及臭氧全都能對植物造成傷害。小麥、豆類、黃豆、花生、棉花、葡萄、萵苣、洋蔥及馬鈴薯皆對臭氧非常敏感；而苜蓿、大麥和菠菜則非常容易受到二氧化硫影響。[19]

植物對空氣污染的反應也因污染物質的種類而異，小自植物營養出現小缺陷、大至完整葉片脫落甚至死亡。如果把光合作用跟人類呼吸相互類比（植物「吸入」二氧化碳、「呼出」氧氣），就可以很容易想像空氣污染對於植物和人體會造成多少健康問題。以植物來說，氣體由氣孔（葉片外層「皮膚」，即表皮層）進入內部細胞，污染物質也一樣。有些污染物質會造成潰傷（植物組織快速死亡，或是突發性葉片損壞），其他則可能使葉片褪色，讓它們無法正常進行光合作用，或葉片全數落光，最終導致整株植物死亡。另外，還有些污染物質會影響蒸散作用（水份由根部移動至外部空氣中的過程）或植物的繁衍。

那麼，不同污染物質各會造成何種傷害呢？就粒狀物質的例子來說，通常單純只是煙粒灰塵落在葉片上阻擋光源，使得植物無法進行光合作用，沒辦法正常生長。臭氧就比較陰險了；葉片會直接吸收臭氧，導致細胞遭到破壞，再加上原本光合作用進行的場所——葉綠體——流失（此過程稱為「缺綠症」），葉片開

始轉黃，降低植物根部的效能，阻礙植物生長。另外，還有一種跟霧霾相關的化學物質是過氧乙醯基硝酸酯（PAN），會讓葉片的上表皮變得光滑或使葉片變為銀白色。二氧化硫會以相同的路徑進入植物體內，並以各種不同方式破壞植物，包括阻塞氣孔、阻斷氣體和水進入的管道，抑或是破壞光合作用。此外，二氧化硫也會漂白葉片，導致缺綠症；當二氧化硫以硫酸雨這種高濃度的形式登場時，甚至可能會在葉片上燒出破洞。不過濃度沒有這麼高的話，植物其實會吸收二氧化硫作為一項重要的營養物質。最近，有些國家致力控制二氧化硫排放量，如今反而讓植物面臨缺硫症的狀況。諷刺的是，農夫甚至必須在土壤中額外添加硫以作為補償（正如他們早在 19 世紀時曾經做過的）。二氧化氮同樣具有這種對立的效果——有時會遏制植物成長，但有時又可以被轉化成硝酸，（在濃度不高的情況下）擔起肥料的角色促進成長。有時，複雜的污染物雞尾酒會聯手密謀，讓都市裡的植物生長狀況比鄉下地區來得更好（因為，舉例來說，在鄉下地區的臭氧濃度可能會比市區高出許多）。[20]

　　而相較於體積、質量都較小的植物，比較高大、龐大且茁壯的樹木跟髒空氣之間的關係就更為複雜了。如同我們之前在第 4 章所討論，如果我們能以正確的方式部署樹木，那就能夠利用它們來解決某些都會空污的問題；相反地，如果我們在錯誤的地方種植錯誤的品種，那它們也有可能使一模一樣的問題加劇。一般而言，一棵樹可能擁有 25 萬片葉子，因此其表面積加總起來可達地面上樹蔭面積的數倍之多。這使得樹木在清除特定種類的污染物質時有十分顯著的成效——尤其是粒狀物質。但另一方面，樹木也會受到酸雨和其他類型的落塵影響，可能會造成葉片或針葉

脫落、樹皮損傷或成長受阻。在這種情況下，從土壤中吸取水份的過程將變得相當困難，而且樹木遭到天氣、疾病及掠食性昆蟲（例如小蠹蟲）攻擊的風險也會因此提高。[21]

　　百年老樹究竟是如何擺脫乾旱、疾病、閃電、蟲害，甚至在面對（會持續好一段時間）內部腐壞、一點一滴侵蝕致死的命運時能持續奮戰的精神，都讓我們大家都感到驚奇不已。不過，當樹木遇上高濃度酸雨的系統式屠殺時，它們的戰局就沒辦法如此順利了。酸雨會穿過高處樹葉茂密的樹冠層，一路抵達森林的枯枝落葉層，逐步改變土壤的組成。因此樹木會同時遭到上下夾擊。酸雨有一個悖理的相關現象，那就是受到酸雨影響的地方通常都是在距離污染發源地很遠的原始鄉下地區，包括浸淫在酸性雲層、山霧之中的高海拔森林（那是因為從被排放出來的二氧化硫污染，要轉化至真正可以造成破壞的硫酸，整個過程需要花上一些時間）。例如在美國，阿第倫達克山脈以前曾是著名的受害者，而元兇則是位於中西部的發電廠（如今，多虧了川普政府在空氣清潔上的大倒退，阿第倫達克山脈又要再度淪陷）。[22]

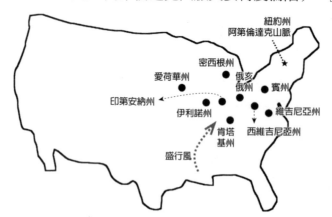

圖 44 位於紐約州阿第倫達克山脈（星號處）的森林與湖泊深受酸雨影響，而形成酸雨的元兇是從其他州（黑點處）飄來的發電廠排放廢氣，最遠甚至可追溯至愛荷華州（IA）及肯塔基州（KY）。[23]

収割囉

　　雖然我們現在在擔心的是空氣污染對於健康的直接影響，但其實空氣污染如何破壞農作物、降低品質，或許是我們更應該擔憂的議題。因為，一方面，空氣污染對健康所帶來的是長期的慢性影響，會在全體人口當中逐漸擴散稀釋，而且可能得花上數年或數十年的時間才有會浮出檯面。但另一方面，它卻可能對於我們賴以生存的糧食造成更加即時、急性的影響，並將影響到我們每一個人。在這個面臨全球暖化、人口卻不斷成長的世界裡，任何能讓糧食供應備感壓力的事物，都有可能讓整個國家或整塊大陸陷入飢荒 [24]

　　正如我們在第 3 章的探討，大規模空氣污染可以追溯至遠古時代，所以，若要說髒空氣對農作物的影響在古時候曾是一大憂患，應該也不是什麼令人意外的發現。早在 1661 年，約翰‧伊夫林就已經在《煤煙對策論》（他針對倫敦的空氣污染所寫的書）裡，花了一大段篇幅抱怨「這場可厭的煙霧……殺死了我們的蜜蜂與花朵……害得我們的花園裡毫無植栽得以萌芽、搔首弄姿，或臻至成熟……將苦澀討厭的味道分給了那少得可憐的悲慘果實，永遠無法抵達它們渴求的熟度，看起來有如所多瑪的蘋果（按：apple of Sodom，英文諺語，比喻華而不實的東西，金玉其外、敗絮其中。），只有在被觸碰時才會落下、化為塵埃。」如今，這類觀察軼事已經不再當道，取而代之的是嚴謹的研究，探討所有主要空氣污染物質如何影響著主要糧食作物的產量。 [25]

　　毫不意外，世界上污染最嚴重的地方正為我們帶來最令人憂心的影響。根據一份近期研究估計，如果把印度空氣污染和氣候

變遷的效力加以結合，足以砍掉約三分之一的小麥產量、約五分之一的稻米產量；此外，印度境內影響最嚴重、人口密度最高的邦，其小麥總產量也會失去一半左右。烏黑的煤煙碳粒，及燃燒生物量的家庭烹煮、工業排放及交通廢氣等活動所製造的地面層臭氧，看起來似乎得背負最大的責任。數十年來，氣候科學家不斷提醒世人應該要注意全球暖化對於世界糧食供應的影響，但我們前面提到的這份研究卻發現，空氣污染在同一個時間區段裡對作物產量的影響幾乎為氣候變遷的十倍。有鑒於印度人口成長之快速，在接下來的十年內將會超過中國總人口數；人們對氣候變遷所帶來的預期影響甚至還來不及開始，印度的空氣污染就已經準備好大肆惡化了——像這種結果才是我們真正該擔心的。[26]

在中國，臭氧和煤煙的污染目前也是一大問題，而未來同樣也會使食物供應面臨愈來愈大的挑戰。我們前面曾經提到，據估計，酸雨每年導致中國在作物損害上耗費 300 億元人民幣（其中 80% 來自蔬菜的損害）。目前臭氧污染對於糧食作物的經濟影響依然未知，主要是因為中國主要都會區之外的地區對於這種污染物的監測尚未普及。不過我們也知道，中國大幅提高食品進口量，以便提供人民更佳的食品安全保障。中國電力投資集團公司（China Power）曾針對世界銀行的數據進行分析，結果發現光是 2005 年至 2015 年的這十年間，該國的食品進口總量就由 600 萬美元成長至 3 億美元，攀升了 50 倍之多。此外，隨著中國人的飲食習慣變得跟美國人的愈趨相似，自 1970 年代起，肉品進口量已經巨幅成長**百分之好幾千**了。中國的目標是希望稻米、玉米和小麥等主食能夠達到自給自足的境界。但如果空氣污染對中國農作物的影響開始變得跟印度即將面臨的規模差不多，那麼這項目標

可能也將會嚴重受阻。[27]

更令人感到憂心的是，空氣污染真的會影響到這類基礎作物。舉例來說，對許多東南亞國家居民而言，稻米提供高達半數的卡路里攝取量，而這些國家所種植的稻米更約佔了世界總量的三分之一。現在，稻米產量嚴重受到二氧化硫、氟化物（由燃煤發電廠、家用燃料燃燒，以及各種不同的工業程序所產生）、臭氧及二氧化氮（來自交通、發電及工業）的影響。以上這些都會遏制光合作用的進行，進而對植物造成大規模破壞；而且，上述損失在未來的東南亞國家都很有可能會持續成長。

不過，空氣污染對糧食作物造成的傷害絕非亞洲限定問題。在美國，洛杉磯著名的光化煙霧（photochemical smog）現象，對加州的葡萄、柑橘類水果等高利潤作物的經濟效益存有負面影響。早在 1950 年時，荷裔化學家阿里・顏・哈根－斯密特博士（Arie Jan Haagen-Smit）在研究了光化煙霧對於菠菜、甜菜、菊苣、萵苣與燕麥的影響之後，便已釐清車輛污染與霧霾之間的關聯性。到了 1978 年，單看加州的損失就估計高達 1 億美元；而在 1980 年代期間，美國的作物耗損總額大概介於 10 億至 50 億美元之間。光是臭氧一員就已經捅出非常昂貴的簍子了——2003 年，根據美國國家環境保護局的統計，臭氧獨自對農作物帶來的傷害就得耗費美國每年 5 億美元。就世界整體而言，作物耗損總量估計落於 5 ～ 20% 之間，那麼據目前估計，由臭氧造成損害的成本每年成本約為 200 億美元。[28]

在所有會對植物造成影響的常見空污物質當中，臭氧或許是最值得擔憂的；人們至少從 1944 年起就開始紀錄它對農作物的影響。40 年後，希臘的農業科學家發現重大臭氧異常事件會徹底摧

毀萵苣和菊苣的栽種。關於臭氧有一點值得注意，它在鄉下（農作物生長地）所造成的問題比在市區（高濃度的一氧化氮有助於摧毀臭氧）來得更大。另一個問題是，臭氧產生之後會在距離原處一整塊大陸以外的地方造成嚴重破壞。英國里茲大學與約克大學的科學家最近做了一項研究；據他們估計，北美洲製造出來的臭氧，必須對歐洲每年損失 120 萬噸小麥的問題負責──那可是距離幾千公里外的地方。其中一位共同作者麗莎・恩伯森博士（Lisa Emberson）表示：「這份研究強調，我們必須更慎重地看待空氣污染對於農作物的影響，將之視為食品安全的威脅；目前，人們常忽略空氣品質其實是未來作物供應的一項決定因素。有鑒於地面層臭氧導致主食作物的產量大規模耗損，再加上我們對於接下來幾十年內即將面臨到的食安問題挑戰，未來國際合作的目標，應該要放在如何減少全球臭氧衍生氣體的排放量。」[29]

依據恩伯森的估計，臭氧目前每年大概減少全球主食作物──例如小麥、稻米、玉米和黃豆──的總產量 5 ～ 12%，這實為一大影響。不過要讓人們意識到這項問題並不是一件簡單的事，因為臭氧是肉眼**完全看不見的**污染物質，而且還是從其他物質的複雜混合物**間接**產生的──我們沒辦法直接看到或直接阻止它的產生。更何況目前的趨勢對我們不利。雖然原本的工業污染物質──二氧化硫──在世界上許多地方已經受到大規模控制，但臭氧在全球各地卻仍在不斷增加。事實上，自從人們在 19 世紀中後期開始認真研究臭氧之後，這種氣體在地表的總量已經雙倍成長了。[30]

隨著野火事件增加，樹木燃燒所釋放的空氣污染也變成一項愈來愈嚴重的隱憂。舉例來說，森林大火可能會產生乙烯。其實，

我們原本就會在食品業中使用這種氣體催熟水果，但因為乙烯會在水果真正可以收成前就使它們提早成熟，導致許多水果因此遭到浪費。濃煙和塵埃的沉積可能會使光合作用的現象大幅減少，或讓農作物變得危險、不宜食用。此外，由野火釋放的臭氧會飄到很遠的地方，可能會使幾百公里外的作物產能遭受破壞。艾希特大學（Exeter University）娜丁·昂格教授（Nadine Unger）近日也共同執行另一項關於空氣污染及作物損害的研究，她表示：「由這些大火所釋放的污染物質，會在火災事發處以外的許多地區對植物造成影響。在過去十年內，由大火產生的臭氧污染已經導致全球植物生產力大幅下降，甚至超出乾旱可能會造成的損失……我們必須正視〔它〕會破壞下風處的森林和農業生產力的問題。」[31]

餵養世界？

假如我們可以用肉眼看到臭氧等陰險的空污呢？假如我們可以安然地坐著、觀賞它們一點一滴地啃食植物、樹木和重要的糧食作物？那可能會很像大自然的縮時紀錄片，植物在一兩分鐘內從種子發芽到成熟。唯獨不同的是，我們看到的畫面基本上會完全相反——或許健康翠綠的萵苣會開始枯萎、垂死，或耕種小麥的麥稈和莖會慢慢轉為黃褐色。

正如同其他複雜的環境議題，好比氣候變遷，我們幾乎壓根兒沒想到真正重要的問題——如果世界上的糧食安全被削弱，很有可能會害死數百萬人。我們多數人都不知道食物從何而來，或者，也不清楚要維持糧食來源究竟會牽涉到哪些挑戰。我們去中

國餐館外帶一份加飯的餐點；另一方面，中國種植的稻米為世界總量的三分之一，他們想要自給自足，但現在同樣仍仰賴著外帶餐點——我的意思是，中國目前依然是世界上稻米進口量最高的國家。加州大學戴維斯分校的農業暨資源經濟學教授柯林‧卡特（Colin Carter）表示：「隨著中國的臭氧濃度提高，這種類型的污染將不只會減少該國的稻米生產，也會對全球的稻米市場帶來更廣泛的影響。」[32]

　　未來，事態勢必會變得更加惡化。酸雨的問題在挪威等國家可能會逐漸控制下來，但臭氧的問題卻會不斷加劇。根據預測，多虧了都市化、全球交通量不斷成長，甚至還有（很諷刺地）餵養當前世界人口的集約農業等問題，在接下來的幾十年內，形成臭氧的關鍵污染物質（所謂的「臭氧前體」，包括氮氧化物、一氧化碳、甲烷及揮發性有機化合物）濃度應該還會持續攀升。而這裡所預測的時間區段恰好符合世界人口的成長預測——到了 2050 年左右，世界人口可能會從目前的 70 億成長至駭人的 90 億。與此同時，氣候變遷也會讓事情變得更加嚴重——氣溫愈高，臭氧對農作物和其他植物就會帶來愈大的危害。聯合國希望全球於 2030 年達到「零飢餓」的目標，但現在，已經有 8.2 億人陷於糧食不足的處境，而且這個情況甚至接連三年持續惡化。講認真的，剛好就在有更多張嘴等著被餵食的時刻，空氣污染的前景嚴重地侵蝕我們的糧食，而氣候變遷現在才正要開始產生影響，我們真的應該要對這些事有所警覺。假如污染成為全球暖化的幫兇，讓我們陷入常態性的飢荒，那每年因此而死的人數可能就不只是死於暖化直接影響的那數百萬人了——死亡人數將會明顯多出更多。[33]

第 10 章

徹底洗淨
Scrubbing up

科技進步有辦法解決空氣污染問題嗎？

假設你成功發明出一台能夠淨化空氣的機器，它會長什麼樣？它必須夠高，才能剷除那些圍繞在我們周遭的微小（但致命）的氣態及粒狀濃縮物。別忘了，很多城市已經受到大規模污染，所以我們的機器也得夠大，才能夠非常迅速地處理大量氣體。如果它的有效表面積很大，而且平均延伸至所有方位，那也會很有幫助，因為這麼一來，它就可以一次吸入一大坨污染。此外，既然我們的目標是要處理某一項環境問題嘛，我們當然不希望使用燃煤電力再製造出另一個環境問題；因此，太陽能會是理想的動力來源之一。

現在，試著在紙上畫出這個東西的草圖 —— 它看起來應該會跟樹木長得很像。恭喜！你又重新發明樹木了！不過先不要高興得太早；別忘了，植物（如同我們在第 4 章談過的）在淨化空氣這件事上並不像我們常以為的那樣可靠。除此之外，大多數的城市裡不太可能有足夠的空地能讓我們種植足以改變現況的樹木量。

那就別管樹了吧。或許你畫出來的東西，看起來更有光澤、更高科技 —— 更像是那些已經開始在中國污染地區興起的大型霧

霾淨化機器。第一台這種機器是由荷蘭藝術家達恩·羅塞加德（Daan Roosegaarde）打造的，於 2016 年 10 月出現在北京市中心。其高度差不多等同於一棵成熟的樹，但它的形象更容易讓人聯想到乳酪刨絲器。這座 7 公尺（23 英尺）高的塔聲稱能夠在一小時內淨化 3 萬立方公尺（100 萬立方英尺）的空氣，或大概在一天內能淨化一座足球場的量。但它究竟能對自己周遭的空氣做出多大的改變，我們就不是很清楚了，畢竟我們可以把 30 萬座擠滿了人的足球場塞入北京的佔地範圍。而且事實上，那個空間早就已經充滿各種會讓空氣變髒的東西了。這就是為什麼中國人現在開始測試更高的高塔以打擊霧霾。其中一座外型貌似煙囪的最新巨型高塔標高 100 公尺（328 英尺），出現在陝西省西安市，宣稱能夠淨化 10 平方公里（3.86 平方英里）寬範圍內的空氣，使濃厚的霧霾弱化為較輕的霧。聽起來很棒，不過就算它真的行得通──而且這個「就算」算是滿大膽的假設──我們仍會需要超過 1600 座同樣的高塔才有辦法讓整座北京變乾淨。[1]

　　如果你對科技持質疑態度，也是可以被原諒的。人類首次用火、蒸氣機、石油和柴油引擎、噴射引擎、原子彈、最新的核能發電廠⋯⋯它們確實為我們帶來許多益處，好幾世紀以來在在驅動著我們的進步，但是人類發明出來的這些事物似乎也真的不斷堆積出各種污染問題。或許科技也能幫我們解決這些問題？試著去搜尋人類發明的近期紀錄，就會發現有成千上百項發明其實都在嘗試使用各種方法來淨化空氣，從實用、有建設性的到稀奇古怪的，應有盡有。我們就在本章看一下人們為了把受到污染的空氣變乾淨，曾經想出哪些點子，包括汽車內的觸媒轉化器，還有能夠直接清除空中霧霾的大型屋頂吸塵器。這些科技是不是污

染問題的解方呢？我們真的有辦法把包覆在地球四周的那一大條「氣毯」徹底洗淨嗎？

🌥 戶外清潔

淨化空氣最簡單、最有效的方式是先讓它變得不那麼髒。意思是，我們必須仔細審視交通運輸、發電廠與工廠的排放物及許多其他有毒都會污染的源頭。

■ 馴化交通

只要你有開車，你其實就已經在為淨化空氣做出一些努力了，因為車體下方有安裝觸媒轉化器。雖然你看不到它，但這個管身寬大的金屬管材會從引擎吸入髒空氣，再把髒空氣吹入窩巢狀的鉑或鈀等昂貴活性金屬，接著從後方的排氣管呼出相對乾淨的空氣。在一般的燃氣／汽油車裡，即便它的觸媒轉化器沒有特別好，都能將碳氫化合物減少三至六倍，同時或許能讓一氧化碳減少二至七倍，並讓氮氧化物減少約三分之一至一半的量。可惜除非它的溫度夠高，否則就沒什麼效果（所以它對較短車程的幫助並不大），而且雖然它會減少其他污染物質的量，但它同時也可能會製造二氧化氮（霧霾的關鍵成分）。那柴油呢？即便你在開的柴油車確實符合最新的排放標準，它所吐出的氮氧化物仍會比汽油動力汽車多出十倍左右。雖然電動車聽起來很讚，但就像我們在第 5 章所看到的，我們依然需要擔心剎車、輪胎及道路塵埃的排放物。至於電力的部分，如果它的動力來源為化石燃料，那就還是一樣會製造污染。不過，我們還是可以樂觀一點——現在的車

因為有了無鉛汽油、觸媒轉化器，車身和引擎也輕量許多，可以在使用較少燃料的情況下移動得更遠，已經比 1950 年代時乾淨許多了。麻煩的是，車輛的數量比以往多出甚多，所以車輛污染才會依舊是一個問題。[2]

雖然未來在高速公路上看到的都會是安靜、立意良好的電動車，但交通依然會持續壅塞；只要交通流量繼續提高，那污染的程度八成也會跟現在差不了多少。這就是為什麼環保人士很喜歡倡導：「我們需要的是車輛變少，不是變乾淨。」他們也告訴我們，更廣泛、更長期的解法在於更加周全地規劃都市建設（我們就能減少交通的需求）、以更為智能的方式使用科技（居家辦公及視訊會議）、設立乾淨空氣及徵收壅堵費等特區（讓人們不想開車），並打造更優質的大眾運輸系統（乾淨的電動火車和巴士）——總之就是追求交通需求能夠降至最低的生活方式，而不只是把汽車數量降至最低。這個嘛，要是負責都市計畫的人可以從零開始畫草圖、要是我們的思想也可以如此開放，那上述這些作法就都說得通。可惜的是，我們早就已經建立完數百萬戶房舍、支撐商品隔日送達的大型「即時快遞」倉庫，以及市郊購物商場（只能經由多車道高速公路前往）。更何況，我們很多人都是汽車文化的忠實會員。[4]

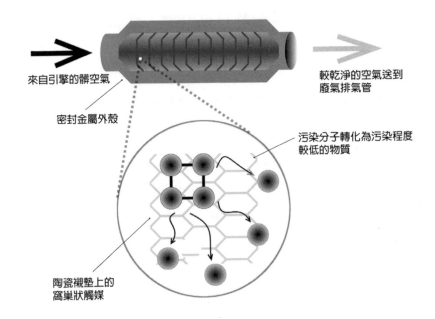

來自引擎的髒空氣

密封金屬外殼

較乾淨的空氣送到
廢氣排氣管

污染分子轉化為污染程度
較低的物質

陶瓷襯墊上的
窩巢狀觸媒

圖 45 我們的汽車底部的觸媒轉化器會運用窩巢狀觸媒，將空氣污染分子轉化成破壞
力較低的東西。在一般的燃氣／汽油車裡，即便它的觸媒轉化器沒有特別好，
都有辦法將碳氫化合物減少三至六倍，同時，或許能讓一氧化碳減少二至七倍，
並讓氮氧化物減少約三分之一至一半的量。[3]

　　我們為了讓自己覺得好像有在替空氣品質做點事情，而熱切
地緊抓著如暫時救急的 OK 繃般的臨時解方不放，例如內建空氣
清淨機的「綠能」巴士。這些空氣清淨機會在前端吸入髒空氣，
經過過濾後再由後方把較乾淨的空氣吹出來。所以，如果我們剛
好跟在這種巴士後面，其實也算是幫了自己一個忙。不過，這類
車輛究竟能夠做出多大的改變？舉英國為例，2018 年，英國的大
規模巴士集團 Go-Ahead 嘗試採用這種車輛時，可說是獨一無二
的創舉；當時，全英國共計有 3 萬 2000 輛髒兮兮的傳統柴油巴
士。甚至是倫敦，雖然那裡使用的交通工具應該是全英國最現代
化的了，但也只有 2%的巴士屬於低排放量車型。英國巴士的平

均車齡將近 8 歲，預期壽命為 13 至 15 歲，因此就算我們從今天開始汰換現有車輛，仍必須花上 10 至 20 年的時間，才有可能大功告成。[5]

　　或許我們需要的只是時間和耐心？但如果我們太輕易相信別人，那可能會讓一些沒道德良知的人趁機佔我們的便宜。幾年前，中國由於交通壅塞狀況快速加劇，因此工程師宋有洲提出「立體快巴」的想法——車體 5 公尺高、中間挖空，使用「左右護駕式」的輪胎，以「橫跨」車道的姿勢駛過壅塞車陣。雖然這項瘋狂計畫成功從輕信謠言、預期大獲收益的投資者身上募集到幾十億元人民幣，但 BBC 新聞很快就針對這起事件進行報導，指出「有愈來愈多臆測認為，這只不過是一樁投資詐騙」。最後，約有 32 名與這起陰謀相關的人士以非法募資的罪名遭到逮捕，而那座荒誕的原型樣本就這樣被丟在秦皇島的一處停車場內生鏽壞去。[6]

■ 懸崖勒馬？

　　在那些遭受污染侵擾的城市裡，市長和政府不斷被周遭的汽車和街道嗆得無法呼吸，加上像電動車那些言過其實（根本不可能達到「零排放」）的解決方法從中作梗，難怪他們會絕望地採取胡亂行動來淨化空氣。例如鮑里斯‧強森（Boris Johnson）在擔任倫敦市長任內，同意讓一大隊卡車（他稱它們為「美妙的怪玩意兒」）在壅塞路段噴灑一種以鈣為基底的黏膠以網羅空氣污染粒子，再用無害的方式把它們黏在地上。被他們挑中要進行噴灑的路徑剛好也包括一些為了符合歐洲污染法規而嚴密監測的路線，因此引來科學家及空氣品質倡議者的嚴正批判。倫敦國王學院的污染專家——法蘭克‧凱利教授——告訴 BBC：「他們竟然

試圖用這種方式向歐盟執委會隱瞞問題，我完全嚇呆了⋯⋯這並不會從根本上解決問題。」後來，國王學院的另一支研究團隊發現，強森支持的那個 140 萬英鎊計畫並無法有效解決交通排放量，但同時也認同該計畫在處理其他形式的都市髒空氣或許依然具備一些效力。[7]

雖然現代空氣污染大多時候根本不可能用肉眼看見（因為它們的成分都是像一氧化碳、微觀粒子這類物質），但人們常有一種心理，是處理方式要**看得見**——這才是**做事**——這也解釋了為什麼當選的政治人物這麼喜歡提出都市植樹計畫。在喬治亞的提比里西（Tbilisi），光是 2018 年，當地市政廳就下訂了 1 萬棵不同品種的樹打算種植。他們聲稱這些樹是「〔在〕一座生態健康、環境動人的乾淨城市裡⋯⋯預防空氣污染的必要條件」。而過去這幾年來，哥倫比亞的波哥大也基於相同理由將一共 10 萬棵樹插入地上。2019 年，北阿爾巴尼亞的地拉那（Tirana）在某場名為「種五棵樹，為自己製造氧氣」（create your oxygen, plant five trees）的運動中，種下 5,000 多棵樹；這場運動的誕生有一部分也是為了要減少空氣污染。但以上這些努力跟蒙古一年兩度的國家植樹日（National Tree Planting Days）擺在一起就相形見絀了——他們光從 2010 年開始種植的樹木數量就已經超過 200 萬棵。不過在衣索比亞的面前，蒙古簡直小巫見大巫，畢竟，衣索比亞聲稱自己每日種植的樹木量可是維持世界之冠（達到不可思議的、甚至有些人認為是「不可能」的 3.5 億）。[8]

各地居民總是面帶微笑地拚命種下希望的幼苗，所以可以想見，當有人要把樹木從都市空間裡偷走時，他們也會激烈地反抗。2018 年，印度有上千名憤怒的抗議者走上街頭，抵制新興住宅和

辦公建築的建設，以捍衛 1 萬 5,000 棵即將因此落難的樹。一位抗議者告訴中國媒體新華社：「德里正在窒息……我們的孩子和老人正在承受氣喘和肺部疾病之苦。這還不足以構成理由讓我們起身捍衛我們的樹嗎？」2019 年，孟買的居民也同樣採取了甘地式的公民不服從行動。數十名環保運動者發聲保護這座繁忙都市的「綠色的肺」——阿利區（Aarey），希望能讓當地的 2,646 棵樹逃過遭人砍下的命運。應該沒有多少人會反對「樹木讓都市變得更舒服」的說法，但「只要有污染通過，樹木就能把它們全部抵銷掉」的假設根本毫無依據。不過，這並不代表都市裡的成樹就該遭到電鋸攻擊，尤其當人們打算用虛弱的樹苗來取而代之更是不應該。有時人們會將樹木汰舊換新以「實現漂綠」，因為這樣就能做出「發展生生不息」的樣子，十分上相。[9]

假如我們可以更有效地使用植物來攔捕污染呢？那就是「生命牆」背後的概念——將建築物的部分內牆或外牆鋪滿特別挑選過的植物以淨化空氣。不像北京的那些空氣清潔高塔或倫敦到處噴灑的污染黏膠，這項簡單科技便宜又天然、不會耗能，也不需要昂貴的管線或電子設備。有個實例是位於康乃狄克州柯爾切斯特（Colchester）的 AgroSci 公司所推出的專利系統，名為「Aerogation」。據稱，相較於一般植物或許能夠（也可能不會）在污染通過葉片時吸收污染，該系統淨化空氣的效能能達到一般植物的 200 倍。「Aerogation」系統會將受污空氣與水混合，再透過噴嘴將混合液直接泵至植物的根及土壤，接著，微生物便會負責清除揮發性有機化合物、過敏原及其他有毒化學物質。「Aerogation」最早開始執行的任務之一是淨化美國的大型連鎖飯店——1 號酒店（1 Hotel），包括其旗下某些建築內部及周遭的

空氣。例如位於紐約的中央公園 1 號酒店，其三層樓高外牆共覆有 18 萬株常春藤與蕨類，生意盎然；位於佛羅里達邁阿密的南海灘 1 號酒店，室內則有一面種有 1,200 株植栽的綠牆，每天能夠淨化 2 萬立方公尺（70 萬立方英尺）的空氣量。以上敘述聽起來很厲害，但我們也必須先瞭解，這些飯店和他們的房客每天究竟會弄髒多少空氣，才能知道生命牆到底有沒有效果——如果有的話——那它們又為環境帶來哪些改變。[10]

■ 霧霾終結者

現在不妨來點水平思考。或許我們應該把「我們該如何淨化建築物周遭的空氣？」這個問題改成「建築物該如何淨化其周遭的空氣？」；我們也可以把「我們可以種哪些植物來清除污染？」的問題，試著改成「何不運用一些特定材料蓋辦公建築和醫院？完工之後，這些材料就會馬上開始吞噬污染了。」這類創意思考正是一種打擊都市空污的最新方法——以光觸媒混凝土打造的「霧霾終結」建築。

光觸媒（photocatalysis）的字根「photo」源自希臘文的「光」，而觸媒則是一種催化化學反應加速進行的東西，並且不會改變反應過程的本質。而光觸媒就是自體清潔窗戶背後的動力來源。這些窗戶的表面覆有一層薄薄的二氧化鈦塗層，每當有灰塵（大多以碳為基底）碰到它就會促進化學反應，將灰塵轉化為破壞力相對較低的二氧化碳和水。在光觸媒混凝土中，二氧化鈦塗層所攻擊的污染物質範圍更廣，也同樣會產生相對良性的物質，例如氧氣、硝酸鹽和硫酸鹽，以及水和二氧化碳。隨著雨水將自體清潔窗戶上的灰塵洗掉——就定義而言，它們在過程中並不會

有任何變化——二氧化鈦就接續準備好要開始攻擊空氣中的更多污染物質了。[12]

圖 46 據稱這棵實驗用的「都市樹」（City Tree）能吸收的污染量最多等同於 275 棵真樹的能耐，而且它只需要真樹所需空間的 1%。圖片來源：邁特‧布朗（Matt Brown）；出版依據為創用 CC 授權條款（CC BY 2.0）。[11]

　　世界各地現在已經開始陸續冒出能吞噬霧霾的光觸媒結構。在巴塞隆納，人們把這項技術運用在橫跨子午線大道（Avinguda Meridiana）的塞拉耶佛橋（Sarajevo Bridge），即當地進入市中心的主要道路。在墨西哥市，馬努耶‧吉亞‧恭札雷茲醫院

（Manuel Gea González Hospital）的正面外牆為一片美麗動人的珊瑚狀結構，命名為「proSolve370e」，便是以專利光觸媒混凝土打造而成，擺在那裡專門吸收霧霾。根據製造商表示，這片結構每天能夠抵銷大約 1,000 輛車所產生的污染，而且，只要仍在該材料的使用年限之內（約為 10 年）就能夠持續達到如此效能。在米蘭，義大利宮（Palazzo Italia）擁有「生物動力皮膚」（biodynamic skin），由 900 片光觸媒混凝土嵌板建構而成，總覆蓋表面積約為 9,000 平方公尺（1 萬 1,000 平方碼），讓人聯想到某種巨大的白色蜘蛛網。以上這些建築的外觀皆呈現奇異的起伏形狀，但其中的原因並非趣味取向，而是因為這種工法能夠最大化淨化空氣的有效表面積。

圖 47 米蘭義大利宮的光觸媒「皮膚」能夠吸收污染。圖片來源：弗烈德·羅密洛（Fred Romero）；出版依據為創用 CC 授權條款（CC BY 2.0）。[13]

像這種迷人吸睛的現代「綠色」建築往往引來高度關注，相關的推廣照片只要在網路曝光就會立刻爆紅。不過，趁我們還沒神魂顛倒，有一件事值得思考——這種東西在現實中究竟成效如何？馬努耶‧吉亞‧恭札雷茲醫院每天可以為 1,000 輛車收拾殘局，但在同一時段內，又有多少輛車前來造訪這棟醫院？墨西哥市共有 300 萬輛車，所以，我們會需要蓋 3,000 棟一樣的建築物才有辦法彌補。雖然說我們要把每一棟建築都包覆可以吸收污染的外牆並不是完全不可能，但同時也不是非常實際的作法。想想看那得花上多少成本？假如我們把那些錢拿來投資在別的用途，又能夠做出多少改變呢？[14]

　　如果不這麼做，我們還能做什麼？由於交通污染始於汽車，那不如就用光觸媒混凝土來蓋高速公路？那就是幾年前恩荷芬理工大學（Eindhoven University of Technology）的約斯‧布勞爾斯教授（Jos Brouwers）與研究團隊曾經在尼德蘭的亨厄洛（Hengelo）做過的嘗試。他們的成果十分顯著，使氮氧化物大幅減少了 25 ～ 45％。這聽起來很不錯，但這種道路只能淨化地面層的空氣，無法處理到真正的癥結點——高空中的空氣。此外，相較於傳統的混凝土路，這種材料的價格多出 10％ —— 可能聽起來還好，但別忘了，在美國鋪設高速公路鋪設的路面中有超過 90％的比例是柏油路。雖然柏油路的使用年限較短，但正是因為它在短期內的成本較低，所以，如果混凝土的成本更高，其實並不會真的改善這整件事。[15]

　　那還有什麼方法呢？不然在繁忙道路兩側裝上可以吸收霧霾的藩籬？英國負責建設、維護高速公路的政府單位就曾經測試過這種藩籬——他們沿著英國交通繁忙、長達 100 公尺（330 英尺）

的 M62 高速公路，搭起高 6 公尺（20 英尺）多的藩籬，甚至還曾考慮搭建可以吸收污染的遮棚及隧道。有鑒於道路網絡的總長度，即便是像英國這樣較小的國家（將近 40 萬公里或 25 萬英里），用這種方式解決問題的成本勢必依然堪比天文數字。另外，我們也必須考慮到製造那些混凝土的隱形環境成本——混凝土或許可說是史上最具**破壞力**的建築材料 [9]。[16]

　　不過，終結霧霾的材料究竟值不值得我們深入探討？這項討論依然持續延燒。2004 年，歐盟研究執委菲利浦・布斯坎（Philippe Busquin）告訴《較綠建築》（*Greener Building*）：「智能塗料不只能夠在空污管理方面帶來一場革命，也會大大影響建築師及都市計畫者處理都會長年霧霾問題的方式。」所幸人們從那之後似乎就對這類可疑的點子漸漸失去熱誠。回到英國，《連線》（*Wired*）雜誌曾於 2017 年訪問雪爾菲大學（Sheffield University）的化學教授托尼・萊恩（Tony Ryan）。他認為在高速公路上蓋污染遮棚的計畫「簡直發瘋……如果叫大家少開車會好上許多」。此外，由英國學者及其他業界專家所組成空氣品質專家小組（Air Quality Expert Group；AQEG），也大力抨擊光觸媒塗料、噴霧等能夠吸收塵埃的類似材料，因為它們很可能會散播其他污染物質，包括一氧化二氮和甲醛，而且它們淨化污染的速度也根本不夠快。不過，托尼・萊恩倒是有發現一個可以運用光觸媒布料的地方，例如由上百萬、甚至上億條纖維組成的橫布條，具備較大的表面積，可以移除更多污染。幾年前，萊恩的團

9　混凝土的其中一項成分為水泥。據估計，水泥的製造過程所產生的二氧化碳，為全世界總排放量的 7～8%。如果我們把水泥製造想像成一個國家，那它的二氧化碳排放量將排名於中國和美國之後，高居世界第三位。

隊把一首詩印在一幅巨大的光觸媒橫布條上，詩名為〈潔淨空氣之頌〉（In Praise of Clean Air），就掛在他們大學那一大棟建築的一側以展示這個概念。[17]

◼ 煙囪的挫折

在這個充滿上億輛車、數百萬座燒柴爐灶的世界裡，工廠及發電廠的煙囪已經跟一個世紀以前的形象不同，再也不是邪惡的反派角色了。某部分來說，這種轉變可算是人類在科技上的勝利。早在 1906 年，曾擔任美國礦務局（Bureau of Mines）局長的工程師弗烈德里克・科特雷爾（Frederick G. Cottrell）找出一種運用高壓電攔截煙囪內小型煤煙顆粒的方法，類似我們拿氣球在毛衣上摩擦——等到粒子帶電之後，他拿相反電極的金屬籠來吸引、捕捉那些煙粒，將工廠所排放的空氣變得相對乾淨。為了向他致敬，人們把這個神奇的過程命名為「科特雷爾化」（Cottrellizing），而這位發明人本身認為自己的方法可能會被用來淨化陸地上的霧霾和海上的霧氣。[18]

這些設備後來變成我們認識的現代除煙器，會在多段式空氣淨化過程中使用灑水噴霧（即「濕式洗滌器」）、化學反應（即「中和劑」）及高壓電（即「乾式洗滌器」）等技術。與此同時，人們運用不同技術來打擊工廠內部髒空氣的歷史也差不多悠久。如果你以為吸塵器是由該項技術的先鋒——詹姆士・戴森（James Dyson）——所發明的話，那你就誤會了。事實上，在戴森本身的專利上也說得很清楚，其主要發明靈感可追溯至 1913 年伯特・肯特（Bert M. Kent）開發一項氣旋式（製造氣流、過篩空氣）技術以抽除工廠內部煙塵；戴森於 70 多年後才使現代氣旋式吸塵器

普及化。[19]

　　但光憑「洗滌」煙囪的技術並不足以淨化我們城市裡的髒污，因為技術本身複雜昂貴，對成本斤斤計較的工廠老闆和發電廠經營者並沒有足夠的動機採用這項技術。不過，既然有這種技術，只要群眾開始施壓、提出處理都會髒空氣問題的訴求，那麼相關法律及規定便有辦法讓工廠和發電廠確實執行；就結果來看，它們的活動確實也變乾淨了。而當然啦，如果有這種技術，所需花費也在合理範圍內，那工廠老闆就沒有什麼理由不去採用。當一切都能朝這個方向推進，那我們遲早能夠達到一種良性循環，以及（希望啦）更乾淨的空氣。

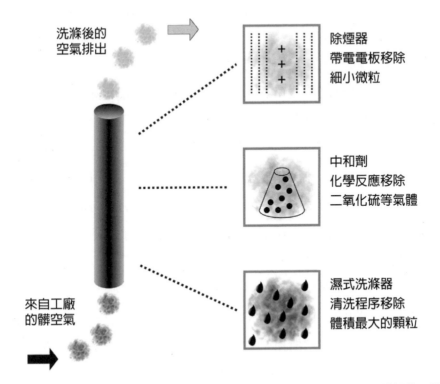

洗滌後的
空氣排出

除煙器
帶電電板移除
細小微粒

中和劑
化學反應移除
二氧化硫等氣體

濕式洗滌器
清洗程序移除
體積最大的顆粒

來自工廠
的髒空氣

圖 48 煙囪洗滌器的運作機制。受污的工廠煙霧由底部進入洗滌器，並陸續經過三個不同的淨化階段移除粒狀物質與二氧化硫等氣體。

■ 我們那遭受污染的未來？

　　無法馴化的交通、效能不如期待的都會路樹，還有那些到最後好像只是綠建築師自我推銷手段的光觸媒建築物——這些不怎麼樣的解決方案都能解釋為什麼中國人會不斷探索一些顯然不太可能實現的途徑，例如我們在本章節一開始看到的污染高塔。

　　不過話說回來，這個點子或許其實也有其可觀之處，因為除了中國人，也有其他人嘗試過這件事。荷屬公司 Envinity 開發出一款大型戶外吸塵器，能夠放置於建築屋頂吸收粒狀物質。根據它們的產品規格說明，這款吸塵器每天可以淨化 25 座足球場的髒空氣、移除 100％的 PM2.5 懸浮微粒，以及 95％極度危險的 PM1（極細緻懸浮微粒）。德國有一台類似的機器名為 Purevento，大小約等同於一只船運貨櫃，堪稱能夠捕捉 85％的氮氧化物及粒狀物質。此外，它在環保方面也無可挑惕——由多顆太陽能電池與一顆氫燃料電池發電；若無法取得綠色能源，就改以傳統電力發動。而與此同時，同樣在北京，國際建築暨工程企業奧雅納（Arup）也曾嘗試在路邊公車亭設置隱藏的替代性空氣淨化設備。他們運用了高效能袋濾器——有點類似舊式家用吸塵器內的那種——承諾能夠減少 40％的空氣污染物質。另一方面，墨西哥有一家野心勃勃的新公司 BioUrban，他們發明了一種高達 4 公尺（13 英尺）的「樹木」——以鋼材打造、充滿藻類，淨化空氣的效能等同於 368 棵真樹。雖然這些科技皆立意良好，並誠心地想要解決污染問題，但它們都受制於相同的基本問題——距離地面過近，無法改變我們所擔憂的大規模大氣污染；此外，它們處理受污空氣的速度也不夠快速，無法帶來任何影響。[20]

　　這就是我們那遭受污染的未來的樣貌嗎？城市將充斥著嗡嗡

作響的箱子和機械樹木，沒日沒夜地吸收柴油引擎、燒柴爐及其他髒東西所呼出的微觀尺度髒污？這只是一種可能性啦，不過潛伏在未來等著我們的還有另一種可能。我前面提到的、以氣旋式吸塵器聞名的戴森（Dyson）公司，最近正為一項「穿戴式空氣淨化器」申請專利；兩年前，一群台灣發明家也曾提出名稱類似的專利申請。奇怪的是，我們好像找不太到關於這兩項發明的詳情，但它們提供了另一種有點反烏托邦式的未來樣貌——灰頭土臉的都市居民將戴著金魚缸造型的安全帽、背著空氣淨化後背包，安靜地走在街上。[21]

📎 獨家「內」幕

　　我們可能會覺得淨化建築物內部的空氣會比洗滌戶外的空氣來得簡單——某種程度上來說確實是這樣沒錯。我們能全然掌握自家的室內空間，所以能夠隨時隨心所欲地進行淨化。再加上室內空間通常都滿小的，我們甚至有時候只需要打開窗戶或抽風扇就有辦法使空氣變乾淨（前提為戶外空氣夠乾淨，因此可以採取簡單的交換空氣方法）。到頭來，雖然我們有時候仍得做些取捨（像是在室內抽菸、為暖氣機上漆、用蒼蠅噴劑消滅蟲子等等），但我們當然有更多動機希望避免自己私人使用的空氣變髒嘛。最後，室內空氣污染的來源通常也都十分明顯，想要根治便相對簡單。只是以上這些方式不太能套用至戶外，因為戶外的空氣超出我們的控制範圍，污染源又多又不明確，而且我們常常會覺得，不管我們做了什麼好像都沒辦法帶來太多改變。不過當然啦，假如室內的一切都如此直截了當，那我們家裡的空氣就會永遠跟山

上的空氣一樣潔淨。但在現實中，正如我們在第 7 章討論過的，世界上有半數的空污死亡案例發生於室內，與此同時，家庭空污更是全世界第八大死因。那麼，我們可以拿它怎麼辦呢？

■ 乾乾淨淨地煮飯

世界上大多數的室內空污死亡案例是開發中國家用以烹煮、供暖的骯髒燃料所造成——有鑑於此，這應該是最佳的切入點。大體而言，我們能採取的解決方法是讓人們屏棄開放式火源（三石爐），改用適合的爐灶，並且捨棄匆促採集的燃料（木柴、動物糞便、農作物廢料等），轉而使用經過處理的高效能燃料（炭及木屑顆粒）。更好的做法是鼓勵他們升級為通風爐灶（具備煙囪和風扇，以促進對流），並捨棄低效能的固態燃料（煤），改為比較乾淨的氣態與液態燃料（或許像是乙醇、煤油、生物沼氣或液化石油氣——類似露營爐具用的東西）。理想而言，他們應該要使用完全不需要燃燒作用的爐具（在有能力支援、負擔的國家就改用電磁爐；在那些無法使用的炎熱鄉下國家可以用太陽能炊具）。

事實上，簡易的科技就能帶來不可思議的改變。如果改用火箭爐（使用木屑顆粒的超高效能炊具），我們必須燃燒的燃料量就能減少三分之一（相較於傳統爐灶）至一半（相較於非常基本的三石頭爐），同時能節省許多時間（假如原本是親自採集燃料的話）或大量花費（假如原本必須花錢購買燃料）。雖然我們必須花比較力氣去習慣太陽能煮爐，但它們的一大好處在於不需燃料。此外，雖然那些大面積反射金屬板讓它們看起來像是《星際爭霸戰》（Star Trek）裡的東西，但這項基礎技術的歷史其實甚

至比傳統的「法蘭克林爐」（Franklin stove；起源於 1741 年）來得悠久——史上第一座現代太陽能煮爐發明於 18 世紀中期，發明者是一位名為歐拉斯－貝尼迪・德・索緒爾（Horace-Bénédict de Saussure）的科學家兼高山探險家（生於 1740 年、卒於 1799 年）。[22]

　　使用髒兮兮的爐灶而因此早逝的人數多達數百萬人；知道這個數字之後，我們就會大感震驚，因為相較於其他全球性公衛議題——例如，奪走較少條性命的瘧疾或愛滋病——媒體和大眾對這項議題的關注少得可憐。但過去也有希拉蕊・柯林頓（Hillary Clinton）或比爾・蓋茲（Bill Gates）等公眾人物曾贊助一些高調的活動，即便成效不一。其中，柯林頓在 2010 年成立「全球乾淨爐具聯盟」（Global Alliance for Clean Cookstoves）時，於發表演說上提到：「自人類有歷史以來，便一直使用開放式火源與骯髒的爐具炊煮，但……它們正在緩慢地殺害數百萬人、污染環境……爐具升級將能拯救數百萬人的性命，並改善他們的生活。這就跟蚊帳或甚至是疫苗一樣，可以徹底改變世界。」五年後，有一篇刊登於《華盛頓郵報》（*Washington Post*）的評論指出該聯盟已經募資 4 億美元，並為開發中國家提供 2,800 萬台改良爐灶，但其中卻只有 800 萬台符合世界衛生組織對「乾淨」的定義，其餘被拿去取代開放式火源的都是相對不乾淨的生物量爐具。[23]

　　撇除健康上的益處，改用乾淨爐具的作法其實仍時好時壞，甚至令人失望。事實證明爐具不甚可靠或不受歡迎，而且人們有時無法負擔燃料的費用，即便最後會演變為「廚具堆積」或「燃料堆積」的局面（使用新爐具時也一併使用舊式的爐具或燃料），他們仍傾向繼續使用他們熟悉、信任的烹煮方式。姑且不論更複

雜或瑣碎的層面，這整件事的重點還是一樣——既然有那麼多簡單、技術進步的解決方法存在，而且也不會太貴（正如希拉蕊‧柯林頓於 2010 年的演講中提到，較為乾淨的爐具只需要 25 美元），但世人卻沒有採取更多行動，著實讓人感到震驚。空氣污染科學家很喜歡把西方國家的都市霧霾形容為「隱形殺手」，而這也是霧霾為何如此難以處理的其中一個原因。但在開發中國家裡，室內空污卻是肉眼能夠**看得非常清楚**的殺手——在在說明著，在全球衛生方面，處理這項議題的優先順序應該排在非常前面。更何況，換上品質較好的炊具的益處好到讓人很難忽視。全球乾淨爐具聯盟便曾指出，假如人們現在用的是傳統爐灶，那每天會花上四小時的時間烹煮，那如果改用乾淨的爐具的話，每天就能省下 1 小時 10 分鐘；這個時間就可以拿去投注於家庭、社交生活及孩子的教育。因此，雖然改變可能發生得非常緩慢，但遲早必定會有所轉變，而數百萬條性命也會因此獲得拯救。[24]

在世界上最貧困的國家，烹煮供暖往往具有致命危險（包括採集木柴燃料的人身安全風險）；基於這一點，若真要說較富裕的國家也有類似問題，似乎稍嫌過度渲染。但即便如此，有件事還是很值得我們放在心上，那就是我們在第 7 章討論過的一般（天然）瓦斯爐及使用它們的風險——可能會製造出與霧霾量相當的氮氧化物及粒狀物質。柏克萊國家實驗室（Berkeley Lab）的科學家布萊德‧辛格（Brett Singer）指出，光是在加州，就有 1200 多萬人每天都會因為日常烹煮而暴露於超量的二氧化氮污染。他表示：「如果這些情況發生於戶外的話，美國國家環境保護局就會去處理它們。但因為它們發生在別人家裡，就沒有明文規定誰必須解決這項問題。公共衛生應該要優先減少人們接觸到的瓦斯爐

污染量。」值得高興的是，這件事執行起來相對簡單——如果你家有的話——只要記住打開抽油煙機或廚房排風扇，然後確保濾網保養良好，就能把所有不好的氣體抽至建物外。要不然你也可以打開門或窗戶，製造完整的對流。[25]

■ 燒木柴百害無一利

1952 年令人震驚的倫敦大霧霾事件，主因是人們在家中火爐燃燒髒兮兮的煤炭。現在已經沒有什麼人會這麼做了，不過卻有許多人改用燃燒木柴的爐具——這會製造出非常不一樣的冬季空污，充斥著懸浮微粒（PM2.5）、多環芳香烴碳氫化合物（PAHs），以及其他各式各樣的有毒化學物質。一般我們講到都市空氣污染時，討論的主題常圍繞在柴油引擎，但在澳洲雪梨，燒柴爐反而是 75％的粒狀物污染源頭。在英國，由燒柴爐吐出的PM2.5 也比交通排放廢氣多出 2.4 倍（這很值得擔憂，因為光在歐洲，每年就有 4 萬起早逝案例是由 PM2.5 所導致）。這些問題從來沒有真正馬上取得重視；事實上，《科技時代》早在 1984 年便曾警告「廣為流行的密閉式燒柴爐，其所吐出的大量濃霧，正如一大張鋪蓋於整個社會上方的棺罩」。[26]

燒柴爐跟傳統的開放式燃煤火源不同——以開放式來說，假如風向錯誤，就會使整個房間煙霧瀰漫，但燒柴爐基本上是一個密封單位，所以它們所製造的「室內污染」全都會被拋至戶外，立刻成為別人家的問題。服務於澳洲空氣品質團隊（Australian Air Quality Group）的桃樂席・羅賓森博士（Dorothy Robinson）於《英國醫學期刊》（*British Medical Journal*）裡寫道：「在家裡有裝設燒柴爐的人鮮少認知到，單單一台被允許能在無煙區內

使用的燒柴爐，便已大於 1000 輛汽車每年所產生的 PM2.5 總量。且據估計，由一台燒柴爐於都會區衍生的醫療費用，每年皆高達上千英鎊。」[27]

雖然燒柴爐的主要賣點在於其所營造的舒適環境，但有些人購買燒柴爐的原因卻是因為它們看起來很環保。理論上來說，燃燒木材屬於碳中和（carbon neutral）的活動，因為樹木於生長時所吸收的二氧化碳量幾乎相當於它們燃燒時所釋放的量。所以當你把天然氣或電子供暖系統換成燒柴爐時，可能會以為自己在為氣候變遷盡一份心力。但就實際面而言，這個理由其實說不通——你今天燃燒的是一種燃料，把昨天原本安好鎖上的碳解開，然後又在世界已經不需要更多二氧化碳時釋出更多二氧化碳排放量。而我們今天種下、未來將用作木柴的那些樹苗，在之後的幾十年或甚至幾世紀內都不可能吸收到足以打平的二氧化碳量，但我們急需減少二氧化碳排放量啊。而且除了二氧化碳排放，當你在使用燒柴爐時，同時也是在將濃度足以構成毒性的空氣污染打入你家周遭的街道上。即使是最現代、取得合適認證的燒柴爐皆遠遠不及空氣品質的標準。雖然那些依照「生態化設計」（Ecodesign）等標準打造的燒柴爐，事實上確實比較舊的設計大幅進步，但它們每小時所吐出的粒狀物質仍是全新柴油車的 18 倍。但即使我們有嚴格的規定以規範汽車排放廢氣，但卻沒有針對燒柴爐而提出的相關規定。[28]

同樣地，針對這項問題的解法十分簡單。如果你喜歡燒柴爐營造出來的氛圍，但同時也很關心氣候變遷的話，那就買一個假的電子木柴廚灶吧（它們通常都做得非常逼真，利用水與蒸氣仿造出真實火種的舒適感）。接著把你家搭配的電力供應商改成致

力於製造可再生能源的公司。如果你很堅決想要保留燒柴爐的話，那就研究一下使用哪種燃料最好，學習如何以正確的方式點火、將其產生的燃煙降至最低 [10]。如果你家的燒柴爐很舊了，試著換一台新的吧──然後或許稍微減少使用次數，尤其是遇到無風的日子，因為煙霧可能會無法飄散。如果你真的很擔心氣候變遷，就忘掉燒柴爐吧。研究一下效果較佳的家用隔熱設備（通常很快就會回本）、太陽能板（以供電力或熱水）等這類的東西。

---

10 在澳洲，新南威爾斯環境保護署公布十個小秘訣，幫助人們減少居家燒柴爐污染：https://tinyurl.com/w3n3kpk

咳，測試測試

髮膠

我們該怎麼避免室內空氣污染呢？最根本的作法，就是停止製造它們。

只要我們拿髮膠噴自己，就會發生以下情況（根據我用「Plume Flow」空氣偵測器進行快速測試的結果）：

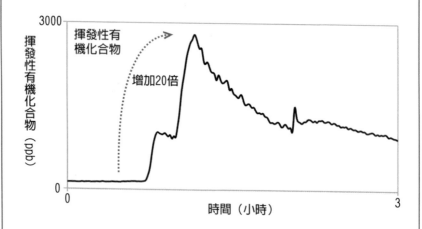

圖 49 圖中，y軸表示揮發性有機化合物濃度，單位為十億分率；x軸表示時間，單位為小時。

有些強效髮膠會很迅速地產生出大量揮發性有機化合物，濃度於短時間內增加 20 倍，並會在接下來的幾小時內持續待在你的頭髮上與房間裡。雖然我們已經知道，並不是所有揮發性有機化合物皆為有毒或有害的物質，但有害的揮發性有機化合物依然存在，而且對我們來說，所有揮發性有機化合物都沒有什麼益處。髮膠特別討人厭，因為它會一直黏在我們身上，而且很顯然不管我們走到哪裡，它就會跟到哪裡。

所以，解決這種污染的答案是什麼？戴口罩？打開窗戶？設置一些光觸媒玩意兒，來打擊這些化學物質？遊說護髮產品公司？答案顯而易見 —— 最簡單的解決方法是打從一開始就不要使用這種東西。如果是針對我們的頭髮，可以的話就避免使用氣膠；改用臘狀、凝膠或水噴霧。如果真的不得不使用罐狀噴霧的話，務必仔細檢查瓶身，選擇揮發性有機化合物含量最低的產品（有信譽的品牌通常都會標示）。

■ 吸一口新鮮空氣？

如果你夠幸運沒有住在貧困國家，也不用仰賴瓦斯烹煮或在爐架上煎炒；或如果你能夠避免臭氣薰天的居家產品，家裡也沒有燒柴爐，那麼你大概不用太擔心室內空氣污染。不過，如果你不幸有氣喘、花粉症或其他呼吸道疾病等健康困擾，你最好還是努力保持室內空氣潔淨。若是如此，你可以做些什麼呢？你大概會投資一台空氣清淨機，而它也跟我們前面討論過的戶外空氣清淨機一樣，通常有兩種主要運作機制。

有些會從裝置前方的柵欄吸入空氣，將空氣送入一種叫做高效率粒子空氣濾器（High-Efficiency Particulate Air；HEPA）的設備，然後再把空氣吹回原本的空間內。原先這種空氣濾器的開發為曼哈頓計畫（Manhattan Project；第二次世界大戰期間，專門製造原子彈的大型科學計畫）的一部分，目標在於捕捉核輻射。基本上這種空氣濾器的概念就是將紙張層層摺起，於是那些高密度的成塊纖維就能將通過的粒狀物質擦抹乾淨，連最細緻的灰塵都

不放過。依定義而言，「真正」的高效率粒子空氣濾器，能夠攔阻97％直徑0.3微米的粒狀塵埃——相較於本書中討論過的其他粒狀物質，大概比較粗糙的PM10粒狀物質小30倍、比較細緻的PM2.5懸浮微粒小8倍。理論上，高效率粒子空氣濾器甚至可以有效地攔截空中的病毒、細菌、孢子和黴菌，但實際上的成效究竟多好呢？在一項近期實驗中，研究員將可攜式的高效率粒子空氣過濾裝置分配給烏蘭巴托的孕婦（我們在第2章曾經提過，當地的高流產率與極高濃度的冬季空氣污染相關）。實驗結果令人振奮——室內PM2.5減少29％，而受試婦女血液中的有毒鎘含量也減少了14％，代表這種裝置確實能夠有效拯救生命。[29]

除了高效率粒子空氣濾器，還有另一種替代方案可供嘗試——光觸媒空氣淨化器。這種裝置所使用的技術跟我們前面探討過的光觸媒混凝土類似。在這種機器內部，流入空氣所通過的管道上方覆有一面光觸媒結構，外加啟動它所需的紫外光燈。與高效率粒子空氣濾器不同的是，這裡的空氣污染會被化學反應轉化成水和二氧化碳等較良性的物質。有些空氣淨化器會結合高效率粒子空氣濾器、光觸媒及離子化作用（如同工廠煙囪內使空氣帶電的靜電集塵器的機制），能夠相當有效地解決瀰漫在空氣中的多種污染物質，從塵蟎和花粉、到細菌和揮發性有機化合物皆沒問題。不過，正如其他形式的光觸媒清潔機制，這種空氣淨化器也有一項缺點——它們所製造出來的副產物可能會是別種類型的污染，包括甲醛及乙醛。[30]

如果技術性的解法沒有引起你太大興趣，還有一個既簡單又非常有效的替代方案——精心挑選居家植栽。20年前，環境科學家比爾·沃爾弗頓博士（Bill Wolverton）於美國太空總署執行了

知名的「空氣清潔研究」（Clean Air Study）。研究顯示，常見的室內植物（例如白鶴芋、雪佛里椰子）能夠非常有效地消除空氣中多種有毒污染物質。雖然這項研究主要的目的是為了保持太空站密閉空間的清潔與衛生，但其研究結果也與我們的居家環境息息相關——沃爾弗頓的書著《環保居家植栽：50 種淨化空氣的室內植物》（Eco-Friendly Houseplants: 50 Indoor Plants That Purify the Air，）十分值得一讀。[31]

收拾乾淨

不論室內外，我們都不缺解決污染的方法，真正的問題是那些方法究竟有沒有效；如果有的話，我們多快可以真正落實它們。有些科技為戶外空氣品質帶來十分巨大的影響，例如發電廠的煙囪洗滌器及無鉛汽油引擎。其他科技則相較令人存疑——雖然專門打擊霧霾的光觸媒建築、橋樑、高速公路等結構能夠立即改善設施周遭的空氣品質，但把它們套用至都市規模真的行得通嗎？即便只是想要稍微減輕當前的污染問題，我們得建構多少這類設施才足夠？這些怪招的價值在於娛樂居多，可以逗樂「科技宅宅」，畢竟大家都難以抵擋瘋狂發明的魅力。但如果我們被這些東西誤導，安心地以為空氣污染都在我們的掌握之下，並以為自己能夠按照原本的方式生活、安穩地把一切交給天才工程師處理就好，那它們就實在是致命的干擾了。我們必須提防話術高手與江湖騙子，時時要求開發者提供其技術的效力證明，並時時提問——誰會因此獲利？這些錢是否能夠更為妥善地運用？

理論上，室內發生的事都比較簡單。我們知道，只要我們更加致力於改變居家烹煮習慣，改用更乾淨、更有效率的方法，就可以拯救上百萬條開發中國家居民的性命。可是要讓人們使用改良的家用爐具牽涉到文化上與實務上的障礙。尤其當歷史悠久的傳統烹煮方式早已深深烙印於原生文化之中，要改變它更是難上加難；但如果我們能夠秉持文化敏感度與尊重，這些事應該不至於毫無可能發生。真正不該存在的其實是財務方面的阻礙——比起人們的性命，簡單、實用、乾淨、安全的爐具便宜太多了。如果每一台新爐具真的能夠以 25 美元的成本打造完成，那麼我們每年浪費在空氣污染上的那 5 兆美元就能至少為地球上的所有男女及孩童都各買 25 台新爐具。

戶外空氣污染非常重要且複雜的一點是，不同國家面對著不同問題。根據《全球空氣品質》的年度調查報告，在中國，懸浮微粒（PM2.5）污染的前三大成因，分別為工業用碳、交通運輸及家庭生物量燃燒活動；由於這三種活動而喪命的人數不相上下，大概比發電廠用碳致死人數多出 50％。相較之下，在印度，家庭生物量燃燒活動高居死因之冠，為發電廠用碳或工業用碳致死人數的三倍之多。而在世界上的其他地方，比起工業、發電廠或居家用碳，現在更大的隱憂其實是交通，此外，家用燒柴爐的問題也日益嚴重。單一污染解決方案無法適用於每個人、每一處或每一刻。除了乾淨空氣的普世重要性，將空氣污染議題一概而論並不是那麼有幫助。[32]

在以上討論到的發明當中，某些技術面臨的最大障礙在於髒空氣實在太多，它們並沒辦法好好消化。舉例來說，難道我們真的以為我們有辦法用光觸媒混凝土鋪出夠多的路，改變都會空污

的現況嗎？或是在世界上污染最嚴重的城市裡蓋出足量的「霧霾終結塔」？另外我們也已經知道電動車無法徹底消除交通污染，跟「零排放車輛」根本天差地遠。而不管我們多麼鍾愛城市路樹，它們顯然不可能單靠自己的力量就能使我們的城市改頭換面。我們必須做的並不是試圖將天空刷洗乾淨，而是停止繼續把它弄髒。科技在這整件事裡當然佔有一席之地，但我們同時也需要有效——且持之以恆——的法律及政治解法。而要達到這個目標，大眾對於乾淨空氣的態度必須先有巨大的轉變，其中包括乾淨空氣的重要性，以及不斷維持的必要性。這就是我們即將在最後一章討論的主題。

重塑乾淨空氣

現在，挑戰一下自己的創意，拿一張白紙、坐下思考五分鐘，看你可以設想出多少種解決骯髒都市空污的方法。雖然你可能會列出十幾種，但其實只有四種方法：一、集結髒空氣（攔截或移除空污，本質上屬於物理方法）；二、想辦法避免它（阻止空污進到我們的肺部，也是物理方法）；三、把它變成其他東西（將污染物質轉化成較為良性的物質，屬於化學方法）；四、將它擴散並稀釋（單純把髒污推到其他地方，也就是高聳煙囪使用的方法）。

令人驚豔的是，發明家能夠以這四種方法為基礎想出各式各樣的變化。弗烈德里克·科特雷爾的除煙器運用靜電，吸淨發電廠廢氣裡的煙粒（方法一），再用煙囪擴散剩餘的部分（方法四）。觸媒轉化器運用化學物質將污染擊潰（方法

三），再用傳統排氣管吹出剩下的氣體（方法四）。光觸媒是方法三的變化，而高效率粒子空氣濾器則是方法二的實例。國際建築暨設計事務所「Orproject」曾針對北京等城市，以方法二為基礎提出非常不一樣的解決方案——他們建議在植物園及其他公共空間上方打造充滿乾淨空氣的巨型泡泡，將人們關在裡面隔絕戶外的髒空氣。

假如你真的要去空氣污染嚴重的城市怎麼辦？你有什麼選擇？於光譜的其中一端，你可以跳上曼谷「Lightfog」設計工作室推出的概念腳踏車，它會從前面吸入污染，將髒污送至過濾設備之後，再透過車架內部的設計——發明者把它形容為電池驅動「光合作用」洗淨器——製造出來的氧氣取代原本的污染（假設這種腳踏車真的行得通——這本身就是一個大哉問——那就算是淨化方法一和方法三的例子）。或者，如果你對騎腳踏車有興趣，但比較喜歡傳統的腳踏車，那你可以借用藝術家邁特・霍普（Matt Hope）和他上傳到 YouTube 的玩笑影片的靈感。他運用老舊的 IKEA 垃圾桶和壞掉的空氣清淨器，在腳踏車安全帽裡裝上一台 500 伏特的踩踏驅動靜電除煙器，直接將乾淨空氣送入騎車的人的面罩內（同樣也是方法一）。

發明家喜歡發明，但他們精心打造的應變方式有時候不免出現牛刀殺雞的情況，通常會有更簡單、且效率高出許多的解法。多虧內建全球定位系統（GPS）的智慧型手機隨時都知道你的位置，現在愈來愈流行使用空氣品質應用程式以迴避污染。最佳的應用程式會幫你規劃從甲地到乙地的路徑，途中完全不會遇到髒空氣。這個點子聽起來很棒，但它必須仰賴大量精準的實時污染偵測器及地圖，而目前世界上大多城市都還沒有這般建設。[33]

第 11 章

人民力量
People power

到最後，誰能控制污染呢？

　　我昨天去搭懷舊蒸汽火車，車內滿是孩子和過度興奮的爸媽，而當我們穿梭在田野間時，火車飄出來的濃煙充滿煙粒導致我們根本看不到沿途的牛隻。如今，這種蒸汽火車似乎充滿魅力，人們對它好像完全沒有疑慮，例如我住的地方，蒸汽火車的歷史和浪漫故事便能吸引大量觀光客前來搭乘。不過，先把它的魅力擺一邊；客觀而言，我們眼前看到的是非常可怕、無可接受的空氣污染——甚至比任何現代發電廠、柴油汽車或工廠煙囪排放出來的污染還糟糕許多。

　　但有件事必須先說——我本身也參與了這項問題。我搭這列火車的習慣已經有 20 年了，而且我還捐了很多錢支持它持續營運。所以，即便我花了這麼多時間研究空氣污染及其衍生問題，我明知故犯地讓事情變得更糟。我可以用相當簡單的藉口為自己辯解：「這個東西這麼無辜、帶給這麼多人如此這般的快樂，真要抱怨它的話，聽起來無禮又可悲……比起中國的那些發電廠，這些煙囪真少到不行……根本不會對任何人造成影響。」但事實上，每次講到我們製造出來的小污染時，大家總是會這麼說。這就是為什麼空氣污染，正漸漸成為世界上最大咖的殺手——一次

就只餵我們一小口髒空氣。

　　正如我們在上一章節看到的，科技並無法完全解決我們的污染問題，理由很簡單——因為這些污染根本打從一開始就不是問題的成因。例如我的蒸汽引擎、你家的燒柴爐、你家鄰居開的骯髒柴油車（因為現在這台比她的舊車便宜），還有那些讓媒體「生生不息」的燃煤發電廠（它們印刷出很多書），但這些其實都只是「症狀」，它們的背後還有更根本的問題——在各種活動中製造污染的是**人類**，而不是人類在過程中所使用的機器。這意味著最終擁有足夠力量解決問題的主體也是人，也就是你、我，以及全體人類。

　　不過我們究竟該怎麼做呢？如果污染真的會奪走上百萬條性命、耗費好幾兆的錢財；如果污染真的會造成肺癌與流產、於我們的寶寶腦中植入定時炸彈、使我們的城市窒息，並讓餵養我們的作物枯萎；如果污染真的**那麼**嚴重，那為什麼我們的政府卻沒有什麼作為呢？為什麼政治程序會讓我們如此失望？這只是強大的經濟利益及（常被認為）虛弱的環境考量之間長久以來的衝突嗎？是因為政治人物沒有嚴正看待此事嗎？或是因為我們自己不夠重視這件事？根據益普索的資料顯示，即便在環保意識高漲的德國，全體人口中也只有少得可憐的 26％ 認為空氣污染能夠躋身前三大環境議題。這或許是因為現代空污通常無法用肉眼看到，因此這項議題於客觀上的重要性（以死亡與病痛等參數為衡量標準）及我們對其主觀上的反應（即空污對我們造成多大的困擾、我們準備好要做多少改變來阻止空污）之間存在巨大的鴻溝。[1]

咳，測試測試

蒸氣火車

　　我之前搭的舊式火車會吐出一大堆糟糕的濃煙，你可能會很寬容地稱之為「美好的老派污染」——看得到、聞得到，如果你夠幸運，甚至還能採取行動迴避它。蒸氣火車會將大部分的煤煙排至火車頭上方的高空中，隨風飄散，但有些濃煙會滲入後方的車廂內；這時，我們得開始思考火車駕駛跟司爐（fireman）究竟吸入了些什麼。我整趟旅程中都帶著我的「Plume Flow」空氣偵測器，一路記錄 PM2.5 懸浮微粒濃度。我坐這段火車好幾百次了，覺得這次算是相對乾淨的經驗。即便如此，正如你在圖表中看到的，我居住的鄉下空氣原本非常乾淨，但從火車引擎排出的細小煙粒還是能讓它變得比巴黎平常的空氣還要髒上好幾倍。

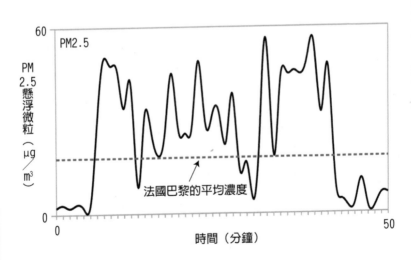

圖 50 圖中，y 軸表示 PM2.5 懸浮微粒濃度，單位為 $\mu g/m^3$；x 軸表示時間，單位為分鐘。

⌒⌒ 污染政治

■ 混合紀錄

如果你期待政治人物會幫你淨化空氣，那你大概不需要「屏息以待」了。我在撰寫此書而進行研究時，在四個不同的陸塊上目睹了四個令人震驚的例子——當我們談到污染時，人們在政治人物身上寄託錯誤的信念，而且簡直大錯特錯。

首先是印度，那些嘔吐的斯里蘭卡板球選手在新德里被迫停賽——當時霧霾濃度高出 WHO 準則 12 倍，而在那之前幾週，進出德里的班機才剛停飛幾天，上千所學校因為污染濃度創下歷史新高而停課。這起事件相繼登上世界各地報紙頭條，大家都在譴責印度的髒空氣，但印度總理莫迪（Narendra Modi）卻異常地安靜；要知道，他非常熟悉社群媒體，在推特上擁有 5000 萬名追蹤者。與此同時，在英國，有人於法庭上對政府處理髒空氣的「非法爛計畫」提出質疑，對此，政府大手筆挪用了將近 40 萬英鎊的公款去打官司。而美國在川普總統任期內，爭議纏身的環保大老史考特・普魯特（Scott Pruitt）也開始聘請顧問，協助他以系統性的方式削弱空氣污染及健康問題之間的強力關聯。在澳洲，某次國內大選終於將氣候變遷視為「決定性議題」後，政府卻立刻核准充滿爭議的卡麥可（Carmichael）礦產開發案。這項計畫除了需資 165 億澳幣，每年更會從地下挖出 1000 萬～ 6000 萬噸的煤，出口至印度那些髒兮兮的發電廠。[2]

這四個國家處理空氣污染的記錄好壞混雜。在印度，莫迪政府向 5000 多萬戶家庭供應液化石油氣汽缸，讓他們（理論上）能

夠停止燃燒骯髒的生物量，並進一步避免燃燒活動的健康風險。莫迪也訂定了更嚴格的車輛排放標準，推出早該存在的《國家潔淨空氣計畫》（National Clean Air Programme）及專門處理污染的五年計畫。不過評論家認為，這項提案力度薄弱（減量目標相當普通，只有 20 ～ 30％），而且缺乏落實與執行的確切細節。此外，人們也指控莫迪政府沒有好好處理燃煤發電廠的污染，也沒有投資可再生能源以減少對燃煤發電的依賴。半數印度人認為，空氣污染名列前三大環境議題排行，但該國在 2019 年大選時卻幾乎沒有討論到空污問題。唯獨政府機關首長尼廷・加德卡里（Nitin Gadkari）提出一項雄心異常的承諾，表示「德里在接下來三年內，將再也沒有空氣及水污染的問題」。正是這種過度承諾削弱我們對政治人物的信心。[3]

在英國，由空污導致早逝的案例成功於 1970 年至 2010 年之間減半，但這並不能歸功於國家政府政策（它們只會推廣一些像是「自羅馬時期以來規模最大的道路建築計畫」的內容，也無法好好處理農業排放廢氣）。近期一項研究發現，我們不可能真的特別將改變的成功歸功給地方性、地區性、全國性或全歐洲性的政策；抑或是好幾種政策的綜合影作用（機率最高）呢？英國的空氣權威專家表示，過去十年多改善的進展「慘不忍睹地停滯不前」──不論是英國首都或全英國，空污濃度皆無任何變化。許多都會地區的空污仍然處於違法的程度，但英國政府一再失敗，從未想出可靠的計畫來處理這項問題。正因如此，他們才會丟臉至極地在高等法院輸掉三場官司。[4]

另一方面，隨著尼克森總統（Richard Nixon）於 1970 年訂立的《空氣清潔法案》及其延伸法案，美國的空氣品質方面於 20 世

紀下半葉產生巨幅進步。減少污染物質能夠帶來實質上的改變，例如一份近期研究計算了臭氧與懸浮微粒的濃度，光是這兩者於1990 年至 2010 年之間的進步就拯救了約 4 萬條原本可能會提早辭世的性命。以上這些都非常棒，但就跟英國一樣，美國的空氣品質仍遠低於一個富裕國家該有的樣子。北卡羅萊納大學的環境科學家傑森・魏斯特（Jason West）與芭芭拉・特爾平（Barbara Turpin）於最近一篇刊登於《對話》（按：The Conversation，目前該媒體尚無中文版，此處中文名稱為譯者暫譯。）網站上的文章強而有力地指出，髒空氣「於美國所奪走的性命，仍比交通意外與槍擊案件加起來還多，比糖尿病或乳癌加上攝護腺癌還多，也比帕金森氏症加上白血病、再加上人類免疫缺乏病毒／愛滋病還多。而且不像糖尿病或帕金森氏症，因為空氣污染而死的案件完全可預防」。所以，看到川普政權的環境保護局大老普魯特及其後繼者——過去曾支持煤炭工業的遊說者安德魯・惠勒（Andrew Wheeler）——撤回無數個空氣清潔倡議，真的十分嚇人（包括車輛效率標準與骯髒卡車引擎禁令）。[5]

在澳洲，2019 年國內大選為人們帶來真正的希望——澳洲終於準備好要擺脫環保意識落後的臭名了。在 1990 年代期間，澳洲身為非正式結盟「JUSCANZ」（即日本、美國、加拿大、澳洲與紐西蘭）的主要成員，協助削弱氣候科學，並反對地勢較低的太平洋國家（海平面上升第一批「淹沒」的國家）的意見、抵制它們針對全球暖化提出的積極因應措施。10 年之後，前總理艾波特（Tony Abbott）大肆發表他個人對氣候議題的不認同，宣稱「關於氣候變遷的所謂既定科學事實無法說服」他，將之稱為「一派胡言」，並表示全球暖化「大概沒怎樣」。不過，高談闊論總會

適得其反。自 2012 年起，支持政府對氣候變遷採取立即行動的澳洲人口倍數成長；在近期一次民意調查中，高達 84％的人認為應該大力發展可再生能源。一方面，政府似乎確實有回應群眾意見——澳洲於 2018 年聲稱他們在潔淨能源上的人均投資為歐洲國家的兩倍。不過澳洲的煤炭工業擁有強力的政治後盾。允許企業巨頭阿達尼開採昆士蘭數百萬噸煤礦出口至印度，同時又在自家推廣改用可再生能源，就是一種政治人物明知矛盾而故意去做的手段。[6]

歷屆總統對污染的沉思

自從美國於 1970 年訂定《空氣清潔法案》之後，共和黨籍的美國總統便在空氣污染議題不斷反反覆覆……

尼克森於 1970 年發表國情咨文時，將空污議題定位為一大核心命題：「潔淨空氣、潔淨水源、開放空間——這些都應該再度成為所有美國人與生俱來的權利。如果我們現在採取行動就有可能達成這項目標。我們依然視空氣為免費資源，但潔淨空氣並不是，潔淨水源也不是。污染控制的成本非常高。我們過去這些年來的疏忽導致我們欠大自然一大筆債務，而現在大自然來向我們討債了。我想向議會建議的計畫將會是美國史上在這領域最全面、最昂貴的計畫。」這場演講為 1970 年的《空氣清潔法案》鋪路，也是國家環境保護局成立的基礎，但「昂貴」一詞至今仍讓共和黨成員警鈴大作。

1980 年代的**雷根**與尼克森形成強烈對比，以否認空氣污染聞名。他的演講充斥著各種毫無根據的主張，認為樹木與火山對空氣帶來的影響比汽車或卡車還糟，更暗示環保主義人士對經濟造成嚴重威脅。雷根可說是川普的模範，他指派激烈反對潔淨空氣立法的安妮·戈薩奇（Anne Gorsuch）為國家環境保護局局長以削弱國家環境保護局；戈薩奇上任後隨即大減預算、大砍人事以攻擊該局處。

相較之下，**老布希**認為他們必須跟民主黨的對手合作以強化尼克森原本的《空氣清潔法案》。他們於 1990 年草擬的法案加入大量延伸內容，獲得兩黨壓倒性的支持而順利通過。大眾普遍將酸雨、臭氧層破洞等問題減緩歸功於這項延伸法案，法案本身對於空氣品質改善也有許多其他助益。正因為這項成就，老布希從美國綠色團體領袖那邊獲得前所未見的大力讚揚，美國環保協會（Environmental Defense Fund；EDF）的弗萊德·克虜伯（Fred Krupp）甚至稱他為「環保英雄」。

老布希的兒子**小布希**發表一項市場導向的倡議，稱為「清澈天空」（Clear Skies），主張能夠平衡社會上各項互相競爭的需求：「我們的經濟在 30 年內成長了 164%。根據環境保護局昨天釋出的報告，這段期間內，由六大污染物質構成的空氣污染減少了 48%。同時發展經濟並保護空氣是有可能的事。我們就在這裡、在美國證明這件事。」不過與此同時，他也以一些幽微的方式削弱環境保護局的努力，移除或推延執行好幾項原已存在的保護措施，包括跟發電廠汞排放相關的規定。

川普結合了雷根的極端主張及小布希對科學的幽微攻擊。首先他跟雷根一樣，立刻替環境保護局親挑一位滿懷敵意的局長——普魯特。普魯特上任後隨即大砍局內的人力與預算，並

在汽車工業積極遊說後撤回原先對車輛實施的碳排放限制。此外，他也宣布廢止「清潔電力計畫」（Clean Power Plan；預計能於 2030 年以前為衛生方面帶來 340 億美元的利益）的計畫、解除並廢止長久以來針對 200 項主要污染物質（包括砷與鉛）的限制，並稱之為「管制負擔」，還跟小布希一樣，嘗試讓那些環境保護局可用的證據失效，以削弱該局作為管理者的效力。[7]

■ 政治人物該怎麼處理空氣污染？

乍看之下，這個問題很簡單、答案也很簡單。若以政治手段處理污染，最終應該要訂立特定的空氣品質目標（而且理想上應該要充滿抱負）、找出符合成本效益的實際實施方法，並確保我們能隨時掌握進度、落實執行機制，以爭取更高的成功機率。這就是國際能源署偏好的處理手法。在他們設立的框架中，污染問題源自我們使用（或濫用）能源的方式，而為了達成空氣品質目標，國際能源署採取一種三管齊下的程序，稱為「A-I-R」，即避免（Avoidance；藉由提升效能及可再生能源防止排放活動）、創新（Innovation；換言之，新科技）與減量（Reduction；針對無法避免的排放活動訂定嚴格限制）。[8]

如果我們現在在討論只是從煙囪飄出來的東西，那上述方法聽起來就相當簡單。不過，一旦我們開始梳理五花八門的污染物質究竟如何飄入空中等細節時，事情就困難得多了；換句話說，我所指的是世界各地的各種造成空氣污染的問題。在印度這類國家裡，政治行動方案必須精熟地減少——舉例來說——從相對少

量的發電廠與工廠所釋放而出的大量排放物，同時還有從相對多數的家庭生物量燃燒活動所產生的少量排放物。它們必須處理源自交通與工業的慢性滋擾及農作物殘株燃燒產生的季節性急性問題（德里每年冬季「空氣末日」的其中一大主因）。另外重要的是，我們也要瞭解，在污染影響我們時，**暴露**對人的影響比**排放**更密切；而且污染問題也牽涉到人口（人口老化現象使更多人罹難）、文化（我們需要花很多力氣去改變人們烹煮、生活或移動的方式）、自然成因（通常超出我們的可控範圍）等更多因素。[9]

如果政治上缺乏秉持主張的堅決意念，那目標和策略便毫無用處。但在許多國家裡，混亂、多重層級卻只實行部分等級制度的政府體制讓訂定決策的程序複雜又慢得可憐。德里之所以一直存有污染問題，其中一個原因在於國家政府與各邦、各省政府之間不斷爭論責任歸屬的劃分。理論上，如果把淨化空氣歸屬至地方層級（人們傾向只在一、兩個都會地區內生活或工作，對那裡的空氣品質也最關心），而不是平均分散至全國（境內各地區的問題差異甚劇），意義會大上許多。不過，那些試圖打造潔淨城市、改善環境的地方政府有時會發現大眾其實抱持著不同的優先順序。舉例來說，英國的曼徹斯特市原先野心勃勃地想要設立一大塊（210 平方公里／ 80 平方英里）乾淨空氣特區，但後來，因為幾乎高達 80％的當地居民於 2010 年公投中表示反對意見，而遭到廢除的下場。10 年後，曼徹斯特當地政府重修另一份乾淨空氣特區計畫，但也沒有成功贏得英國政府的支持。[10]

乾淨空氣特區普遍被認為是都市打擊交通污染最有效的方式，但政治人物在當選後往往不是很喜歡這類承繼自前任的計畫。在馬德里，當人民黨黨主席伊莎貝爾・迪亞斯・阿尤索（Isabel

Díaz Ayuso）於 2019 年大選壓倒性勝出時，她最先採取的行動之一就是針對馬德里的交通壅塞區開與原先成功執行的「馬德里市中心」（Madrid Central）反污染運動。她將這些倡議譏諷為「拙劣的……蠢事」，反而主張交通為馬德里文化與夜生活中不可或缺的一部分。或許是「不可或缺」啦，但有時候並不是以多好的方式存在。位於馬德里的普拉多博物館（Museo del Prado）坐擁不少舉世無雙的傑出藝術，但過去曾一度因為城市空氣污染過於嚴重，導致許多聞名的油畫作品受損到無法修復。阿尤索曾接受西班牙媒體《國家報》（El País）訪問，表示「交通壅塞是馬德里的地標」，而且這座城市「一向活躍」的夜生活「與塞車息息相關」。捨棄反污染倡議的計畫，隨即遭到世界公共衛生協會聯盟（World Federation of Public Health Associations）與歐洲公共衛生協會（European Public Health Association）反對；他們認為，有鑑於馬德里過去 10 年多皆未成功達成空污目標而遭到批評，這些倡議更是尤其必要的措施。歐洲執委會立刻警告西班牙，假如他們沒有好好改善作法，就會被上呈至歐盟法院受審。[11]

　　以上這些皆強烈指出我們不能信任政治人物會幫我們脫離邪惡的污染，而且我們一定會遇到其他容易處理的議題被擺在更優先的順序。當川普總統在推特發文，表示他自己「致力於維持我們的空氣和水源乾淨，但總是謹記經濟成長才能強化環保。工作機會很重要！」他的左傾對手很快就跳出來嘲諷，但大多經濟學家勢必認同他的說法。有時，即使政府自己做的研究報告與其採取的作為相斥，但基於被誤置於經濟和環保議題之間的爭鬥，他們不得不忽視研究結果，並進一步做出艱困的決策；一般而言，他們的做法是進行冗長的公眾諮詢，把麻煩的議題丟給下一個政

府處理。政治人物必須確保那些讓他們得權的人開心——有時候是汽車產業的遊說團體，有時候是化石燃料公司或其他希望我們不要正面解決污染的骯髒產業。即使因為髒空氣而飽受折磨的人數達到數百萬、數十億，尤其是窮人、病人、老人、年輕人，甚至是尚未出生的胎兒，他們卻都無法跟精熟政治、握有權力的既得利益者相互抗衡。[12]

　　有時，沒有好好針對污染採取行動比單純的拖延問題來得嚴重許多——實情是，我們現在票選出來的政治人物積極地否認空氣污染對健康造成的危害，並刻意撤回原已獲得證實為有效、符合成本效益的措施，例如美國的《空氣清潔法案》。現在人們口中所說的「否認空污心理」（air-pollution denial）在世界各地的民粹主義政治人物當中穩定成長。如同我們前面看到的，在西班牙，阿尤索開心地「頌揚」馬德里的交通；在美國，川普的環境保護局大老普魯特，系統性地削弱該局處理污染的能力。此外在印度，莫迪政府的環境部長（兼醫生）哈什・瓦爾丹（Harsh Vardhan），輕描淡寫地帶過空氣污染和健康問題之間的關聯性。雖然他之前曾稱污染為「沉默的殺手」，但他卻於 2017 年告訴新德里電視台（New Delhi Television）：「把任何死亡案件歸咎於污染等成因，可能太言過其實了。」與此同時的波蘭，能源部長克里茲多夫・徹哲斯基（Krzysztof Tchórzewski）於一場運輸產業的會議上告訴那些耳根子軟的受眾「污染……絕對不是人們短命的原因」（這段未加思索的斷言，隨隨便便就能被幾十年來經過同儕評閱的醫學研究推翻）。[13]

　　不過，就這樣責怪政治人物沒有好好解決困難的問題是不是太簡單了？到頭來，把選票投給他們的人是誰？或許，正如哲學

家約瑟夫・德・邁斯特（Joseph de Maistre）的名言所指出的，我們得到的政治人物和政府確實皆是我們應得的。污染是我們的問題——我們製造污染，我們也要自己去解決污染。假如政治人物無法妥善解決這項問題，我們就必須尋求其他方式來解決。

⌇ 法庭上見

或許法律可以幫助我們？英美在 18、19 世紀時率先產生現代的工業空污，同樣也率先訂立一些處理空污的現代法律，尤其是在 20 世紀。隨著駭人聽聞的都會污染悲劇（1948 年美國的多諾拉事件、1952 年英國的倫敦大霧霾事件）陸續出現，這兩個國家開始通過立法，空氣品質進而產生大幅進展——雖然也是等到下個世紀才有成效。另一方面，大多數工業化國家近幾十年來都已經有空氣品質相關法律，但污染幾乎在世界各地仍大行其道，甚至到了威脅人命的程度。或許以法律途徑淨化空氣仍未如我們希望的那般成功？但再看一下，假設法律完全毫無效果，既得利益者及他們俘虜的政治人物就不會這麼快地想要解除它們了。芬蘭研究員尤莉亞・雅米尼瓦（Yulia Yamineva）與瑟塔・羅姆帕內（Seita Romppanen）最近在整理國際空污法律時總結道，它們「並未完整回應空氣污染」、「臨時湊合」、存在「嚴重漏洞」，而且沒有「觸及〔這項問題〕對全球的影響」。正如其他所有污染的解決方法，空氣清潔相關法律確實是重要環節，但它們只是整幅拼圖裡的一塊。[14]

反污染法規的一項缺點，在於它們向來處於被動狀態——污染必須先讓大眾覺得飽受滋擾，才會有足夠的壓力敦促法律去處

理它，而等到那個時候，污染的成因早已根深柢固。回到英國的例子，雖然該國的倫敦等都會地區早已有好幾百年的污染經驗，但事實證明，早期各種空氣清潔立法並無法趕上問題發展的速度，從 1821 年的《煙害減排法案》（Smoke Nuisance Abatement Act）至 1891 年的《倫敦公共衛生法》（Public Health Act for London）皆然。倫敦大霧霾事件正是在這種背景下爆發，英國也因此必須通過全新法律——1956 年《空氣清潔法案》——以阻止相同事件重演。不過，1956 年的法案是專門為 1952 年的災難擬定的，旨在控制 20 世紀中由居家用火與發電廠煙囪排出的烏煙問題。這項立法及其他近期法條對柴油引擎和燒柴爐等現下的污染問題方面並沒有太多管制措施，甚至完全沒有。[15]

在美國，《空氣清潔法案》（原於 1963 年通過立法，並分別於 1970、1977 及 1990 年訂定延伸內容）可謂史上數一數二有效的環保法條。1997 年有一項研究發現，光是在 1990 年，該法案就成功預防「20 萬 5000 起早逝、1040 萬起暴露於鉛環境中之孩童智商表現下降，以及數百萬起其他健康問題等案例」。該研究也估計，1970 年至 1990 年之間的整體經濟效益高達 22.2 兆美元。其後續研究進一步探討 1990 年至 2020 年的發展，表示該法案到了 2020 年時應能防止每年 23 萬起早逝案例發生、540 萬天失學日、1700 萬天失工日、12 萬筆急診次數，並能帶來許多其他公衛效益。總的來說，這一切的經濟價值將能超過投入的成本，比率約為 30 比 1。所以當川普政權動手廢止清潔電力計畫（旨在淨化電力產業產生的污染，於《空氣清潔法案》近日幾項成就中，大有貢獻）等措施時——說得委婉一點——著實令人感到相當費解。[16]

我們需要的不只是有效的空氣清潔法律，還需要政府展現執法意願；就這一點來看，我們有時候真的頗為缺乏能被政治壓力左右的官方機構。處置無謂污染的任務——或者沒有確實對更廣泛的問題採取行動的責任——經常落在積極參與運動的機智律師身上，因為他們徹底瞭解立法程序，並懂得如何利用立法手段使成效達到最大化。在美國，環保法律事務所「地球正義」〔Earthjustice；塞拉俱樂部的析產分立公司（spin-off）〕已經花了數十年的時間對抗燃煤發電廠污染，並成功推動更為嚴苛的規定以管制汞，使發電廠的汞排放大減80％。在英國，致力於推動立法的國際事務所「地球客戶」（ClientEarth）曾因為英國政府未能擬出像樣的空氣清潔策略而與對方鬧上高等法院，並於2010年至2017年期間成功打下三場著名的官司。在澳洲，環境正義組織則針對燃煤發電廠及力度薄弱的污染限制不斷發起相關運動。

[18]

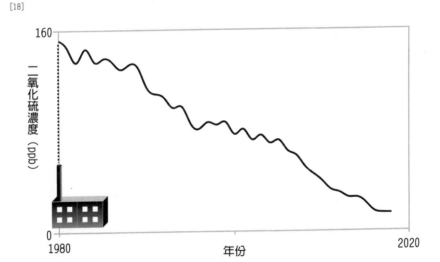

圖51 成功制伏煙図：由於美國《空氣清潔法案》，二氧化硫排放量成功大幅減少。圖中所顯示的二氧化硫濃度單位為十億分點（ppb）；資料取自美國國家環境保護局（EPA）。[17]

環保法律的問題之一是它們必須借力於當選的政治人物才能進一步發展。換句話說，保護環境的法律程序必須仰賴於那些往往充滿缺點的政治程序。另一項議題則在於法律並非恆久不變；愈有效的法律就愈容易遭致既得利益者的攻擊。而我在前面也曾提到另一個難處——法律的指向必須非常明確才有辦法發揮效力，但愈是明確也表示它們愈不可能與時俱進，面對尚未預期到的空污種類更是不可能持續有效。不過，即使我們可能會質疑環境相關法條是否有辦法徹底規範推動立法的人民，有一點是不容置疑的——正如美國的《空氣清潔法案》，只要它們發揮效力，便有辦法帶來巨大改變。

商業案件

汽車廠商、石油公司、礦業巨頭、工廠化農場……要為世界上的環境問題找到代罪羔羊十分容易，但這樣指責別人真的能讓我們更接近解決方法嗎？本書想傳達的主題之一是，「空氣污染」這個措詞並不恰當——它並不是定義清楚、容易處理的單一問題，而是許多存在著幽微差異、難以解決的議題；將它們視作一體有時並沒有什麼益處。由於空氣污染在每個國家裡的問題互不相同，解決方法同樣也會有所差異，而能夠處理它們的掌權者亦然。難道我們真的得仰賴商業來處理空氣污染嗎？還是我們應該反問自己，為什麼會創造出市場文化，還有不尊重乾淨空氣等環境價值、以顧客為取向的商業生態？我們該怪罪它們嗎？或者到頭來，我們該怪罪的是自己？

這些問題十分錯綜複雜。在印度和中國，燃燒家用燃料的活

動為污染的一大成因，工廠及發電廠也是主要的污染製造者，因此工業勢必是一個關鍵角色。那麼，同樣地，如同我們在第 6 章看到的，當中國工廠在製造便宜到不合理卻無人質疑的商品時，從那些工廠鑽出來的空氣污染反而在某種程度上給了西方人一些特權。目前，英國最糟糕的空氣污染成因為都市交通，但駕駛人仍堅信汽車產業必須率先收拾它們捅出來的簍子。在南非，發電廠和工廠排放廢氣糟糕至極，但大企業經常強烈反對政府想要減少排放量的努力（只有 15％ 的南非人認為空氣污染是一項嚴重問題，幾乎少於其他所有世界大國；這對解決污染毫無幫助）。如今，世界上相對富裕的國家都漸漸捨棄化石燃料，但在澳洲，令人窒息的燃煤發電廠不但持續「延燒」，同時也繼續製造污染，全都多虧了他們的排放標準比歐洲、北美洲，甚至部分亞洲國家的標準來得寬鬆許多。澳洲環境正義組織等倡議團體表示，這般現象可能會令成千上萬條性命陷於風險之中。針對這番主張，發電廠營運者加以否認，並堅稱自己確實依法營運——可是卻幾乎不會有人控訴他們過於激進。到頭來，這一切究竟是商業上的失敗，還是法律、政治或人民的失敗呢？[19]

當然，對空氣污染有所貢獻、甚至值得稱道的業界範例也很容易找到。舉例來說，在德國，柏林公共運輸公司（Berliner Verkehrsbetriebe）、漢堡地鐵（Hamburger Hochbahn）及慕尼黑市政公司（Stadtwerke München）等公共運輸公司已經開始慢慢把老舊的柴油車輛換成全電動車輛。與此同時，「氣候組織」（The Climate Group；協助大企業朝向永續發展的非營利組織）也在美國、英國和印度努力，目標是在 2030 年以前將 31 家大企業、共計 2 百萬部車輛電動化〔包括宜家家居（IKEA）、美國銀

行（Bank of America）、DHL 快遞、紐約與紐澤西港務局（The Port Authority of New York and New Jersey）〕。不甘示弱的亞馬遜公司（Amazon）最近也宣布購入 10 萬輛電動貨車於北美洲與歐洲運貨。在英國的西米德蘭郡（West Midlands），有些企業與大學及地方政府合作，一同計畫空氣潔淨特區、改善空氣監測系統及商業車隊的運用以減少不必要的交通路程，更計畫打造專門的卓越運算中心（centre of excellence）以便發展最先進的電動車電池。印度一大跨國企業馬亨達（Mahindra & Mahindra）現在積極推廣綠色科技，從電動車、LED 照明到可再生能源和植樹運動皆不遺餘力。我們上網查一下資料就會發現有很多這類例子。但其中最大的問題是，我們在 2、30 年前可能也會找到一大堆類似的例子。[20]

想當年，業界裡具備環保意識的人成員所說的話跟現在完全一模一樣。這些「先知」自稱「綠色資本家」，例如約翰・埃爾金頓（John Elkington）告訴我們「產業能夠同時賺錢並保護環境」，還有「自然資本主義者」保羅・霍肯（Paul Hawken）喜歡講「底線就該壓在它所屬的位置——最底下」（The bottom line is down where it belongs – at the bottom.）這類陳腔濫調。當時「企業社會責任」的概念剛開始流行，你可能有注意到班傑利（Ben & Jerry's）冰淇淋於牛隻的人工生長激素事件中（1989 年）明確表達立場、巴塔哥尼亞（Patagonia）服飾品牌宣布改用有機棉（1994 年），抑或是英國合作銀行（Cooperative Bank）於其電視廣告上拒絕投資「無謂污染環境的公司」（1994 年）。不過問題中的問題是，我們甚至早在 1970 年就可能會聽到類似的例子了。那一年，阿爾文・托夫勒（Alvin Toffler）出版《未來的衝

擊》（*Future Shock*）；這本具備先見之明、令人震撼的暢銷之作談到迫在眉睫的未來，其「資訊超載」不免讓人感到過於即時、難以負荷。他在書中引用 AT&T「為空氣與水污染感到擔憂」，同時「范德比爾特共同基金（Vanderbilt Mutual Fund）與公積金（Provident Fund）拒絕投資酒類或菸草股份」，而且「小型的優勢 10 ／ 90 基金（Vantage 10/90 Fund）將其部分資產投資在致力減輕開發中國家糧食及製造問題的產業」。[21]

我們當然非常歡迎那些致力處理空氣污染等問題的「綠色」企業倡議，但我們也應該以健康的心態避免全盤盡信。商業人士勢必會同意這番說法。聽聽看經濟學家法蘭西斯・康洛絲（Frances Cairncross）於 1995 年寫的這段話：「公司並非個人，沒有道德義務要在違反其經濟利益的情況下仍當一名優良的環境公民。他們為股東所有，而其最高責任是為其所有權人追求長期商業利益。」誠實、令人耳目一新，時至今日也依然符合現況。現在我們可以跟 1990 年代的綠色資本主義者一樣合理地論道，環保是一項「長期商業利益」，但我不會讓你「屏息期待」那個「長期」目標的到來。在我看來，如果我們相信不只有少數企業真的對除了底線以外的事物感興趣，那似乎過於天真了；另一方面，消費者壓力比較有可能達成的效果僅為暫時「洗綠」，並處理像「柴油門」這種暫時分散人們注意力的醜聞，無法真正做出更深刻、更確實的改變。辯才不凡的作家保羅・金斯諾思（Paul Kingsnorth）同時是一名對社會懷抱不滿的運動人士，形容自己為「恢復環境主義者」（recovering environmentalist）。他從反向切入，與康洛絲得到相同結論——在他的觀點裡，企業號召人們「拯救地球」的「糟糕空虛感」僅僅只是另一種「照常營業」的表現；

以這種姿態處理根深柢固的議題，可說是十分膚淺，大概只比「拼死拼活地防止蓋婭打嗝而摧毀我們的咖啡廳和寬頻線路」好一點。（按：蓋婭是希臘神話的大地女神）[22]

人 vs. 人

誰會從空氣污染的情況中獲益呢？假如我們在講的是安大略省的超級煙囪——世界上數一數二高聳的煙囪，據稱能將其龐大的廢氣排放量拋至 240 公里（150 英里）以外的地方——那最簡單的答案就是那間企業本身及其股東，而位於超級煙囪下風處的數百萬戶人家則必須為此付出代價。污染的經典經濟分析將企業得以躲避、不必埋單的部分形容為「外部成本」——你可以免費將你家的廢煙排出去，但淨化廢煙卻相當昂貴，所以理性上來說，除非有東西（例如法條）阻止你，要不然「製造污染」可說是最佳行動方案。而經典的環境解決方法叫做「污染者付費原則」——應該為製造或迴避污染付出代價的為少數的加害人，而非多數的受害者。

這種分析麻煩的一點是，它適用於「他們－我們」、「污染方－受污方」的框架，因此當我們討論的是真實世界裡的混亂狀況時，這番分析便會崩解。事實上，在大部分的日常案例當中，把我們大家都視為他人污染的受害者就過於簡化了。讓我們舉由爐灶產生的室內空污為例；屋主本身勢必受益，但他們同時也得付出代價，簡言之，污染方正是受污方。而在那些被貧窮所桎梏的世界裡，人們甚至連比較乾淨的爐具和燃料都負擔不起了，到底誰應該要「埋單」？至於在多數的戶外都會空間裡，空氣會被

許多不同來源所污染，而在這個例子中，許多人被污染所困的同時也受益其中。正如前面所說的，污染方與受污方通常為同一批人。就算我們本身不開車，但我們大家皆受益於道路運輸；我們大家都在使用源自發電廠的電力；我們即使知道金屬必須開採、並於高度污染的冶煉廠中提煉材料，但我們大家都還是會購買金屬製品；然後，即使我們特地去買符合環境道德、製造過程中不會污染地球的東西，但我們還是必須跟不購買這類產品的人打交道。因此我們終究逃不過成為污染方的宿命，不論是隔了一層、兩層或更多層關係，就算我們成功待在一個「聖人」的同溫層裡，假裝自己在避免製造污染，事實依然不變。

我覺得唯一合理的空污分析（「合理」的意思，是指它能夠提供切合實際、具備長期展望的問題處理機制）是去接受這項事實：我們全體都必須為製造這些混亂負責，同時也皆肩負著收拾殘局的共同責任。如果我們只期待政治人物去釐清問題──或法律、或企業、或隨便一個「別人」──那其實算是一種否認事實的心態，好像有點忘記我們身處在民主的資本主義社會裡，以上這些事物之所以會存在，全是源自於我們大家的利益或需求。雖然那些看似華而不實的環保標語，例如「全球化的思維、在地化的行動」（Think global, act local）與「成為你想在世界上看到的改變」（Be the change you want to see in the world）可能看起來熱切得讓人尷尬，但它們確實還是有些內容的。

可惜我們許多人都太過安於現狀，連做一丁點改變都不願意，根本不可能會去做那些如同「成為你想要的改變」那般戲劇化的事。即便我們在乎空氣污染等事情，我們不一定會持續在乎很久，因為實在有太多其他事也需要我們花費時間和心力去做──我們

有工作壓力、年邁父母、暴躁的青春期孩子、擔憂罹患癌症，每天還有一大堆頭條新聞必須煩惱。雖然我們能夠理解綠色理念的邏輯，也願意盡可能採取快速容易的行動，但事實上，我們絕大多數的人都不是環保主義者，而且永遠也不會變成那樣。我們的生活圍繞著家庭、住家、朋友、工作與社交生活，而當我們有辦法將些許「自我感覺良好」的「綠色行動」或社會意識注入其中當然沒問題。不過現在每年有數百萬人因為空氣污染而喪生，大多數人也在不知不覺中以各種形式受困於空污問題。這表示我們不能再以如此輕鬆的態度面對問題了。

■ 加入倡議？

想當然耳，這就是為什麼我們會有綠色和平組織、塞拉俱樂部、地球之友等倡議團體——它們是我們的綠色意識，刺激我們不可以冷漠、懶得改變行為，並對政治人物大吼或贊助環保律師的法律訟案。「由上而下」的倡議有辦法帶來驚人的成就，我們只需要幾位努力不懈的個人及他們充滿幹勁的努力，就可以號召數以千計、甚至以百萬計的支持者。不過這種方式的缺點是人們可以操控它（幾乎就如同字面上的意思），而且位於最底端的群體基本上都不為所動、毫無改變。由倡議團體推動的法律戰役價值非凡，這點無庸置疑，但在我看來，前述問題在這種情境下似乎更加嚴重。當律師在爭辯那些法案的附屬細則時，那類事件甚至距離你我更加遙遠；可是我們的「污染行徑」才真正必須成為改變的核心啊。

由個人向失職政府掀起的「大衛與歌利亞式」法律鬥爭或許更有效力〔按：聖經中，牧童大衛（David）運用策略擊倒巨人歌

利亞（Goliath），比喻以小勝大反敗為勝〕。例如最近一位母親與 16 歲的女兒才剛打贏一場標誌性官司；這場法律鬥爭的起因在於法國政府並未嚴正看待巴黎受污環形道路對附近居民的健康影響。不久之後，三名巴基斯坦少年與其政府鬧上法院，主張其空氣污染政策「非法且不合理」，並強迫政府擬出更好的方案。或許以後跟法律相關的事件大抵會是這般樣貌；或許我們很快就會看到針對個別政治人物或政府的訴訟案件，就如同過去由吸菸者對菸草公司提起的訴訟，因為那些不誠實的公司當時只輕描淡寫地隨意帶過香菸及癌症的關係。世界衛生組織公共衛生暨環境部主任瑪麗亞・尼拉博士（Maria Neira）近期接受《衛報》報紙的訪問時一度暗稱：「政治人物無法確信，接下來 10 年內，市民是否會因為已經遭受過多傷害而決定將他們呈上法庭。他們不知道這件事啊。我們全都知道污染正造成大規模破壞，而且我們也都知道這是些有辦法避免的事。」[23]

然而聚焦於單一議題的倡議團體經常玩一些模稜兩可的把戲。如綠色和平組織幾年前曾於倫敦市中心攀爬 17 座雕像，包括納爾遜紀念柱（Nelson's Column）及溫斯頓・邱吉爾（Winston Churchill）的人像。此外，他們更將紙漿防毒面具固定於糞便上，以吸引更多人關注慢性空污問題，搏得許多新聞報導版面。可是又有多少普通人會因此願意放棄自己的用車與燒柴爐呢？[24]

對許多人而言，（他們眼中的）「講道式環保主義」要不是直接讓他們倒盡胃口，要不就是故意想讓人跟他們唱反調。想一下有多少人驕傲地自詡為「車迷」（petrol heads）吧——假如環保人士沒有不小心惹毛這些人，根本就不可能會出現「車迷」這個概念。右傾的《每日郵報》（Daily Mail）堪為全世界最知名的

線上報刊，它們曾以譏訕的頭條標體報導倫敦的防毒面具行動，描述道：「綠色和平組織運動人士攻擊納爾遜紀念柱的宣傳噱頭造成值數千英鎊的破壞，最後逃過一劫免於入獄。」但卻僅以短短八個英文單字帶過行動宗旨：「以提升人們對空污影響的意識」（to raise awareness over impact of air pollution）。環保人士與那些試圖溝通、改變現況的運動人士必須記得一件重要的事——他們本身算是偏激的少數，有時候容易分化意見使目標更難以達成。以政治角度來說，比較成熟的出發點並不是將其他所有人視為笨蛋，然後霸凌他們，把自身優越的思考模式強押在他們身上。相反地，人們總是傾向與複雜的事物持相反意見，因此我們必須想辦法以巧妙的合作方式，認清這項事實，克服我們的差異。在美國，老布希可說是在空氣污染方面做出最大實質進步的總統，他就不像雷根或川普那樣搞分化對立，而是懂得團結合作、同時備受兩黨尊崇的人物。不論綠色運動人士有多麼激勵人心，在沒有其他人大力協助的情況之下，他們永遠不可能「拯救地球」，而坦白說，那些「其他人」對拯救地球一事根本一點都不在乎。1990 年代的激進環保團體「地球優先！」（Earth First!）的座右銘是「捍衛大地之母，絕不妥協」（No compromise in defence of mother Earth）；他們會把自己鎖在推土機上（偶爾甚至會砸壞或縱火燒毀推土機）而聲名大噪。不過，我可以想到許多西裝筆挺的政治人物持有相反的觀點，亦即「捍衛大地之母，絕需妥協」（No defence of mother Earth without compromise），並做出體面的示範。[25]

所以空氣污染運動因為狂熱的「環境主義」而受到阻撓嗎？可能對，也可能不對，但畢生主張環保的我非常懷疑環境主義真

的能有所幫助。我認為，在推動環保倡議時，**真正**能夠帶來改變的並不是環保人士的號召——右翼人士常將他們的呼籲視為某種廣義的社會主義陰謀——反而是絕對正直、行事全然透明公開的人，亦即那些針對公共衛生提出純粹、簡單主張的醫生與醫護人員。我們因而有一些令人信服的倡議團體，像是「反對燒柴煙霧污染的醫生與科學家」（Doctors and Scientists Against Wood Smoke Pollution）便針對燒柴爐提出嚴謹聚焦、以循證為基礎的論點。在印度，阿爾溫德・庫瑪爾博士（Arvind Kumar）於新德里創立了一個名為「空氣清潔醫生組織」（Doctors for Clean Air）的團體，提供的論點也同樣有力。例如他們曾指出，出生於新德里的嬰兒所吸入的污染量相當於他們在來到世上的第一天就抽了 15 根香菸。這段反對空氣污染的論點本身便能夠站穩立場，不需要任何綠色手段加以包裝。[26]

同樣的，在我看來，比起那些專業運動人士，或特定意識形態政府從外部施加的主張，在地社群發起的倡議更有未來展望。這類型的倡議很有可能就是空氣清潔革命的關鍵。雖然它們在組織方面或許顯得笨拙（或甚至毫無組織可言），活動辦在冷風刺骨的教堂大廳，掛著一些用破舊床單畫成的凌亂標語——而且還是臉上充滿亂七八糟塗鴉的孩子畫的——但這些活動的誠意卻不容置疑。我認為比起那些專業環保團體在某個遙遠城市裡的辦公室白板上所擬出的、冠冕堂皇卻虛情假意的公關噱頭，這種原汁原味的在地倡議顯得更具說服力。地方媒體很愛這些為了地方事務所推動的在地活動，而只要有幾位受到啟發、忿忿不平的地方媽媽願意在社區裡到處敲門或打電話給她們朋友，倡議活動便能就此展開。在英國，育有兩子的大衛・史密斯（David Smith）針

對倫敦的污染問題創立了一個論述清晰的網站，進而引起全國媒體注目；他認為倫敦的污染正在威脅他的孩子的健康。有時像這種小型的倡議足以導往更大規模的發展。例如在美國對抗空氣污染的聲量中，最令人信服的其中一個團體便是擁有絕妙團名的「老媽的乾淨空軍」。其成員皆為一般美國公民，人數多達 130 萬，完美結合了憂心忡忡的父母的真心誠意及經營妥善的倡議團體的圓滑熟練。[27]

■ 看見「看不見的」

　　對倡議者而言，資訊就是力量，但面對「看不見」的問題——每天或每小時都瞬息萬變的空氣污染——我們該如何找到相關資訊呢？過去那曾是一大問題，甚至對世界上某些地方而言仍為一大阻礙。不過對我們許多人來說，多虧了數位技術與網際網路，情況已經徹底改變；我們只需要連接上最近的網路瀏覽器，就可以查出地球上許許多多地方在過去或現在的空氣品質數據。世界衛生組織的環境空氣品質資料庫擁有全世界 103 個國家、4,300 座城市的官方數據（光是 2016 年就多新增了 1,000 座城市），另外也有各式應用程式與網站針對較大的都會地區提供合理的即時影像。谷歌（Google）等搜尋引擎與臉書、推特等社群媒體平台現在愈來愈傾向根據我們的實體位置提供相關的地方資訊，確實是帶動大眾關注周遭環境的珍貴盟友。舉谷歌的「街景」工具來說，它現在已經能幫助我們規劃路徑以避開市區內的交通壅塞，那如果它也能幫助我們避開污染呢？（谷歌目前已經開始在部分街景車上加裝行動空氣偵測器，以協助繪製更優質的污染地圖。）[28]

　　如果你住的地方沒有官方空氣品質監測，那你可以乾脆自己

測量。現在，這種稱作「公民科學」（citizen science；一般人自己在地方社區裡花少少的錢進行實驗，再把資料統整到網路上）的流行現象擁有很大的影響力，為由下而上的草根倡議運動增添可信度。測量空氣污染在技術上或許相對困難也非常昂貴，但世界各地已經有眾多地方團體成功找到運行方式了。此外，我們也有各種價格相對親民的數位裝置（例如，我在本書中一直使用的「Plume Flow」偵測器）能夠連接至智慧型手機的應用程式，幫我們自動蒐集數據，並即時將偵測結果繪製成圖。就連美國國家環境保護局都推出「公民科學家的空氣監測工具箱」（Air Sensor Toolbox for Citizen Science），鼓勵在地社群自行嘗試監測空氣。以這種方式蒐集到的資料品質當然不如先進實驗室，也永遠不可能贏得諾貝爾化學獎，但那不是重點；重點在於讓人們開始討論、思考、採取行動。

有了像樣的數據加持之後，地方倡議團體就有力量得以做出改變。如果組織合宜、數量足夠，這些地方性的運動也能夠為主流學術科學提供實用資訊。舉例來說，比利時安特衛普大學的研究團隊於當地社區徵求 2 萬名自願者蒐集地面層的空氣樣本，否則進行成本會高到令人望之卻步。另外，透過尼德蘭的萊頓大學（University of Leiden）的仔細協調，來自 11 個歐洲國家的人民運用裝設於 iPhone 上的簡易偵測器完成 5386 筆空氣污染測量數據。在這個「大數據」的時代裡，人們很快就會開始分析愈來愈大量的空氣污染數據，並以此揪出地方社區裡最糟糕的戰犯——可能是道路、工廠、廢棄物焚化爐或隔壁在家燒垃圾的鄰居——然後公開羞辱他們；這麼做對我們的將來會大有好處。此外，「Plume Flow」偵測器的製造商煙羽實驗室（Plume Labs）最近

也發表了一款手機應用程式，結合由多方來源汲取的大量污染數據以繪製出數百座歐美城市的空氣品質地圖。[29]

　　小型地方團體經常互相集結成更廣大的聯繫網絡，形成強大的地方性或區域性勢力。簡單舉三個美國的例子來說，就有西紐約空氣清潔聯盟（Clean Air Coalition of West New York）、卡羅萊納空氣清潔（Clean Air Carolina）及加州的帝國郡社區空氣監測網絡（Imperial County Community Air Monitoring Network）。而印度孟買的公民科學家則跟來自巴基斯坦伊斯蘭馬巴德（Islamabad）的朋友「巴基空品」（PakAirQuality）計畫聯手推廣空氣品質檢測到 10 座官方監測資源缺乏、或甚至全無的城市。[30]

　　至於另外 99％不想涉入這種活動的「普通社區」呢？就算我們成功讓世界上的政治人物、企業執行長、環保律師、環保運動人士及地方社區團體總動員，我們事實上依然只能觸及一小部分的群體，絕大多數的人將仍繼續過著我們的「局外」生活，默默地以相同方式污染地球。後來，我開始認為解決污染問題的關鍵之一是要讓「看不見」的空氣污染提高能見度，使它不要像現在一樣那麼容易就被忽視。我們必須更加強調空氣品質的例行監測，如此一來，那些數字和真相才會一直在我們面前刷存在感，包括天氣預報、智慧型手機應用程式、即時路標或任何地方——正如污染騷擾我們的方式。我們大家都很熟悉每日氣象報告裡的氣溫、有些人會特別研讀花粉預報，還有少數人可能會去看紫外線指數，確認當天曬日光浴是否安全。不過，幾乎沒有人會注意空氣污染數值，因為那些資料往往過於模稜兩可、不太實用，或甚至不會被報導出來。如果我們能掌握自己正在吸入的髒空氣每天、每小

時的動態，那絕對會是成功淨化的關鍵；如果沒有這些資訊，我們就只是在瞎猜而已。

　　說真的，有人願意花心思多在乎一點嗎？在我居住的地方，最近有一份調查報告發現58％的人相信空氣污染對健康有害或非常有害。乍聽之下好像頗有希望——雖然就像我們在第8章討論過的，這種事不能稱作「信念」，而是絕對的科學事實啊。所以，真正重要的問題是，為什麼不是百分之百的人都相信呢？或許當我們的教育與溝通、科學與公眾意識，皆有所提升時，就可能達成百分之百。或許到那個時候，社會氛圍也將更能夠接受政府「稍微推一把」的動作，例如大力獎勵那些購買電動車、取代柴油車的人，或是藉由課稅勸阻人們使用燒柴爐。不過，像這類措施如果要成功，唯一的辦法是提供簡單的替代方案，讓一般人可以快速埋單、快速獲益。而且我們也得真的瞭解我們和孩子必須避開的傷害是什麼，就像我們對吸菸的認識。[31]

　　與此同時，全世界也有成千上萬名科學家繼續探究空氣污染物質帶來的傷害。目前我們的研究主要聚焦於空氣污染物質個別的表現，但當它們混雜在一起、形成有毒雞尾酒時，影響我們的方式基本上仍有許多未知之處。未來的研究發展可能會投注更多心力去釐清空氣中的特定化學物質以何種生物機制對我們的生體造成短、長期的破壞。氣候變遷與空氣污染之間的複雜互動也是讓我們掛心的另一大議題（詳見文字框）。而儘管細小的PM2.5懸浮微粒是近期研究的一大重點，但之後的研究可能也會進一步深究更細微（即「極細」）的粒狀物（PM1與以下），空污致死的人數估計值可能會因此繼續上修，最終使空氣污染成為世界上的頭號殺手。

我們還要繼續坐視不管、繼續靜候那一切發生嗎？還是我們決定要團結所有人的力量一起著手淨化空氣了？

與氣候的關聯

我們常把「空氣污染」和「氣候變遷」視為兩項分開的議題，確實，它們就許多方面而言算是兩回事。空氣污染是在短時間內於地表層影響我們的東西，而氣候變遷比較偏向長期的空氣污染，發生在偌高的大氣層中，嚴重影響地球的氣候。由於氣候變遷本身就是一個很大的命題，已經有許多人寫過關於氣候變遷的各種面向，所以我在本書中刻意將這方面的討論減至最低限度。

不過這兩項議題其實互有影響。隨著地球暖化，空氣污染也會以各種方式一併惡化，包括森林大火次數增加、花粉季節時間延長、土壤侵蝕與風吹砂事件變多，以及更多有毒臭氧的產生。空氣污染也會影響氣候變遷，但我們仍無法完全摸透其中的機制，有時候會減輕氣候變遷的效果、有時候卻會加劇。

在處理這兩項議題時，把它們兜在一起討論再合理不過——兩者本質上的成因皆在於我們以過時、沒效率的方式使用能源。空氣污染的解決方法也同時會解決氣候變遷，包括將化石燃料改為再生能源、更加完善的都市規劃，以及有助減少伐林活動的乾淨爐具。解決一項問題之後，夠幸運的話，兩項都能一併解決。

我們發現要鼓勵人們針對氣候變遷採取行動相當困難，因為它看起來是個龐大又遙遠的問題；但如果把它跟相較急迫的

空污問題兜在一起就會變得比較簡單。舉例來說，印度人可能很難相信氣候變遷的解決方案，它們像是在對久遠未來的假設性問題提出一些模糊遙遠的承諾，尤其又因為它們會威脅到印度擴張能源使用的能力，那本來能讓人們逃離貧窮。不過，假如**相同的解決方案**被用作短期淨化都市空氣的方法，並能馬上改善孩子們的健康，這些人的感受又會變得如何呢？

全盤說「清」
Coming clean

結語

　　我特地長途跋涉至英國米德蘭郡的伯明罕市來撰寫本書的結語──這個地方完美代表了空氣污染的過去與現在，或許也能代表未來。

　　我們現在可能難以置信，但英國的這個地區曾經是世界上最髒的「黑心」地帶，也就是蒸汽機、燃煤推動的工業革命及現代空氣污染在短短 300 多年前的的誕生地。沒人知道在這附近的黑郡（Black Country）名稱由來是從地底挖出的黑煤，或是因為燃燒煤炭後高掛在空中的黑煙，但不管怎樣，當地居民至今卻仍然怪異地以此為傲，繼續沿用這個暱稱。有人會想要記得那段污染的過去的原因實在很難理解，但他們似乎很珍惜那段歷史。黑郡的地方檔案館所保存的照片明信片浪漫化了杜德雷鎮（即紐科門打造出史上第一台蒸汽機的地方），正如孩子會畫的那樣──快樂的馬匹拖著一堆又一堆令人雀躍的煤礦，玩具火車在一大片礦渣堆周遭「嘟嘟」行駛，另外還有從煙囪飄出的濃煙像冒出沉思泡泡框般高升，蔓延至相當遙遠的地方。這幅畫面實在太迷人，我幾乎都想要回到 150 年前去那裡渡假了。[1]

　　我小時候在這附近長大，許多街道都被抹上一層非常一致的

黑。城市裡廢棄的運河閃爍著有毒的汞光澤，散發著下水道般的惡臭；它們之所以會被棄置於一旁，是因為人們改使用錯綜複雜的「義大利麵路口」（按：Spaghetti Junction，形容高架道路複雜的交錯網絡）水泥高速公路——這些道路系統把天空切割成好幾個區塊，又從高空中降下污染。如今，我漫步的這座伯明罕已經跟以往大相逕庭。市中心的街道基本上被規劃為步行區，另外還有其他執行乾淨空氣區的計畫。這裡再也看不到烏漆墨黑的建築物，伯明罕座堂（St Philip's Cathedral）與其後方的伯明罕大酒店（The Grand Hotel）看起來就像新的一般閃閃發亮。市中心周邊禁用汽車及柴油巴士，人們必須搭乘環境友善的輕軌電車或乾脆步行。過去載運煤礦的貨船現在重新整理、彩繪上漆，搖身一變為舒適的船屋；平面設計師、蓄留嬉皮鬍子的插畫家都慵懶地窩在運河水道旁的咖啡館，啜飲咖啡並使用筆電。一度以骯髒聞名的新街地下車站（我在第 5 章中有討論過）以前不斷有柴油火車吐出濃厚的二氧化氮雲霧與粒狀物質。但如果我們非常仔細注意，其實可以發現幾乎每一個月台皆設有以防護籠罩起的嚴謹科學監測儀器，持續地吸入空氣，紀錄品質。無論走到哪裡，我們似乎都能看見有人在努力——瀰漫在空中的是一股樂觀的氣氛，不是污煙。就這一點而言，伯明罕確實能夠代表世界各地的許多城市，以及關於空氣污染充滿希望的未來。[3]

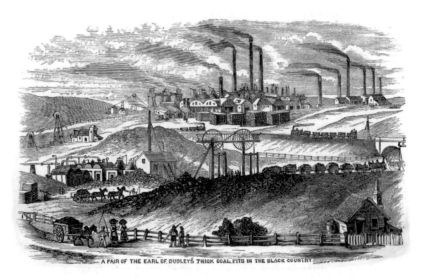

A PAIR OF THE EARL OF DUDLEY'S THICK COAL PITS IN THE BLACK COUNTRY

圖 52 將我們飽受污染的過去浪漫化：「一對杜德雷伯爵於黑郡的深煤坑」（A Pair of the Earl of Dudley's Thick Coal Pits in the Black Country）。[2]

這些進步我們當然樂見其成，不過我們在這方面能做的事還有很多。在我翻閱世界衛生組織全球空氣品質資料庫的最新數據之後，我發現伯明罕其實只有勉強擠入 PM10 的污染標準，有害的 PM2.5（別忘了，PM2.5 其實沒有所謂的「安全濃度」）卻超出限制數值大約 50％。此外最近有一篇新聞頭條發出警告，多虧了空氣污染，在這座城市長大的孩子一般來說會減少六個月的壽命（意思是，雖然許多人不會受到影響，但有些人會失去幾年壽命）。而這或許就是我們未來的發展方向——不管我們以為自己已經讓曾經受污的城市變得多麼乾淨了，不管我們覺得自己現在正在做哪些努力，假如我們用人的生命加以衡量，跟我們必須做的事情相比，目前所作所為依然非常不足。[4]

從馬拉威那使人嗆咳的三石爐到雪梨居民家中的燒柴爐，再從德州的柴油休旅車到墨西哥市附近的野火，空氣污染是許多

棘手問題的交雜集合體。我們無法只抽出一條絲來剝繭，沒有任何簡單的解決方式能夠輕輕鬆鬆地像變魔術般讓這整件事消失無蹤。或許把這麼多不同的東西綁在一起也沒有太大幫助；或許我們該強調的就只是很簡單的共同主線，亦即呼吸乾淨空氣的關鍵重要性，不管你是誰、住在哪皆通用。而空氣污染本身是一項歷史悠久（甚至遠早於黑郡第一座開創性的蒸氣機）的全球性議題，並且持續突變出全新樣貌。相較於在 21 世紀侵害現代都市的沉默隱形殺手，20 世紀中於多諾拉與倫敦害死人的「豌豆湯」濃霧截然不同（按：英式英文以「pea soup」形容能見度低的濃霧）。如今的空氣污染顯得更為陰險且危險，而這單純是因為它們變得更加容易被忽視。

　　正如我們在第 8 章詳細討論過的，光是空氣污染本身對健康的影響就已經非常嚇人了。其中，每年大概有 1000 萬起早逝案例（在中國和印度各約 100 萬）、地球上的全體人口有 90％正在呼吸髒空氣，有 98％五歲以下孩童正暴露於有毒 PM2.5 及更細小的懸浮微粒的環境中。人從出生至死亡都會受到污染的影響，包括流產、低出生體重，一直到糖尿病與失智症——諷刺的是，最後那一擊羞辱甚至會把污染等所有問題一併從我們的腦袋中抹除殆盡。根據馬德里政治人物的說法，那些地方的交通雖然髒亂嘈雜，卻能因此讓當地變得更好。但這種主張似乎在暗示著城市只不過是夜生活的一景，就算在那裡生活好幾年、好幾十年的居民被清晨街上的破碎玻璃瓶泯滅也沒有關係——我們這裡說的居民可是真的人、真的家庭、真的小孩啊！其中有些人此時正因為小自氣喘、大至肺癌等污染相關疾病飽受折磨、奄奄一息。

　　經濟學家喜歡把污染描繪成發展過程中的不幸副產品，這種

問題必須在系統中自己找到出路。教科書上的理論以一種事後諸葛的姿態告訴我們，所有國家都必須忍受激烈經濟成長及工業發展的「成年禮」，才能夠產生足以根除貧窮、解決後續問題的收入。這個嘛，這是理論說的啦，但從各個方面來看，這個說法可說是漏洞百出。它為了得到未來的好處，而將現在大打折扣，看似在說現在有數百萬人因燃煤產生的空氣污染而受苦死亡也沒關係，因為明天（不同批）的數百萬人可能就不必承受這般苦難了。這類理論為各國繪製出令人印象深刻的圖表，顯示污染正在緩慢消失中，但卻取巧地將全球整體實情拋諸腦後。事實上，如今許多西方產品皆在中國等地生產，更有多到離譜的西方垃圾被棄置於這些地方，直到最近才有所改善，換句話說，西方國家可是以這些地方為代價才成功淨化自家。又或者如果再也沒有比較窮的地方樂意讓我們把自家污染掃到他們家的毯子下了，那會發生什麼事？頌揚美國的《空氣清潔法案》等成就確實是很棒的事，但前提是我們必須把自己將製造工業及污染出口至他國的因素也一併納入過程當中才行。一旦中國完成淨化，下一位就是印度，接著是非洲國家……可是，然後呢？簡言之，這種「發展勝於污染」的理論看起來像是在說我們現在不需要擔心污染，因為問題以後就會解決了，而且我們也不需要擔心世界上較富裕的地方的污染，因為永遠都會有比較貧窮的人願意以較低酬勞替我們執行骯髒工作。以上這些都只是換個方法，再度表達「照常營業永遠不成問題」的概念罷了。[5]

問題是不可能「永遠不成問題」。根據國際能源署對空氣污染的預測，在接下來的幾十年間，全球排放量將於 2040 年以前穩定下降。而且基於更嚴苛的污染管制及大規模改用再生能源的趨

勢，西方國家、甚至中國的空氣品質都將持續進步。這些是好消息的部分。至於壞消息是，印度、其他南亞國家及撒哈拉以南非洲的情況將穩定地持續惡化；目前這些地區死於戶外污染的人數每年為 300 萬人，而到了 2040 年，數字將成長至 450 萬人左右。居家烹煮現況的改善（愈來愈多乾淨的爐具被運至開發中國家）與停止燃燒骯髒燃料的決心將讓室內污染致死人數從每年 350 萬砍至 300 萬。如此一來，空氣污染的死亡人數每年便有超過 100 萬人的淨成長。假如 20 年後真的變成這樣，那我們很難把這些改變視為進步，而且假如這 20 年間皆至少有每年 700 萬人早逝，那早逝案例的總人數便會達到 1.4 億——約為第二次世界大戰總死亡人數的兩倍。[6]

此外，這些數據依然隱含著一些巨大的不確定性；我們在空氣污染科學方面實在還有非常多不知道的事，這可能會巨幅影響我們的預估。我們未來還得與氣候變遷等其他新挑戰搏鬥；這些問題之所以會惡化，同樣得歸因於以燃煤為基礎的發展，但燃煤又是印度等國在面臨能源安全問題時解決方案中的重要一環（或至少煤礦公司喜歡這樣主張啦）。氣候變遷會以某些方式（簡單舉兩個例子，像是野火增加、臭氧產量提高）加劇空氣污染，並將結合它對其他各種事物的影響（例如脆弱的糧食生產系統），形成其他新問題。雖然我們現在正對國際能源署的數據提出質疑，但有件事也值得回憶一下，WHO 估計的戶外空污死亡人數增加了五倍，從 2000 年時的 80 萬到如今的 400 萬。而在科學與醫學知識持續進步的同時，不論就理論或實際層面，我們皆無法保證死亡人數不會再度攀升，回頭嘲笑我們為了降下它所做的努力。[7]

我們在第 10 與 11 章中已經看到，解決污染的路途沒有盡頭，

而它可以結合科技、政治、法律、商業及社群行動。而這些方法皆無法以個別力量達成效果，就連把它們結合起來都可能仍舊不夠。其中有些方法甚至可能會讓情況變得更糟。舉例來說，相較於汽油車與柴油車，電動車最後究竟會不會把更多粒狀物質撒入空氣中，就是人們爭辯不休的一大命題。另外一個風險是，毫無效果卻「自我感覺良好」的環境解決方案可能會讓我們以為自己可以不用再繼續關注污染問題了。但幾棟打擊霧霾的水泥建築或到處蓋能夠吸收污染的塔完全不會帶來任何改變，而且也不代表我們可以繼續一意孤行。

我們就只是還不夠認真看待污染問題，就只是它仍未對我們造成足夠的打擊。我們聽到那些數字，但左耳進右耳出，就像連停都不停的直達特快車。我們仍在開柴油車，而柴油車所製造的有毒粒子如致命導彈直搗**我們自己的**孩子的心臟和大腦，但我們許多人卻毫不在意。當我們從中國購買便宜的塑膠垃圾時，我們變成害中國的孩子生病，但我們毫不在意，反正不是我們的孩子。我們許多人仍繼續抽菸，而且假如法律現在還沒禁止的話，我們大概也會繼續在壅擠的酒吧和餐廳內吸煙。很多人——包括我的鄰居在內——依然會在花園裡升起篝火，也不太在乎風向。他們冬天時舒適地窩在燒柴爐邊，而當污染從他們家滲入別人家時，他們也絲毫不會察覺污染的去向。所以問題真正的癥結並不在於缺乏解決方法，而是因為我們沒有妥善掌握問題、不接受問題其實是自己造成的——這項失敗著實令人感到難堪。有時我們確實是有點在乎啦，可是我們似乎沒有選擇的餘地（例如「我現在必須去搭的是柴油火車，怎麼辦？」「所有的牛仔褲都是中國製造不是嗎？」「如果我回收的垃圾最後卻被拿去燒掉，說真的我也

不能怎麼辦。」）。但其實這些很多時候都只是毫不在意的藉口，像在雪梨、巴黎和倫敦，根本就沒有任何一個現代家庭**需要**使用燒柴爐——大家都有電可以用啊。

污染是現狀（status quo），製造污染的行為是常態，但其實情況應該是完全相反的才是啊——乾淨、健康的空氣是聖潔的，而且大家接預設認為要反對隨意製造污染。後者聽起來像是不切實際、過於理想、天真而極端的環境主義論述，但實際上卻是頑固的醫學與經濟論述。我認為，最能夠說服他人的例子都不是由過度熱衷的環保人士所推動的，而是愈來愈憂心、並且非常清醒的公共衛生醫生。換句話說，就好比世界衛生組織的總幹事——譚德塞博士——他將空氣污染形容為「沉默的公衛緊急事件」。如果這個論點屬實（在這件事上，我們又有什麼理由懷疑世界權威呢？），那麼醫學論述就會成為一種道德命令。另外還有一個強力的經濟論點——正如我們在前面幾章看到的，《空氣清潔法案》於 1970 年至 1990 年之間為美國帶來的經濟益處總計價值 22.2 兆美元，而在 1990 年至 2020 年之間，該法案對社會帶來的利益更估計以 30 比 1 的比率超越其所需的成本。同樣地，中國最近投入空氣清潔行動的 1,760 億英鎊，光是 2017 年的獲益就價值 2020 億英鎊，同時創造了 200 萬個工作機會，並拯救 16 萬條原本即將提早辭世的生命。[8]

這麼說的話，那為什麼我們還不立刻起身淨化空氣呢？有一種解釋是因果之間具有時空上的鴻溝。舉例來說，我們的壽命可能會減短六年或兩個月，但或許不會減少 20、40 或 60 年。即使我們能證實污染確實足以致命，但這麼遙遠的理論很難讓人真的感到躁動不安。另一種解釋是，人們單純就只是沒有這方面的知

識，而且我們亟需更好的公共教育。例如，現在距離理查·多爾爵士等人所進行的開創性研究已經過了 60 年，我們大家都能夠將香菸的燃煙連結到肺癌，甚至連吸菸者本身皆有這般認知；吸菸可被視為官方認定的反社會行為，大眾的接受度非常低。可是，距離倫敦大霧霾事件和多諾拉事件也已經過了 60 年，我們卻無法以同樣方式將空氣污染連結到肺癌、心臟病、肺炎或十幾種其他疾病。香菸包裝上放著明顯的黑肺照片，但柴油車和燒柴爐上沒有；我們不能在電視上播放香菸的廣告，但會製造污染的車和有毒的 DIY 動手做產品可以。此外，還有一種（經典）的解釋是污染者與受污者是不同群體，分別為承擔污染成本（或受益於乾淨空氣）的無權多數，以及受益於污染（而且不喜歡淨化污染的成本）的有權少數。但這是錯誤的分析，因為污染者和受污者其實常是同一群人，而且，正如譚德塞博士決斷的論點所言，「不論貧富，沒有人能夠躲過空污」。

　　未來會很順其自然地自己到來，而且有可能不是以我們想要或需要的方式。國際能源署對明日世界的最佳猜測是，預期到了 2040 年時，每年死於空氣污染的人數會比現今多出 100 萬。伯明罕等城市現在或許看起來變乾淨了，但他們所「呼吸」的空氣仍不夠乾淨。所以，我們到底得做些什麼，才能做出真正的改變呢？不是曼哈頓的電動車或北京的打擊霧霾高塔，也不是馬拉威變乾淨的爐具或約翰尼斯堡變乾淨的發電廠，而是更為根本的東西，也就是我們大家對空氣污染的集體態度必須產生巨大轉變。

　　我相信，有六大事物能夠真正改變全世界各地各種類型的空污。首先，我們必須讓空污問題的能見度大幅提升，包括更高品質的監測，並普及大眾對於某些地方的空氣究竟多骯髒、多危險

的意識。我們也必須重新修訂部分 WHO 準則，讓它能更如實地反映出我們目前對現代污染破壞力的瞭解。第二，我們必須將乾淨空氣視為絕對人權（就連古羅馬人都接受這件事）。第三，我們必須讓人們在認知上連結空氣污染及氣候變遷這兩項問題；事實上，這兩者具備共通的解決方法，只要能處理其中一方，便能讓另一方一同受益。第四，有鑒於我們現在對於公共場所吸菸已經具備一種既定想法，那我們也務必得讓大眾的既定想法變成反對隨意製造污染的行為，讓它於本質上成為一種反社會行徑，有時候甚至足以造成致命傷害，並且屬於絕對錯誤。第五，我們必須促使政府開始針對空氣清潔事務實施所謂的「成本效益分析」，就跟他們在面對主要道路、鐵路及其他公共建設案的程序一樣，因為投資空氣清潔其實能夠帶來鉅額報酬。從水壩和隧道、到高速公路和鐵路，即便是一些可疑的新興基礎建設，我們都能時常聽到各種論述支持政府數十億、數十億地進行投資。但其實如果我們對空氣清潔和公共衛生進行鉅額投資，回本的速度甚至更快、報酬更優，而且所有人皆能永久受益。最後，我們在擁有任何權利的同時，都必須承擔相對應的責任，因此，我們大家都得為自己製造出來的污染負責，而不是坐在原地等別人去收拾。這句話的意思是，不是只有不要在公共場所吸菸、或在升起花園篝火之前審慎三思就好。我們也要在購買柴油車和休旅車之前非常慎重地思考；在車廠成功使電動車遍佈全世界之前仔細盤算電動車的隱形成本；在購買商品時多想一下製造產品的人是誰，假如購入價格過於低廉，那因此受苦的人又是誰……等各種方面的考量。全盤說「清」可說是一份艱難的工作。

　　而能夠真正解決空氣問題的方法，其實如我們決定要健身或

我們能做些什麼？

　　空氣污染這種複雜的全球議題很容易讓我們感到無所適從。而雖然簡單、「自我感覺良好」的環保解方常無法如我們所想的那般帶來巨大改變，但我們沒有理由能夠什麼也不做。我們所製造出來的許多污染影響的最主要對象就是我們本身、家人（尤其是孩子）和鄰居，所以只要可行，我們確實有切身動機去做些改變。相較之下，肆虐德里或馬德里等地的空氣污染意味著重大問題，需要重大的改變才能解決。但我們能做哪些小改變呢？我們可以「嘗試」──嘗試去做以下這六件正向的事，幫忙盡一份心力：

通勤：我們能用更有效率的方式移動嗎？一般而言，相較於坐在駕駛座上，走路和騎自行車對我們的健康比較有益。搭火車可能看起來是個比較好的選項，但如果我們搭乘的是骯髒的老舊柴油火車又必須長途通勤，那就得注意了。或許可以嘗試提高在家辦公的頻率？如果必須跟同事開會，那進行線上會議取代實體會議如何？

接送孩子：如果每天都要載小孩去學校，至少考慮一下這些替代方案吧。走路、騎自行車、搭公車和汽車共乘全都是很棒的選項。去跟其他家長和校方討論這件事，看大家能不能一起做些什麼。某些學校有「行走巴士」的機制；家長把車停在距離校門一段路以外的位置，讓孩子一起安全走路，以魚貫的方式進校。除了處理污染問題，這類倡議能同時減少道路意外事故，而且它們本身也很好玩。

供暖與烹煮：現在去看一下你家的燒柴爐！如果爐子很舊了，就升級成符合環保標章的新爐（它們並不完美，但已經好很多了）或改用假火的電子版本。當空氣中瀰漫污染時，記得用正確的方式點燃，並更加節制地使用。把錢投資到更優質的居家隔熱材料，就不用為了保暖而在每年冬天「燒」錢。至於烹煮，記得關鍵在於通風良好；如果你家使用瓦斯燃料就更要注意了。

清潔：養成習慣，仔細閱讀清潔與家用／DIY 產品的標籤，找出低排放的油漆、低揮發性有機化合物的髮膠噴霧。別購買不必要的芳香產品，把那些空氣清新劑留在架上。通常最好的空氣清新劑就是新鮮空氣，所以（如果戶外空氣乾淨）不如就打開窗戶吧。

綠色園藝：使用篝火和除草劑很容易無意間就製造出長期性的污染。我們可以把廢棄物拿去堆肥，或送至當地的廢棄物處理場以妥善處置。運用覆蓋法（mulching）與地被植物防止雜草滋長——這種作法不需要花太多力氣，而且還能對土壤帶來莫大益處。如果真的必須使用農藥，避免用噴灑的方式施作，同時避免吸入，改用漆刷將它們「塗」到目標位置上。

捐贈：如果覺得自己好像沒有其他事可以做，不妨支持一下那些在開發中國家推廣潔淨爐具的優質慈善機構與非營利組織？查查看「實際行動」（Practical Action）、「乾淨烹煮聯盟」（Clean Cooking Alliance）、「太陽能炊具國際組織」（Solar Cookers International）等更多單位的相關資訊。

致謝

本書引用了上百位科學家及其他學者的研究，我對他們全體深懷感激。在非學術性著書中不可能一一列出每位研究者的名字，但我盡力將所有資料來源納入參考書目中。

我對賓彼得教授由衷感激，他慷慨又非常有耐心地閱讀我的稿子，為我提供無數精彩絕妙、發人深省的建議。我也想感謝強·伍德科克博士（Jon Woodcock）在過去這幾年以來為本書及其他許多計畫提供想法、見解與熱情的鼓舞。能夠獲得如此美好的協助可謂莫大殊榮，但如果仍有任何遺留的錯誤、疏漏、過於簡化或其他問題，其責任當然完全歸屬於我。

在這裡也向鄧肯·希斯（Duncan Heath）、菲利浦·寇特爾（Philip Cotterell）、安德魯·福爾洛（Andrew Furlow）、漢娜·米爾納（Hanna Milner），以及「圖示出版」（Icon Books）的全體同仁致上偌大感謝。他們總能敏銳地瞭解議題的重要性、協助我架構本書，再將這本書送至你們手上。感謝瑪莉·多爾提（Marie Doherty）將一切排版得如此優美。

感謝安德魯·洛尼（Andrew Lownie）——我的文學經紀人。

感謝克里斯·吉爾倫博士（Chris Gillham）與安德魯·伍德（Andrew Wood）。

參考資料

　　本書的設定並非學術著作，但如果讀者希望取得後續相關資料，我會把資料來源列於我的網站。其中，所有網址皆藉由 tinyurl.com 縮短長度，不但能節省空間，也讓人能夠輕鬆地輸入至電腦或手機上；若需要完整版的網址，包括線上文件、詳盡筆記與勘誤表等連結，請上我的網站查詢：https://www.chriswoodford.com/breathless.html。

（按：原文有 24 頁參考資料，但有鑑於作者在出版後仍有修正，
　　在此以網址呈現，歡迎有興趣的讀者輸入網址或掃描 QR
　　Code 到作者網站上查看本書完整參考資料。）

國家圖書館出版品預行編目（CIP）資料

窒息：空氣污染如何影響你？我們又該怎麼辦？
克里斯・伍德福特(Chris Woodford) 著；江鈺婷譯.
-- 初版 . -- 臺中市：晨星, 2022.10
面；　公分 . ——（知的！；203）
譯自：Breathless : why air pollution matters-
　　　and how it affects you.
ISBN 978-626-320-221-4（平裝）

1. CST：空氣汙染

445.92　　　　　　　　　　　　111011757

掃瞄 QRcode
填寫線上回函

知的！ 203	**窒息：**

窒息：
空氣污染如何影響你？我們又該怎麼辦？
Breathless: Why Air Pollution Matters – and How it Affects You

作者	克里斯·伍德福特（Chris Woodford）
譯者	江鈺婷
編輯	許宸碩
校對	許宸碩
封面設計	ivy_design
美術設計	張蘊方

創辦人	陳銘民
發行所	晨星出版有限公司
	407 台中市西屯區工業 30 路 1 號 1 樓
	TEL：（04）23595820　FAX：（04）23550581
	E-mail:service@morningstar.com.tw
	http://www.morningstar.com.tw
	行政院新聞局局版台業字第 2500 號
法律顧問	陳思成律師
初版	西元 2022 年 10 月 01 日

讀者服務專線	TEL：（02）23672044 /（04）23595819#212
讀者傳真專線	FAX：（02）23635741 /（04）23595493
讀者專用信箱	service@morningstar.com.tw
網路書店	http://www.morningstar.com.tw
郵政劃撥	15060393（知己圖書股份有限公司）

印刷	上好印刷股份有限公司

定價：420 元

（缺頁或破損的書，請寄回更換）

ISBN 978-626-320-221-4